第一版获吉林省优秀教材三等奖

内 容 简 介

本书是高等师范院校数学教育专业必修课程"数学教学论"的教材,主要阐述数学教育教学基本理论和中学数学教育教学实践要求。全书共分十二章,内容包括:绪论、中学数学教育改革回顾、中学数学课程改革、数学的特点与中学数学、数学思维与学生发展、中学数学能力与教学、中学数学学习、中学数学课程与教学、师范生的培养与综合素质优化、数学教育理论与中学数学教学、中学数学思想方法、中学数学课堂教学基本技能、中学数学教育测量与评价。

本书广泛吸收全国各地数学教育教学最新理论创新成果和优秀实践经验,力求深刻领悟中学数学课程改革的理念与精神,适应新世纪高等师范院校数学教育教学改革实践。本书第一版自 2009 年出版以来,得到广大读者的认可和欢迎,并于 2011 年获吉林省优秀教材三等奖。第三版在保持前两版特色及内容结构的基础上,根据 2017 年新修订的课程标准以及近几年用书教师和学生的反馈信息,对相应的内容进行修订。

本书既可作为高等师范院校数学教育专业本、专科"数学教学论"课程的教材,也可作为中学数学教师继续教育以及其他各级、各类数学教育教学工作者的教学科研参考书。

为了方便教师开展多媒体教学,编者可为任课教师提供相关内容的电子文件(课件 ppt,标准化题库等),具体事宜可通过电子邮件与作者联系,邮箱地址:chengxiaoliang92@163.com。

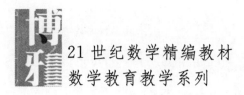

21 世纪数学精编教材

数学教育教学系列

数学教学论

（第三版）

主　编	程晓亮	刘　影	
副主编	苗凤华	郑　晨	杨灿荣
	周仕荣	盛　登	
编　者	武江红	徐建国	徐　伟
	潘　俭	蔡炯辉	翁小勇
	朱石焕	刘红玉	

北京大学出版社

PEKING UNIVERSITY PRESS

图书在版编目(CIP)数据

数学教学论/程晓亮，刘影主编. —3版. —北京： 北京大学出版社， 2019.1
21世纪数学精编教材. 数学教育教学系列
ISBN 978-7-301-30063-3

Ⅰ.①数… Ⅱ.①程… ②刘… Ⅲ.①数学教学—教学理论—师范大学—教材 Ⅳ.①O1-4

中国版本图书馆 CIP 数据核字(2018)第 258063 号

书　　　名	数学教学论（第三版）
	SHUXUE JIAOXUELUN
著作责任者	程晓亮　刘　影　主编
责 任 编 辑	曾琬婷
标 准 书 号	ISBN 978-7-301-30063-3
出 版 发 行	北京大学出版社
地　　　址	北京市海淀区成府路 205 号　　100871
网　　　址	http://www.pup.cn　　新浪微博：@北京大学出版社
电 子 邮 箱	编辑部 lk1@pup.cn　总编室 zpup@pup.cn
电　　　话	邮购部 010-62752015　发行部 010-62750672　编辑部 010-62754819
印 刷 者	河北滦县鑫华书刊印刷厂
经 销 者	新华书店
	787mm×980mm　16 开本　18 印张　375 千字
	2009 年 2 月第 1 版　2013 年 8 月第 2 版
	2019 年 1 月第 3 版　2024 年 1 月第 5 次印刷(总第 14 次印刷)
印　　　数	42001—45000 册
定　　　价	49.00 元

"21世纪数学精编教材·数学教育教学系列"编委会

名誉主编： 高　夯（东北师范大学）　　　　　王光明（天津师范大学）

主　　编： 刘影（吉林师范大学）　　　　　　程晓亮（吉林师范大学）

编　　委：（按姓氏笔画排序）

马秀梅	王 乐	王 君	王 彬	王 琦	王明礼
王玲娣	王雅丽	朱石焕	华志强	刘 露	刘红玉
刘金福	刘宝瑞	许 晶	孙广才	孙雪梅	牟 欣
李 莉	李云晖	李光海	李全有	李春玲	李艳军
李唐海	杨 尚	杨灿荣	吴晓冬	何素芳	宋士波
张 平	张丰硕	张玉环	张海燕	张艳霞	陈海俊
武江红	周仕荣	周其明	周荣昌	苗凤华	范兴亚
罗守胜	罗彦东	郑 晨	郑雪静	居 蕾	柳长青
柳成行	敖 恩	徐 伟	徐传胜	徐苏焦	徐建国
翁小勇	郭凤秀	龚剑钧	盛 登	常金勇	彭 纲
彭艳贵	喇雪燕	程广文	蔡炳辉	潘 俭	

秘 书 长： 程晓亮（吉林师范大学）

责任编辑： 曾琬婷（北京大学出版社）

"21世纪数学精编教材·数学教育教学系列"书目

1. 数学教学论（第三版）
2. 初等数学研究
3. 数学教学实践（初中分册）
4. 数学教学实践（高中分册）
5. 中学竞赛数学
6. 数学教育测量与评价
7. 中学数学教师资格考试训练教程
8. 高中数学微格教学和教学设计

作者简介

程晓亮 吉林师范大学数学学院副教授、硕士生导师，数学学院副院长。主要从事多复变与复几何、高师数学教育的研究。主持国家自然科学基金青年基金项目、吉林省自然科学基金青年基金项目等科研项目5项，主持吉林省高等教育研究项目2项，发表教研和科研论文20余篇，主编教材10余部。2010年获吉林师范大学"教学标兵"称号，2014年获吉林省第二届高校青年教师教学竞赛自然科学基础学科组一等奖。

刘 影 吉林师范大学数学学院教授、硕士生导师、数学学科教学论方向学科带头人，吉林省高等师范院校数学教育研究会副理事长，全国高等师范院校数学教育研究会理事。同时为本科生开设"数学教学论""中学数学研究""微格教学""数学教学测量与评价"等课程，其中"数学教学论"课程自1994年至今一直是吉林省高等学校优秀课程。主持或参与教育部软科学重点研究项目和省部级高等教育教学改革项目多项。在《吉林大学学报（理学版）》《中小学教师培训》《中学数学的教与学》等刊物上发表学术论文30余篇，主编和参编教材10余部。指导学生参加"东芝杯"全国师范大学理科生教学技能创新大赛，于2010年获二等奖、2011年获一等奖和创新奖。

第三版前言

党的二十大报告对实施科教兴国战略、强化现代化建设人才支撑作出重大部署，明确指出："教育、科技、人才是全面建设社会主义现代化国家的基础性、战略性支撑"。青年强，则国家强。广大教师深受鼓舞，更要勇担"为党育人，为国育才，全面提高人才自主培养质量"的重任，迎来一个大有可为的新时代。为了推进基础教育教师培养这一重要工作，提升教书育人水平，培养卓越教师，要强化师范生教育教学理论与实践能力。这也正是编写出版"21世纪数学精编教材·数学教育教学系列"的初衷。

"数学教学论"是高等师范院校数学教育专业必修课程。本书自2009年出版以来，得到广大读者的认可和欢迎，并于2011年获吉林省优秀教材三等奖。同时，我们得到全国三十多所兄弟院校同行的支持和帮助，陆续更正了书中的不妥之处。2011年，教育部修订了义务教育课程标准。我们在新课程标准的基础上，完善书中的内容，并于2013年出版了本书的第二版。本次修订主要是根据2017年新修订的普通高中课程标准以及国家教师资格统一考试对本课程的具体要求，对第二版的内容进行再次加工，并做了必要的补充或更新，力求在讲清楚理论的基础上，强调能用理论知识分析和解决教学实践中的具体问题。与第二版比较，内容的变动主要体现在如下三个方面：

1. 对中学数学教育改革与发展的历史进程部分内容进行了更新，更新至2016年第十三届国际数学教育大会和2018年全国高等师范院校数学教育研究会会议的最新动态。

2. 根据2017年修订的《普通高中数学课程标准（2017年版）》对第二章及后面章节的相关内容进行了修改。

3. 结合全国中学教师资格考试科目三"数学学科知识与教学能力"的具体要求，全面梳理了全书内容。

第三版的编写框架结构由吉林师范大学数学学院的刘影、程晓亮确定，具体编写分工如下：绪论由程晓亮编写；第一章由程晓亮、苗凤华编写；第二章由程晓亮、蔡炯辉、郑晨编写；第三章由周仕荣、程晓亮编写；第四章由潘俭、程晓亮编写；第五章由程晓亮、武江红编写；第六章由徐建国编写；第七章由盛登编写；第八章由徐伟、程晓亮编写；第九章由程晓亮、周仕荣编写；第十章由杨灿荣、朱石焕编写；第十一章由程晓亮编写；第十二章由盛登、程晓亮编写。参加撰写、审阅、修订工作的还有刘红玉、翁小勇。全书由刘影、程晓亮、郑晨统稿，并经讨论、修改后定稿。感谢本书第一版和第二版的诸多编写人员，以及在本书使用过程中提出宝贵意见和建议的同行们，是你们的大力支持才使得本书保持了较强的生命力！本书的编写与修订均得到了吉林师范大学教务处的支持与资助,其出版还得到了北京大学出版社的大力支持,在此我们表示诚挚的谢意！

　　本书虽然经过两次修订,但限于编者的水平,难免有不妥之处,诚恳希望广大同行和读者批评指正！

程晓亮　刘　影

2014 年 1 月修订

第二版前言

"数学教学论"是高等师范院校数学教育专业必修课程。本书第一版自 2009 年出版以来,得到广大读者的认可和欢迎,重印了 5 次,并于 2011 年获吉林省优秀教材三等奖。同时,我们得到全国三十多所兄弟院校同行的支持和帮助,陆续更正了书中的不妥之处。本次修订主要的原因是 2011 年教育部修订了义务教育课程标准。我们在新修订的课程标准的基础上,完善了书中的内容。同时,考虑到对这门课程的实践性内容,部分学校已单独安排课时,如微格教学、数学教学设计、数学教材分析、数学上课、评课与说课等专题性选修课程,我们对书中部分内容进行精简,强化理论对实践的引领与指导作用,不再驻足于理论的深度与外延。我们整理了几年来各位用书教师和学生的反馈信息,对第一版中的部分内容进行再次加工,围绕阐述的主要内容进行了补充或删减。与第一版比较,内容的主要变动体现在如下三个方面:

1. 对中学数学教育改革与发展的历史进程部分内容进行了简化与凝练。

2. 根据《义务教育数学课程标准(2011 年版)》,对第二章内容进行了修改。

3. 在强化理论的指导作用的想法下,梳理了全书内容。

第二版的编写框架结构由吉林师范大学数学学院的刘影、程晓亮确定,具体编写分工如下:绪论由刘影、程晓亮编写;第一章由程晓亮、苗凤华编写;第二章由程晓亮、蔡炯辉编写;第三章由周仕荣编写;第四章由潘俭、翁小勇编写;第五章由武江红、刘金福编写;第六章由徐建国编写;第七章由盛登编写;第八章由徐伟编写;第九章由周仕荣编写;第十章由杨灿荣、朱石焕编写;第十一章由程晓亮编写;第十二章由盛登、程晓亮编写。全书由刘影、程晓亮统稿并经讨论、修改后定稿。

本书再版得到了吉林师范大学教务处、吉林师范大学精品教材和精品课程建设立项项目的支持和资助,其出版还得到了北京大学出版社的大力支持,在此我们表示诚挚的谢意!

本书内容虽然经过多次讨论与修改,但限于编者的水平,不妥之处仍然会存在,诚恳希望广大同行和读者批评指正。

程晓亮　刘　影
2013 年 3 月

第一版前言

"数学教学论"是高等师范院校数学教育专业必修课程。吉林、安徽、福建、陕西、黑龙江、辽宁、云南、河北、河南、四川、贵州、山西、山东、重庆等十余个省、市的二十余所高等师范院校数学课程与教学论的教师参与了编写本教材的全过程。同时,我们邀请了若干重点中学数学骨干教师参加,组成提议、编写、审阅委员会。本书全面吸收全国各地数学教育教学实践优秀成果,发挥各位参编者的教学科研长处,力求编写出适应新世纪高校教学改革实践,深刻领悟中学数学课程改革的理念与精神,着力打造创新型数学教育教学工作者的高质量必修课程教材。

本书的内容经过各参编院校数学教育教学一线优秀教师多次讨论,同时征求了若干具有代表性的全国重点中学一线骨干教师的意见。本书基本内容由刘影、程晓亮在吉林师范大学试教多年,取得了良好的教学效果,"数学教学论"课程自1994年以来一直是吉林省高等学校优秀课程。"数学教学论"是多学科交叉课程,涉及内容非常丰富,但限于篇幅,本书对材料的取舍原则侧重于保留数学教育教学的最基本理论,适应新课程改革的需要,关注教师自身素质优化。各位教师可以根据本校学生实际和自身教学经验选讲本书部分内容,另添加其他素材。完成本书的教学内容大约需要70学时。

本书内容包括绪论和正文十二章,主要阐述数学教育教学基本理论和中学数学教育教学实践要求。本书与同类书籍相比,其特色在于用大量笔墨撰写中学数学课程标准解读,增加高等师范院校数学教育专业学生(简称师范生)综合素质优化等内容。本书设计展现了新一轮基础教育改革的新思想,把新思想融合在数学教育教学理论和数学教学实践中,全面体现了注重数学教育教学的实践性理念。

本书的基本内容包括以下几个方面:

1. 中学数学教育改革与发展的历史进程:国外的数学教育改革情况及我国数学教育改革的现状。

2. 中学数学新课程标准(《全日制义务教育数学课程标准(实验稿)》《普通高中数学课程标准(实验)》)解读:数学新课程标准的研制背景,新课程标准在实施中应该注意的问题,数学教师在新课程实施中的重要作用以及学生在新课程实施中的角色转变。

3. 数学、数学思维和数学能力的相关理论:数学与中学数学的关系,数学思维的规律,中学数学的思维方法以及思维能力。

4. 中学数学学习理论:数学学习的相关理论,影响学生数学学习的因素,数学教师在学生学习中的重要地位以及如何指导学生数学学习。

第一版前言

5. 数学教育教学的有关理论：中学数学课程与中学数学教学的关系，数学教育理论及其如何指导中学数学教学等。

6. 师范生综合素质优化：师范生的专业素质，中学数学课堂教学基本技能，统计分析学生的学习成绩技能，科学评价数学学习的技能等。

全书的编写框架结构由吉林师范大学数学学院刘影、程晓亮确定，编写、审稿分工如下：绪论由刘影、程晓亮编写并审阅；第一章由苗凤华编写，翁小勇审阅；第二章由蔡炯辉、孙博编写并审阅；第三章由周仕荣编写，刘影审阅；第四章由潘俭编写，孙广才审阅；第五章由武江红编写，常金勇审阅；第六章由徐建国编写，程晓亮审阅；第七章由盛登、朱石焕编写并审阅；第八章由徐伟编写，苗凤华审阅；第九章由周仕荣、朱石焕编写并审阅；第十章由杨灿荣、朱石焕编写并审阅；第十一章由刘影、程晓亮编写并审阅；第十二章由盛登、程晓亮编写并审阅。全书最后由刘影、程晓亮、孙博统稿并经讨论、修改后定稿。

在本书的编写过程中，主编刘影、程晓亮得到了东北师范大学高夯教授的热情鼓励，以及吉林省优秀课程"数学教学论"课题组、吉林师范大学教务处、吉林师范大学精品教材立项资金的支持和资助；各参编者也得到相应省市、学校的支持和资助。全体编者向给予支持和资助的单位和个人表示衷心的感谢。本书的出版得到北京大学出版社的大力支持，在此我们表示诚挚的谢意。

本书既可作为高等师范院校数学教育专业本、专科"数学教学论"课程的教材，也可作为中学数学教师继续教育以及其他各级、各类数学教育教学工作者的教学、科研参考书。

本书内容虽然经过各编委多次讨论、审阅、修改，但限于编者的水平，不妥之处仍然会存在，诚恳希望广大同行和读者给予批评指正。

刘　影　程晓亮

2008 年 12 月

目 录

绪论 ………………………………… (1)

第一节 数学教学论的学科特点 … (1)

一、数学教学论是一门综合性很强的
独立学科 ………………………… (2)

二、数学教学论是一门实践性很强的
理论学科 ………………………… (2)

三、数学教学论是一门正在完善的
学科 ……………………………… (3)

第二节 数学教学论的研究内容 … (3)

第三节 数学教学论的研究方法 … (4)

一、历史研究法 ………………… (4)

二、问卷调查法 ………………… (4)

三、实验研究法 ………………… (5)

四、个案研究法 ………………… (5)

第四节 学习数学教学论的
重要意义 ……………………… (6)

一、学习数学教学论有助于缩短师范生
转为教师的周期 ……………… (6)

二、学习数学教学论能提高师范生的
数学教育理论水平 …………… (7)

三、学习数学教学论能使师范生掌握
数学课堂教学的基本技能 …… (7)

四、学习数学教学论有利于师范生形成
数学教育教学研究的能力 …… (7)

五、学习数学教学论对普及新一轮基础
教育改革有特殊意义 ………… (7)

思考题 …………………………… (8)

本章参考文献 …………………… (8)

第一章 中学数学教育改革回顾 …… (9)

第一节 国外数学教育改革 ……… (9)

一、国外数学教育改革回顾 ……… (9)

二、"新数学"运动与国外数学

教育改革 ………………………… (10)

三、国际数学家联合会对国外数学
教育改革的贡献 ……………… (11)

第二节 我国数学教育改革 ……… (14)

一、我国数学教育改革简史 …… (14)

二、我国数学教育观念简介 …… (18)

三、我国数学教育走向世界的历程 … (20)

思考题一 ………………………… (21)

本章参考文献 …………………… (22)

第二章 中学数学课程改革 ……… (23)

第一节 基础教育课程改革下的
数学课程改革 ………………… (23)

一、对基础教育课程改革的认识 …… (23)

二、我国数学课程改革的必然性 …… (25)

第二节 中学数学课程标准的
基本理念 ……………………… (26)

一、《标准 1》的基本理念 ……… (26)

二、《标准 2》的课程性质与基本
理念 …………………………… (27)

第三节 数学学习内容的核心
概念 …………………………… (28)

一、数感 ………………………… (28)

二、符号感 ……………………… (30)

三、空间观念 …………………… (32)

四、数据分析观念 ……………… (33)

五、应用意识 …………………… (34)

六、推理能力 …………………… (35)

第四节 中学数学课程的目标与
内容 …………………………… (37)

一、《标准 1》的总体目标与第三学段的
具体目标 ……………………… (37)

目录

二、《标准 1》的课程内容 ⋯⋯⋯⋯⋯ (39)

三、《标准 2》的学科核心素养与

　　课程目标 ⋯⋯⋯⋯⋯⋯⋯⋯⋯ (39)

四、《标准 2》的课程结构和

　　课程内容 ⋯⋯⋯⋯⋯⋯⋯⋯⋯ (42)

第五节　数学新课程实施中对教师的

　　　　要求 ⋯⋯⋯⋯⋯⋯⋯⋯⋯⋯ (46)

一、处理好知识和技能、过程和方法、

　　情感态度和价值观三者的关系 ⋯ (46)

二、正确认识数学教学的本质 ⋯⋯⋯ (47)

三、精心设计数学教学 ⋯⋯⋯⋯⋯⋯ (49)

第六节　新课程标准下学生角色

　　　　分析 ⋯⋯⋯⋯⋯⋯⋯⋯⋯⋯ (52)

一、学生是学习的主人 ⋯⋯⋯⋯⋯⋯ (52)

二、学生品味"科学家"的感受 ⋯⋯⋯ (53)

三、学生参与课程评价 ⋯⋯⋯⋯⋯⋯ (53)

思考题二 ⋯⋯⋯⋯⋯⋯⋯⋯⋯⋯⋯⋯ (54)

本章参考文献 ⋯⋯⋯⋯⋯⋯⋯⋯⋯⋯ (54)

第三章　数学的特点与中学数学 ⋯⋯⋯ (56)

第一节　对数学的认识 ⋯⋯⋯⋯⋯⋯ (56)

一、数学是什么 ⋯⋯⋯⋯⋯⋯⋯⋯⋯ (56)

二、数学的价值 ⋯⋯⋯⋯⋯⋯⋯⋯⋯ (58)

第二节　中学数学的特点 ⋯⋯⋯⋯⋯ (61)

一、作为科学的数学的特点 ⋯⋯⋯⋯ (61)

二、中学数学的特点与教学 ⋯⋯⋯⋯ (62)

第三节　中学数学与数学前沿 ⋯⋯⋯ (64)

一、现代数学前沿概述 ⋯⋯⋯⋯⋯⋯ (64)

二、中学数学渗透现代数学概述 ⋯⋯ (65)

思考题三 ⋯⋯⋯⋯⋯⋯⋯⋯⋯⋯⋯⋯ (66)

本章参考文献 ⋯⋯⋯⋯⋯⋯⋯⋯⋯⋯ (66)

第四章　数学思维与学生发展 ⋯⋯⋯⋯ (68)

第一节　数学思维品质概述 ⋯⋯⋯⋯ (68)

一、数学思维 ⋯⋯⋯⋯⋯⋯⋯⋯⋯⋯ (68)

二、数学思维的品质 ⋯⋯⋯⋯⋯⋯⋯ (70)

第二节　数学思维与数学教学 ⋯⋯⋯ (75)

一、数学思维的一般方式 ⋯⋯⋯⋯⋯ (75)

二、中学生的数学思维发展特点 ⋯⋯ (77)

三、数学思维教学的基本原则 ⋯⋯⋯ (78)

第三节　数学思维与科学思维 ⋯⋯⋯ (81)

一、科学思维 ⋯⋯⋯⋯⋯⋯⋯⋯⋯⋯ (81)

二、数学思维与科学思维的关系 ⋯⋯ (82)

第四节　数学思维的培养 ⋯⋯⋯⋯⋯ (83)

一、逻辑思维的培养 ⋯⋯⋯⋯⋯⋯⋯ (83)

二、形象思维的培养 ⋯⋯⋯⋯⋯⋯⋯ (84)

三、创新思维的培养 ⋯⋯⋯⋯⋯⋯⋯ (86)

思考题四 ⋯⋯⋯⋯⋯⋯⋯⋯⋯⋯⋯⋯ (91)

本章参考文献 ⋯⋯⋯⋯⋯⋯⋯⋯⋯⋯ (91)

第五章　中学数学能力与教学 ⋯⋯⋯⋯ (92)

第一节　数学能力的定义 ⋯⋯⋯⋯⋯ (92)

一、能力与数学能力的定义 ⋯⋯⋯⋯ (92)

二、数学能力与数学知识、技能的

　　关系 ⋯⋯⋯⋯⋯⋯⋯⋯⋯⋯⋯ (93)

第二节　数学能力的成分结构 ⋯⋯⋯ (94)

一、数学能力成分结构概述 ⋯⋯⋯⋯ (94)

二、我国数学教育关于数学能力观的

　　变化 ⋯⋯⋯⋯⋯⋯⋯⋯⋯⋯⋯ (96)

三、数学能力的成分结构 ⋯⋯⋯⋯⋯ (96)

第三节　中学生数学能力的培养 ⋯ (102)

一、数学一般能力的培养 ⋯⋯⋯⋯ (102)

二、数学特殊能力的培养 ⋯⋯⋯⋯ (103)

三、数学实践能力的培养 ⋯⋯⋯⋯ (108)

四、数学自学能力的培养 ⋯⋯⋯⋯ (110)

第四节　数学能力的个性差异 ⋯ (111)

一、数学能力的年龄特点 ⋯⋯⋯⋯ (112)

二、数学能力的性别差异 ⋯⋯⋯⋯ (113)

三、数学气质类型的差异 ⋯⋯⋯⋯ (115)

思考题五 ⋯⋯⋯⋯⋯⋯⋯⋯⋯⋯⋯ (116)

本章参考文献 ………………… (116)

第六章　中学数学学习 ……… (117)
　第一节　学习的基本理论 ……… (117)
　　一、学习的特点 ……………… (117)
　　二、学习的分类 ……………… (118)
　　三、学习的方法 ……………… (120)
　第二节　数学学习过程分析 …… (120)
　　一、三种基本学习观 ………… (120)
　　二、中学数学学习的过程 …… (122)
　　三、学习迁移与数学教学 …… (124)
　第三节　影响数学学习的因素
　　　　　分析 ………………… (128)
　　一、影响数学学习的内部因素 … (128)
　　二、影响数学学习的外部因素 … (129)
　第四节　数学教师与中学数学
　　　　　学习 ………………… (131)
　　一、中学数学的学习目的 …… (131)
　　二、教师在中学数学学习活动中的
　　　　主要工作 ……………… (132)
　第五节　现代信息技术与中学
　　　　　数学学习 …………… (134)
　　一、运用现代信息技术的优越性 … (134)
　　二、使用现代信息技术辅助教学
　　　　存在的问题 …………… (135)
　　三、运用现代信息技术辅助教学的
　　　　策略 …………………… (137)
　思考题六 …………………… (138)
　本章参考文献 ……………… (138)

第七章　中学数学课程与教学 … (139)
　第一节　中学数学课程实施的
　　　　　原则 ………………… (139)
　　一、中学数学课程实施的含义 … (139)
　　二、中学数学课程实施的
　　　　基本原则 ……………… (140)

　第二节　中学数学课程的教学
　　　　　模式 ………………… (142)
　　一、启发式教学模式 ………… (142)
　　二、合作学习教学模式 ……… (147)
　第三节　中学数学教学工作的
　　　　　基本环节 …………… (150)
　　一、中学数学教学的备课
　　　　——制订教学方案 …… (150)
　　二、中学数学教学的上课
　　　　——实施教学方案 …… (155)
　　三、中学数学教学的课外工作
　　　　——完善教学方案 …… (156)
　思考题七 …………………… (163)
　本章参考文献 ……………… (164)

**第八章　师范生的培养与综合
　　　　　素质优化** …………… (165)
　第一节　师范生的数学知识结构
　　　　　与数学教师的数学专业
　　　　　素质 ………………… (165)
　　一、师范生的数学知识结构 … (165)
　　二、数学教师的数学专业素质 … (166)
　第二节　师范生的自我教育意识与
　　　　　教师职业道德的形成 … (168)
　　一、师范生的自我教育意识 … (168)
　　二、教师职业道德的形成 …… (171)
　第三节　中学数学教育研究与
　　　　　师范生的科研素质 …… (173)
　　一、中学数学教育研究 ……… (173)
　　二、师范生科研素质的培养 … (174)
　第四节　数学教师的综合素质 … (175)
　　一、数学教师的教育理念 …… (175)
　　二、数学教师的知识体系 …… (176)
　　三、数学教师的教学能力 …… (177)
　思考题八 …………………… (178)

本章参考文献 ……………………（178）

**第九章　数学教育理论与中学
　　　　数学教学** ……………（179）

第一节　弗赖登塔尔的数学教育
　　　　思想与中学数学教学 ……（179）

一、关于现代数学特性的论述 ……（179）

二、关于数学教学目的的探讨 ……（181）

三、关于数学教学原则的设想 ……（183）

四、弗赖登塔尔数学教育思想对中学
　　数学教学的启示 ………………（185）

第二节　波利亚的解题理论与
　　　　中学数学教学 …………（186）

一、波利亚的解题表及评述 ………（186）

二、波利亚的启发法和
　　合情推理 ………………………（190）

三、波利亚解题理论的评述及其对
　　中学数学教学的影响 …………（191）

第三节　建构主义理论与中学
　　　　数学教学 ………………（193）

一、建构主义理论的发展 …………（193）

二、中学数学教学的建构观 ………（194）

第四节　我国的数学"双基"教学理论与
　　　　中学数学教学 …………（195）

一、数学"双基"的含义及发展 ……（196）

二、数学"双基"教学的理论研究
　　发展状况 ………………………（197）

三、数学"双基"教学理论对中学数学
　　教学的启示 ……………………（199）

思考题九 ……………………………（200）

本章参考文献 ………………………（200）

第十章　中学数学思想方法 ……（202）

第一节　数学思想方法概述 ………（202）

第二节　中学常用的数学思想
　　　　方法 ……………………（204）

一、字母代表数思想方法 …………（204）

二、建模思想方法 …………………（204）

三、化归思想方法 …………………（205）

四、分类讨论思想方法 ……………（205）

五、集合思想方法 …………………（206）

六、辩证思想方法 …………………（206）

七、函数与方程思想方法 …………（206）

第三节　中学数学思想方法与
　　　　教学 ……………………（207）

一、如何贯彻数学思想方法的
　　教学 ……………………………（207）

二、中学代数中的基本数学思想
　　方法与教学 ……………………（209）

三、中学几何中的基本数学思想
　　方法与教学 ……………………（211）

四、平面三角中的基本数学思想
　　方法与教学 ……………………（212）

五、平面解析几何中的基本数学
　　思想方法与教学 ………………（215）

六、微积分中的基本数学思想
　　方法与教学 ……………………（218）

七、概率统计中的基本数学思想
　　方法与教学 ……………………（220）

思考题十 ……………………………（220）

本章参考文献 ………………………（221）

**第十一章　中学数学课堂教学
　　　　　基本技能** ……………（222）

第一节　数学课堂的导入技能 …（222）

一、导入技能运用的目的 …………（223）

二、导入技能设计的原则 …………（224）

三、导入技能的主要类型 …………（224）

四、导入技能实施时应注意的
　　问题 ……………………………（226）

第二节　数学课堂的讲解技能 …（227）

一、讲解技能运用的目的 …………（227）

二、讲解技能设计的原则 ……… （228）

三、讲解技能的主要类型 ……… （228）

四、讲解技能实施时应注意的

问题 ……………………… （229）

第三节 数学课堂的板书技能 … （230）

一、板书技能运用的目的 ……… （230）

二、板书技能设计的原则 ……… （231）

三、板书技能的主要类型 ……… （232）

四、板书技能实施时应注意的

问题 ……………………… （232）

第四节 数学课堂的提问技能 … （233）

一、提问技能运用的目的 ……… （233）

二、提问技能设计的原则 ……… （234）

三、提问技能的主要类型 ……… （235）

四、提问技能实施时应注意的

问题 ……………………… （236）

第五节 其他数学课堂教学

技能 …………………… （237）

一、数学课堂的演示技能 ……… （237）

二、数学课堂的变化技能 ……… （239）

三、数学课堂的结束技能 ……… （241）

思考题十一 ……………………… （243）

本章参考文献 …………………… （243）

第十二章 中学数学教育测量与

评价 ……………………… （245）

第一节 中学数学命题与考试 … （245）

一、中学数学试题的类型 ……… （245）

二、中学数学命题的原则和标准…… （247）

三、中学数学命题的步骤 ……… （248）

四、中学数学试题的编制 ……… （249）

第二节 考试成绩的统计分析 … （251）

一、考试成绩的统计 …………… （252）

二、试题与试卷的难度和

区分度 ………………… （253）

三、考试成绩的整体分析 ……… （257）

四、标准分数 …………………… （258）

第三节 中学数学学习评价 …… （259）

一、中学数学学习评价概述 …… （259）

二、中学数学学习评价的功能 … （260）

三、中学数学学习评价的要求 … （261）

四、中学数学学习评价的类型 … （263）

五、中学数学学习评价的方法 … （264）

六、中学数学学业质量评价 …… （267）

思考题十二 ……………………… （270）

本章参考文献 …………………… （270）

绪　论

　　数学教学论是专门研究数学教学特有规律的一门学科。它是一门具有较强综合性、实践性并正在完善的独立学科。本部分通过对数学教学论的研究内容和研究方法的介绍,阐明学习"数学教学论"课程对高等师范院校数学教育专业学生(简称师范生)的重要意义。

第一节　数学教学论的学科特点

　　数学教学论是数学教育学的一个重要分支。数学教育学是研究数学教育特有规律的一门学科,其研究范围非常广泛,包括:数学教育概论、数学教学论、数学课程论、数学学习论、数学教育评价等。数学教学论是专门研究数学教学特有规律的一门学科,其研究包括各个学段的数学教学现象和规律。本书侧重于通过阐述中学数学教学中的基本现象来揭示中学数学教学的基本规律。

　　数学是研究空间形式和数量关系的科学,是刻画自然规律和社会规律的科学语言和有效工具,也是一种文化体系。数学是研究自然科学和社会科学不可缺少的工具,也是所有科学研究的高级语言。数学的应用越来越广泛,正在不断地渗透到社会生活的方方面面。随着信息时代的到来,数学与计算机技术的结合在许多方面直接为社会创造价值,推动社会生产力的发展。数学在形成人类理性思维和促进个人智力发展的过程中发挥着独特的、不可替代的作用。数学素养是现代社会公民必须具备的一种基本素养。

　　教学论是研究学校教学现象和问题,揭示一般教学规律的科学。教学论的任务就是探讨、揭示一般教学规律,阐明各种教学问题,建立教学科学理论体系,指导教学实践。

　　数学教学论是研究数学教学现象,揭示数学教学规律的一门学科。数学教学作为数学教育的重要组成部分,在促进人们形成正确的数学观和教学观方面、在发展和完善人类的教学活动中以及在推进教育发展中起着重要的作用。数学教学在学校教育中占有特殊的地位，它不仅使学生掌握数学的基础知识、基本技能、基本思想方法，也使学生思维活跃、条理清晰，会用数学的思考方式解决问题，形成实事求是的科学态度和辩证唯物主义的世界观。

一、数学教学论是一门综合性很强的独立学科

数学教学论有自己的研究内容、研究方法和研究体系，但是它的研究却离不开其他学科，如数学、教育学、教学论、心理学、思维学、计算机科学、哲学等。首先，它要研究具体的数学教学理论、数学教学目的、数学教学内容和方法，既与数学的对象、特点、内容结构、方法和语言有关，又与教育学、教学论中所研究的一般教育目的、教学规律和方法有着密切的联系。其次，要研究中学生数学学习的心理、数学思维特点以及数学思维的培养和数学学习的方法，既与心理学相联系，又与思维科学、方法论、逻辑学密不可分。再次，新一轮数学课程改革要求研究学生的学习方式和手段，这与计算机科学息息相关。最后，一切重大的教学论问题的解决都离不开唯物辩证法的指导，这又与哲学有着密切的联系。可见，数学教学论是一门综合性很强的学科。但是，对于数学教学论，不能照搬相关学科的有关原理，或者照搬一些相应的数学教学实例，应当针对它的研究对象和需要解决的问题，在新一轮数学课程改革的教学实践和科学研究中总结出数学教学的具体规律，从而完善它的理论体系。因此，数学教学论又是一门独立的学科。

二、数学教学论是一门实践性很强的理论学科

数学教学是一种实践活动。数学教学论是人们把教学过程、学习过程作为认识过程来深刻分析的结果。数学教学论的理论知识是由数学教学实践的需要而产生、发展得来的。这种理论的意义在于：指导教学实践，运用数学教学的基本原理总结出在教学实践中具体可行的教学方式和手段，并受教学实践的检验。任何一种理论的获得都来源于实践，且应用于实践，进而接受实践的检验。数学教学论所研究的诸多问题，从课程标准的设计、教材的编写到教学过程的实施，从数学教学规律的获得到数学学习规律的掌握以及对数学教学的评价等，无一例外，都离不开数学教学实践。数学教学实践既是数学教学论的出发点，也是数学教学论的归宿。

数学教学论的产生既是数学教育理论发展的必然结果，也是数学教学实践的产物。随着数学教育改革的深入发展，人们对数学教学倍加关注。数学教学改革作为提高数学教育质量的重要手段而被提升到了一个新的高度，数学教学工作者越来越需要了解和掌握有关能够帮助他们切合实际地解决数学教学问题的理论。数学教学论开始发展成为学科教学论中的重要分支学科之一。数学教学论揭示的是数学教学的基本原理、特有规律，而不是停留在教学论、心理学加数学例子的组合上。所以，数学教学论是一门实践性很强的理论学科。

三、数学教学论是一门正在完善的学科

由于社会的不断进步,社会对基础教育不断提出新的要求。随着社会、教育、科技的不断发展,数学教学论也在不断发展,数学课程标准、数学课程内容、数学教学方法以及数学教学评价等都要不断改进。教育科学、数学、教学论的研究不断有新的成果出现以及教学经验的积累,使得数学教学论的理论更加完善,内容更加丰富。

在数学教学论学科的不断完善过程中,数学教育专家们做了大量的工作:他们对国外数学教育情况进行深入、细致地研究,提出了我国课程改革的理念;通过研究西方数学学习理论,结合我国中学生的特点,提出了我国中学生数学学习的相应理论;通过分析国外数学教学评价的情况,提出了我国数学教学评价的方法和手段;通过对现今社会生活进行研究,提出了我国数学课程内容的范围;通过对传统数学教育的现状进行分析,发现了我国数学教育的优点和不足;通过数学教学实践,逐步形成了学生数学思维和数学能力的培养方案;等等。数学教育专家们的工作使得数学教学论这一学科正在逐步完善。

第二节 数学教学论的研究内容

数学教学论是研究中学数学教学系统中数学课程标准、数学教学规律、数学学习规律、数学教学评价、数学思维和能力培养等的一门学科。高等师范院校数学教育专业开设的"数学教学论"课程要求师范生学习数学教学论的基础知识、基本理论和教学基本技能,为教育实习和毕业后从事数学教育教学工作以及开展数学教学研究做好必要的准备。这门课程的基本内容包括以下几个方面:

(1)中学数学教育改革与发展的历史进程。它的目的是:使师范生了解国外数学教育改革情况;知道我国数学教育改革的现状;真正体会现代数学教育的价值;理解数学家、数学教育家和数学教育的关系。

(2)中学数学新课程标准解读。它的目的是:使师范生了解新课程标准的研制背景;深刻体会新课程标准的内涵;知道新课程标准在实施中应该注意的问题;感受到数学教师在新课程实施中的重要作用;探索学生在新课程实施中的角色转变。

(3)数学、数学思维和数学能力的相关理论。它的目的是:使师范生了解数学与中学数学的关系以及中学数学的特点;掌握数学思维的规律并能针对其特点进行教学;认识中学数学的思想方法;具备在数学教学中培养学生数学能力的技能。

(4)中学数学学习及教学的有关理论。它的目的是:使师范生了解中学数学学习的相关理论;分析影响学生数学学习的因素;体会到数学教师在学生学习中的重要地位;认识在现代信息技术下如何指导数学学习;了解数学课程与数学教学的关系;知道数学教育理论及其如何指导数学教学;重点掌握我国的"双基"(基础知识和基本技能)数学教育理论。

(5)师范生综合素质优化。它的目的是：使师范生了解自己，认识到自己应该努力的方向；掌握数学课堂教学基本技能；会对学生的学习成绩进行统计分析；能够对数学教学进行科学评价。

数学教学论的内容非常丰富，不可能在有限的教学时间内掌握全部内容。在"数学教学论"课程中只要求重点掌握数学教学论中的基本理论、基本方法和中学数学新课程内容及新课程标准的基本理念。

第三节　数学教学论的研究方法

数学教学论是一门综合性和实践性较强的理论学科，对它的研究应该遵循复杂性、实践性和理论性的原则。针对这些原则，我们在研究过程中既要研究宏观情况，又要研究微观情况；既要用动态的观点进行研究，又要用静态的观点进行研究；既要用定性的方法进行研究，又要用定量的方法进行研究；既要有理论研究，又要有实践研究。因此，数学教学论的研究方法大致可以分为以下几种。

一、历史研究法

历史研究法，是指运用历史资料，按照历史发展的顺序对过去事件进行研究的方法，亦称纵向研究法，是比较研究法的一种形式。在教育学领域中，它着重对以往的教育制度、教育思想、教育文化等进行研究。学习数学教学论就要研究数学教学论的发展历史、数学教育发展史和数学发展史。数学发展史给我们提供了数学概念、理论、思想、方法、语言的发展历史。学生通过学习数学发展史能够进一步认识数学。学生认识数学的过程符合人类一般认识过程规律。历史给出了数学发展的规律，进而使学生可以用历史的观点来认识数学。通过对数学史的学习研究，学生体会到数学教育与社会的发展、人的成长、数学的发展是密不可分的。因此，要研究现今的数学教育教学，首先就必须研究现今社会、数学的发展特点以及学生的年龄特征等。同时，从数学的历史发展过程能够找到学生学习数学的合理程序，也能找到形成数学概念、理论、思想、方法和语言的途径。历史研究法是要从历史中吸取教育思想，不是去重复和复制历史；把现实的研究问题放到数学和数学教育历史中，看清其历史地位；把历史资料和现实资料加以对比分析，从历史的全局上把握本质。

二、问卷调查法

问卷调查法，是指调查者将事先设计好的问卷(调查提纲或询问表)通过邮寄形式或依组织形式交给被调查者，让其在规定的时间内回答完毕，然后寄回或由调查者收回，最后进行统计汇总，以取得所需的调查资料的方法。问卷调查法是一种间接的、书面的访问。调查者一般不与被调查者见面，而由被调查者自己填答问卷。根据调查目的设计好问卷是做好调查的关键。一份完美的问卷,必须是问题具体,重点突出,使被调查者乐于合作;能准确地记录和反映被调查者回答的事实,而且便于资料的统计和整理。该方法省时、省力、匿名性强。

通过调查了解有关中学数学教学的工作,可以发现一些有价值的问题。随后要对这些问题进行深入、全面地分析,制订解决方案,进行教学实践。通过解决问题,可以总结出一些规律性的结论,充实数学教学论的内容。另外,通过调查可以了解学生对教师教学的意见,学生喜欢什么样的教师,以便教师改进自己的教学方式;可以了解调查者对现今的教育制度、教育改革的意见和建议;可以使学生知道新一轮课程改革对教师素质的要求;可以检验教师素质在新一轮课程改革实施过程中的提高程度。

三、实验研究法

实验研究法,是指研究者按照研究目的,提出设想,合理地控制或创设一定条件或因素(称为自变量),人为地干预、变革研究对象(称为因变量),从而验证假设,探讨教育现象成因(因果关系)的一种研究方法。作为一种假设,是需要实验结果验证的。要揭示教育教学规律,就必须通过控制某些因素,探索和论证某种因果关系——自变量和因变量之间的因果联系,从而验证、修正、丰富、发展某种教育理论或主张,证明某种理论设想或主张的正确性、必然性。

数学教育实验研究具有一般科学实验研究特征,也具有其他实验研究所不具备的特点,如对因果关系的预见性(在所有方法中,是唯一能真正检验因果关系假设的研究)、推理模式的完整性、对数学教育活动干预的主动性等。具体来说,数学教育实验有下列功能:检验现有的教育理论和教学方法是否有效;检验自己的经验和设想是否有效,为发现和揭示新的教育特点和规律提供必要的基础;检验他人的经验和成果是否有效,以便在引进时进行改造、变通和发展,为新出现的教育理论假说应用于教育实践寻找可行的操作程序。这种方法比较接近学生的学习生活实际,易于实施,被广泛用于研究数学教育心理学和儿童学习心理学的课题,它也是数学教学论不可或缺的研究方法。

四、个案研究法

个案研究法,是指对某一学生、某一班级学生或某一年级学生在较长时间内连续进行调查,从而研究学生行为发展变化全过程的方法。这种研究方法也称为案例研究法。它是追踪研究某一学生个体或学生团体的行为的一种方法,包括对一个或一些学生材料的收集、记录,并写出个案报告。它通常采用观察、面谈、收集文件证据、描述统计、测验、问卷、图片、影片或录像资料等方法。在大多数情况下,尽管个案研究以某个学生或某些学生作为研究的对象,但这并不排除将研究结果推广到一般情况,也不排除在个案之间作比较后在实际中加以应用。对个案研究结果的推广和应用属于判断范畴,而非分析范畴,个案研究的任务就是为这种判断提供经过整理的经验报告,并为判断提供依据。在这一点上,个案研究法有点像历史研究法,它在判断时常需描述或引证个案的情况。因此个案研究法亦称"个案历史法"。通过个案研究可以掌握学生的数学学习动态,了解学生数学学习的规律以及学生在数学学习中遇到的困难,等等,以便更好地、更有针对性地进行因材施教。

上述四种研究方法都有局限性。历史研究法不可能使用其他研究方法中用来控制影响研究内部效度因素的测量方法,并且要尽量避免研究者所处时代的文化、自己的知识结构等对历史认识的影响。问卷调查法中的封闭性问题限制了被调查者选择答案的范围,有可能使某些类型数据的有效性受到影响,同时问卷调查法还要求被调查者有一定的文化水平。实验研究法通常只适合于自变量较少且非常明确、可以操作的问题。由于教育研究的对象是人及与人有关的现象,很多因素无法进行有效控制,这就使教育实验难以精确量化,需要将定量方法与定性方法结合起来进行研究。个案研究法适用于放在一定自然背景中进行,也特别适用于因时间变化而变化的事件研究,但缺乏对变量的控制与操作。

综上所述,只有明确中学数学教学论的研究方法,并掌握这些方法的优缺点及具体步骤,根据所要研究的内容,有的放矢、因地制宜地实施,才能真正细致地研究数学教学理论。

第四节 学习数学教学论的重要意义

从数学教学论研究的内容及特点可以看出,数学教学论的理论与实践对于提高中学数学教学质量,培养优秀人才,落实新一轮基础教育改革关系重大。但是,在当前的数学教学领域中,对它的重要意义还缺乏认识,没有引起人们的普遍关注。在中学数学教学实践中,往往由于忽视数学教学规律,教学方法不得当,造成学生对学习数学不感兴趣,影响学生的智力开发,使学生没有形成良好的数学思维习惯,导致学生在今后的学习生活、社会生活中出现各种各样的障碍。

一、学习数学教学论有助于缩短师范生转为教师的周期

"数学教学论"是师范生必修的专业课程,目的是让师范生尽快适应中学的数学教学工作。以往人们曾认为,不学数学教学论一样能成为优秀的数学教师。事实上,那些没有经过师范教育的教师,在长期的数学教学工作中积累了大量的经验,这些经验就是他们数学教学的指导。他们知道如何解决所遇到的数学教育教学问题,但是不知道这样解决的理论根据。数学教学论就是在总结这些老教师在长期数学教学过程中形成的经验的前提下所进行的理论升华。学习了数学教学论,师范生就能在短时间内掌握大量的数学教育教学理论和实践经验,少走很多弯路,进而缩短了师范生转为教师的周期。

二、学习数学教学论能提高师范生的数学教育理论水平

数学教学论是一门实践性很强的理论学科，它包含大量的数学教育教学理论。师范生通过学习数学教学论能掌握数学教育教学的相关理论和学生数学学习的相关理论，知道自己在数学教育教学中的行为依据；能够用数学教育教学理论来分析自己教学设计的合理性，说明自己在开发学生智力方面的理论根据。同时，师范生可以利用数学教育教学理论来深层次地分析中学数学教材，进而提高自己的数学教育理论水平。

三、学习数学教学论能使师范生掌握数学课堂教学的基本技能

数学教学论是集理论和实践于一身的学科，它的实践性要求数学教学论必须研究数学课堂教学的基本技能。通过数学教学论的学习，师范生在掌握一般教学技能的前提下，可以进一步掌握数学课堂教学的基本技能，如导入技能、讲解技能、演示技能、板书技能等。掌握了这些技能，师范生就会尽早适应中学数学的教学工作。

四、学习数学教学论有利于师范生形成数学教育教学研究的能力

新一轮基础教育改革正在实施中，它要求中学数学教师必须有一定的数学教育教学科研水平，成为新一代的研究型综合教师。在数学教学论学习中，师范生能够很容易地掌握数学教育教学的研究内容和方法，了解数学教育教学界最新的学术动态，关注数学教育教学的热点话题。事实上，对中学数学教学研究最有发言权的人当属中学数学教师，他们每天都在数学教学第一线，通过他们的观察、访谈、调查、实验等，可以准确地掌握中学生数学学习的基本情况，进而研究中学数学教学的规律。而师范生要具备这些研究能力，必须在学习数学教学论的过程中逐步培养。

五、学习数学教学论对普及新一轮基础教育改革有特殊意义

从我国实施新一轮基础教育改革以来，各级中学数学教师都进行了相应的新课程标准培训。但是，师范生一毕业马上就进入中学数学教学，如果没有进行新课程标准培训，他们就会不适应现今中学数学教学实际。通过数学教学论的学习，师范生可以了解中学数学新课程标准的相关内容，知道数学课程改革的目标、内容、方式、原则以及评价等。重要的是掌握中学数学新课程标准的基本理念，以便以后更好地指导自己的数学教学。

总之，一个新教师要能胜任中学数学教学工作，成为一名优秀的数学教师，不仅要学习数学专业知识，提高数学能力，而且要学习、研究数学教学论的理论，提高数学教学能力。所以，学习、研究数学教学论对新教师的培养与成长有其特殊的重要意义。

思 考 题

1. 数学教学论的主要研究对象是什么？
2. 数学教学论的学科特点有哪些？
3. 学习数学教学论有什么意义？
4. 研究数学教学论的方法有哪些？

本章参考文献

[1] 张奠宙,李士锜,李俊.数学教育学导论[M].北京：高等教育出版社,2003.

[2] 马忠林.数学教学论[M].南宁：广西教育出版社,1996.

[3] 张奠宙,宋乃庆.数学教育概论[M].北京：高等教育出版社,2004.

[4] 王晓辉.数学课程与教学论[M].长春：东北师范大学出版社,2005.

第一章

中学数学教育改革回顾

> 　　数学教育在中学各科教育中最受国际关注,数学教育改革的步伐从未停止。本章主要回顾了国外几个有代表性的国家的数学教育改革情况,介绍了我国数学教育的改革与发展历程,并对东、西方数学教育做了一些比较。

第一节　国外数学教育改革

　　数学的未来在于数学教育,在于社会对数学的认识。就世界范围来说,数学教育是各科教育中最具有国际影响力的,数学教育观念的变革,也是未来数学进步的标志。

一、国外数学教育改革回顾

(一)英国的数学教育改革

　　一百年前,欧几里得(Euclid)的《几何原本》在英国仍然是一切教科书的蓝本。大数学家庞加莱(Poincaré)曾经幽默地讽刺当时数学教育的失败:"教室里,先生对学生说:'圆周是一定点到同一平面上等距离点的轨迹。'学生们抄在笔记本上,可是谁也不明白圆周是什么。于是先生拿粉笔在黑板上画了一个圆圈,学生们立刻欢呼起来:'啊,圆周就是圆圈啊,明白了。'"庞加莱指责的这种数学教育到处都有,现在也并未绝迹。

　　1901 年,英国工程师、皇家科学院教授佩里(J. Perry)在英国科学促进会发表演说,猛烈抨击英国的教育制度,反对为培养一个数学家而毁灭数以百万人的数学精神。他说:"我们再也没有欧几里得时代那样的空闲了。"佩里主张关心一般民众的数学教育,取消欧几里得《几何原本》的统治地位,提倡"实验几何",重视实际测量、近似计算,运用坐标纸画图,尽早接触微积分。他归纳学习数学的"理由"有:培养高尚的情操,唤起求知的喜悦;以数学为工具学习物理学;为了考试合格;给人们以运用自如的智力工具;认识独立思考的重要性,从权威的束缚下解放自己;使应用科学家认识到数学原理是科学的基础;提供有魅力的逻辑力量,防止单纯从抽象的立场去研究问题。佩里嘲笑那些只关心第 3 条(为了考试合格)的教师说,这些数学教师尽管什么用处也没有,但他们却像受人顶礼膜拜的守护神。佩里的演说获得广泛赞同。1902 年,以佩里演说为中心内容写成的图书《数学教学的讨论》得以出版。在 20 世纪的开端,在英国以佩里为代表的数学教育改革运动便拉开了序幕。

(二)德国、意大利的数学教育改革

与英国的佩里改革相呼应,德国大数学家克莱因(F. Klein)继续推动世界数学教育的改革。1900 年,他在德国学校协会上强调应用的重要性,建议在中学讲授微积分。1904 年,克莱因在哥廷根大学演讲,主张中学数学内容应以“函数概念”为中心。同年,在自然科学家的布列斯劳会议上,他建议大学教师不仅要懂教育学,还必须注意数学教育的方法。1905 年,由克莱因起草的《数学教学要目》在意大利的米兰公布,世称“米兰大纲”。其要点是:教材的选择和安排,应适应学生的心理自然发展;融合各个数学学科,密切数学与其他学科的联系;不过分强调形式的训练,应重视应用;以函数思想和空间观察能力作为数学教学的基础。这份“米兰大纲”,是一份向世界各国推荐的模范大纲,其指导思想一直贯穿于整个 20 世纪,至今仍然具有指导意义。

(三)美国的数学教育改革

在 20 世纪 60 年代,一项由国际政治触发的数学教育改革运动风靡全球。1957 年,苏联的人造卫星早于美国上天,使美国朝野震惊。1958 年,美国国会通过国防教育法,要求政府和公众支持教育改革,用提高科学教育质量来保卫国防。大批的政府拨款和企业资助投向科学教育和数学教育。以布尔巴基(N. Bourbaki)为代表的数学家积极参与其中。当时的思潮是,旧的数学教材内容太陈旧了,没有反映 20 世纪的数学成就。于是,一大批新的数学教材在西方各国涌现。一场用“新数学”代替“旧数学”的改革运动席卷全世界。1958 年,美国成立“学校数学研究小组”(简称 SMSG),着手编写《统一的现代数学》教材。欧洲经济共同体也在 1959 年编制《中学数学教育现代化大纲》。

二、“新数学”运动与国外数学教育改革

1960 年,日本召开全国数学教育大会,着手研究数学教育现代化。1961 年,英国的“学校数学设计”(简称 SMP)研究组织,推出一套全新的教材。比较稳重的苏联,也在 1965 年成立以大数学家柯尔莫哥洛夫(A. N. Kolmogorov)为首的委员会,全面编写新数学教科书。即使处于对外封闭状态的中国,在 1960 年上海举行的中国数学会代表大会上,也提出“打倒欧几里得”的口号,编写高中生要学习偏微分方程的数学教材,力求实现数学内容的现代化。

这场运动,世称“新数学”运动。“新数学”运动的指导思想是:增加现代数学内容,如

集合、逻辑、群、环、域、向量和矩阵、微积分、概率论、二进制数系等；强调公理方法，提倡布尔巴基的结构主义。SMSG 数学教材中有一个由 30 条公理组成的系统；废弃欧几里得几何；削减基本运算，用计算器代替基本的运算技能；提倡发现教学方法，要求学生像数学家发现定理那样去学习数学。

经历了 20 世纪 60 年代和 70 年代，"新数学"运动终于以失败而告终。学生无法接受大量的抽象而不切实际的数学，如二进制数系、群的概念、数理逻辑公式等。与此同时，基本训练大大削弱，学生不知道 2＋2 等于几，因为被二进制数弄糊涂了。80 年代，大多数"新数学"运动中的教材都宣布失败，提出"回到基础"的口号，重新注意基本训练。

"新数学"运动也有积极的一面，例如使概率统计、向量、微积分等内容进入中学，教学方法注意学生发现知识的过程等。但是它的负面影响颇为巨大。学生的基本训练能力迅速下降，至今未能完全恢复。至于平面几何之类的内容，不仅西方国家的中学生已经久违，连中学教师也不甚了解，恢复起来十分困难。

三、国际数学家联合会对国外数学教育改革的贡献

20 世纪以来，国际数学家联合会是国际数学界唯一的权威组织。1908 年，在罗马举行国际数学家大会，会上决定建立国际数学教育委员会(International Commission of Mathematics Instruction，简称 ICMI)。克莱因是 20 世纪初无可争辩的数学教育领袖，理所当然地被选为国际数学教育委员会的第一任主席。他担任这一职务直到 1925 年去世。

20 世纪前 50 年，经历了两次世界大战。由于教育和各国政府的政策密切联系，国际性的数学教育活动不太多。ICMI 做了一些组织工作，主要是交流各国的数学教育情况，包括数学教学大纲的制定、教学方法的改进、数学学习水平的评价等。

第二次世界大战之后，各国普遍实行 9～12 年的义务教育制度。这是一项根本性的转变。如果说以前的数学教育只是为了培养少数科学家、律师、医生、国家管理人员等人才，那么现在必须面对全体民众。以前的数学往往被作为筛子用于选拔人才，现在则必须把数学作为"泵"来提高大众的数学能力。"大众数学"的口号也就应运而生。

伴随"新数学"运动，第二次世界大战时中断的国际数学教育活动也逐渐恢复起来。这一时期的世界数学教育领袖是弗赖登塔尔(H. Freudenthal)。弗赖登塔尔是荷兰数学家，1930 年毕业于柏林大学，专长是李代数和拓扑学，长期在荷兰的乌德勒支大学任教授。在研究数学之余，他关注数学教育，并有大量著作问世。他主张学习现实数学，提倡从学生的现实出发，注意数学学习心理学的研究。"新数学"运动风起云涌之际，弗赖登塔尔持激烈反对态度。后来的事实证明他是对的，这使他的声誉鹊起。1967 年，弗赖登塔尔当选为国际数学教育委员会主席。在他任职期间，做了两件影响深远的事：第一件是单独举行国际数学教育大会(简称 ICME)。第一届 ICME 于 1969 年在法国里昂举行。第二届 ICME 于 1972 年在英国的埃克塞特举行。以后每四年举行一次：1976 年，德国，卡尔斯鲁厄；1980

年,美国,伯克利;1984年,澳大利亚,阿德雷德;1988年,匈牙利,布达佩斯;1992年,加拿大,魁北克;1996年,西班牙,塞维利亚;2000年,日本,东京;2004年,丹麦,哥本哈根;2008年,墨西哥,蒙特雷;2012年,韩国,首尔;2016年,德国,汉堡。第二件是提倡数学教育的科学研究。在20世纪60年代之前,大多数数学教育研究都是经验式的,各国的研究只是报告自己的数学教学大纲,谈谈数学教学的一般情况。弗赖登塔尔认为,数学教育研究应该和数学研究一样,也是要探讨数学教育的规律,提出新观点,增加新内容,努力在前人研究的基础上有所前进。论文的形式也要提出问题,引用前人的结果,提出自己的见解,有论证和数据,不能空谈。在ICME上,都要分组讨论,力求深入。为了推动数学教育研究,弗赖登塔尔创办了新的杂志《数学教育研究》(*Educational Studies in Mathematics*),作为国际数学教育委员会的机关刊物。

另一位数学教育的领袖人物,当推波利亚(G. Polya)。他是美籍匈牙利人,在布达佩斯、哥廷根、巴黎等地求学,1912年获博士学位。主要工作领域为泛函分析、组合数学、概率论等。波利亚在1944年写成《怎样解题》一书,先后被译成14种文字出版,在数学教育界影响巨大。以后又推出《数学的发现》《数学与猜想》等一系列有关解数学题的理论,并用大量的例子加以解释,风行世界。20世纪80年代,美国数学教育界在"回到基础"的口号之后,又提出"数学问题解决"的口号。主张数学问题的解决应是数学教育的主要目标。至此,波利亚的解题理论更成为数学教育研究的热点(本书第九章将详细阐述)。

在20世纪末,数学教育面临许多困难。西方工业发达国家中学生的数学水平每况愈下。表1-1和表1-2分别是两个权威的国际数学教育评价机构对13岁学生测试的得分情况,其中IAEP是国际教育进展评价组织的缩写;IEA是教育成就评价国际协会的缩写。1996年末,IEA在美国波士顿通过"第三次数学和科学(教育)的国际研究(简称为TIMSS)"公布了调查结果(表1-2)。

表1-1　IAEP在1989年的评价结果

国家或地区	分数	国家或地区	分数
中国大陆	80	苏格兰	61
韩国	73	爱尔兰	61
中国台湾	73	英格兰	61
瑞士	71	斯洛文尼亚	57
苏联	70	西班牙	55
匈牙利	68	美国	55
法国	64	葡萄牙	48
意大利	64	约旦	40
以色列	53	巴西(圣保罗)	37
加拿大	62	莫桑比克	28

表 1-2　IEA 在 1996 年的评价结果

国家或地区	分数	国家或地区	分数
新加坡	643	奥地利	539
韩国	607	爱尔兰	527
日本	605	加拿大	527
中国香港	588	比利时（法语区）	526
比利时	565	保加利亚	522
捷克	564	泰国	522
斯洛伐克	547	瑞典	519
瑞士	545	德国	509
荷兰	541	新西兰	508
斯洛文尼亚	541	英格兰	506
挪威	503	罗马尼亚	482
丹麦	502	立陶宛	477
美国	500	塞浦路斯	474
苏格兰	498	葡萄牙	454
西班牙	498	伊朗	428
拉脱维亚	487	科威特	392
冰岛	487	哥伦比亚	385
希腊	484	南非	354

　　这两次测试表明，东亚各国或地区在学生的数学学习成绩方面明显高于其他国家或地区。特别是受中国文化影响的"汉字文化区"内的国家或地区，其数学测试成绩都明显领先。

　　这一现象已引起国际的重视。20 世纪 80 年代的国际测试表明，美国数学教育成绩落后于日本。为此，当时的布什政府曾要求国会增加拨款，提升美国的中学数学教学水平。美国全国数学教师委员会（简称 NCTM）发布新的课程标准，提倡新的数学教学方法。在国内的学术智慧考试（简称 SAT）等测试中，显示美国学生的数学成绩有所提高。但 1996 年这次 TIMSS 成绩却说明美国中学生的数学成绩在国际测试中的排名没有提高，反而下降，在西方国家中只领先于苏格兰和西班牙。一时舆论大哗，引发了所谓的"美国数学战争"。

　　在美国最大的州——加利福尼亚，先引起辩论。以加利福尼亚州立大学数学教授伍鸿熙为代表，认为美国数学教育存在严重问题，加利福尼亚州的课程需要重新设计，教科书应重编，NCTM 课程标准应当修改。他们的批评意见陆续在媒体上发表，一时议论纷纷。批评意见主要有：美国的数学教育忽视基本训练，没有起码的数学技能要求；数学内容缺乏严密性，不像一门精确科学；数学教学大纲中有明显的数学错误；数学教学提倡"自我建构""小组学习"，教师的作用受到忽视。另一种观点认为，数学教育是一个漫长的改革过程，中学生的基本数学能力正在逐步提高；美国优秀学生的数学教育仍然在世界上领先；数学创造性是数学教育的灵魂，美国必须坚持。

第二节　我国数学教育改革

一、我国数学教育改革简史

数学教育与数学科学一样,随着人类社会实践活动而发生与发展。同样,数学教育理论的建立来自人类社会实践,是人类长期实践经验的总结。本节将从考察我国中学数学教育改革史入手,剖析我国各个时期的中学数学教育现象,对数学教育目的、内容、方法等进行分析,从而认识、研究我国中学数学教育的规律。

(一)古代数学教育(春秋战国—1840年)

我国数学教育始于周朝(约公元前7世纪)。至隋唐时代,我国已建立了一套完整的数学教育体系,从教材的编撰、学生学习,到考核、分配待遇,都有相应的制度。从隋文帝时置算学博士2人,助教2人,算学生2人,隶属于国子寺,至唐贞观二年(628年)于国子监设算学门,这是官办数学教育。我国古代数学教育除官办外,主要还是民间数学教育,靠授艺的方式传授数学知识。我国古代数学教育是以儒家六艺中的"九数"为教学的主要内容。所谓六艺是礼、乐、射、御、书、数。这里的"数"即是数学。而"九数"是指方田、粟米、差分、少广、商功、均输、方程、盈不足、旁要(后汉郑玄注"九数"),这与现传本《九章算术》的篇名相同。我国古代数学教育自有《九章算术》以后,一直以它作为基本教材,沿用达千年之久。《九章算术》主要是讲计算。我国古代数学教育主要是计算技术教育,其目的是为封建统治阶级"经世致用",培养天文、历法等行政部门的专业计算人员。由于我国古代数学教育只注重计算技能教育,教学方法刻板,采用背诵经书,学生死啃书本的方式,导致官办数学教育没有培养出有成就的数学家。我国古代造就的许多数学家,主要是民间数学教育取得的成果。

(二)近代数学教育(1840—1949年)

我国近代数学教育始于"西学东渐"之时。1607年,利马窦(Matteo Ricci)和徐光启合译了《几何原本》(前六卷),从此西方数学开始传入中国。1842年,西方传教士在我国创办了教会学校(中学),开设的数学课程有"几何""代数""三角""解析几何""微积分"等。《几何原本》(中译本)是我国中学数学教学正式采用的第一本西方几何教材。我国自己创办的最早的现代新式学校是京师同文馆(1862年创办),学制八年,第四年开始学习《数理启蒙》《代数学》,第五年学习《几何原本》《平面三角》《弧三角》,第六年学习《微积分》《航海算经》。京师同文馆引进的"西学"都是与殖民地加工有关的自然科学与数学知识,不可能造就数学人才,只能培养买办和翻译人员。

辛亥革命(1911年)后,中国近代数学教育掀开了新的一页。民国元年改学堂为学校,算学正式列入中学课程。1912年,教育部对中学数学做出了规定:数学要旨在明数量之关系,熟习计算,并使其思虑精确,数学宜授算术、代数、几何及三角法。20世纪初至40年代,我国中学数学教育颇受英国、美国和日本的影响，在教学内容方面，先是模仿日本，后来直接翻译欧美数学教科书。这个时期国内数学名家也编写了不少中学数学教材，如何鲁的《代数》、陈建功的《几何学》、段子燮的《解析几何》、李锐夫的《三角学》，等等。还有傅仲孙教授曾经倡导过"混合数学"（即代数、几何、三角不分家）。

这个时期我国中学数学教育较之古代数学教育，无论是在内容上还是在方法上都有了很大进步，培养出了一批像陈省身、苏步青等在国内外享有盛誉的数学家。

（三）现代数学教育（1949 年至今）

新中国成立以后，我国教育事业发生了根本性的变化，取得了令世人瞩目的成就。中学数学教育，虽然受到极"左"指导思想的干扰，遭到"文化大革命"的严重破坏，但仍然取得了巨大成绩。

1. 1949—1957 年

这个时期主要特点是：全面学习苏联，创建我国数学教育体系。新中国成立初期，还来不及制定出适合新中国教育的中学数学课程标准，编不出适合中国国情的中学数学新教材。为了克服原有中学数学教材种类繁多、内容庞杂、偏难、思想差的状况，适应当时教育的需要，教育部于 1950 年颁发了《中学数学精简纲要》。各地按照这个大纲精神，对新中国成立前的数学教材做了精简后，再将其作为中学数学代用教材。1952 年、1954 年和 1956 年，先后以苏联中学数学教学大纲为蓝本，制定并颁发了三份中学数学教学大纲（草案或修订草案）。与新中国成立前相比较，三份大纲在教学目的上强调了"要以社会主义思想教育学生""注意培养学生的辩证唯物主义世界观"，并明确提出要发展学生的"逻辑思维和空间想象力"。但总的来讲，数学教育目的还只侧重于数学知识传授上。这个时期，先后出版了两套供全国统一使用的中学数学教材。这两套教材主要是以苏联中学数学教材为蓝本进行编译或改编的。这些教材与新中国成立初期使用的教材相比，初中平面几何少了相似形内容，高中代数少了方程论的一部分和概率、行列式等内容，砍掉了解析几何。尽管这些教材知识面窄、内容少、难度低，不能很好地满足中学生进一步学习和参加生产劳动的需要，但这一代中学生通过这些数学教材学习后，数学成绩普遍有了提高，基础知识比较扎实，计算等基本技能比较熟练。

2. 1958—1965 年

这个时期的主要特点是：全国掀起了教育革命的高潮，推动了数学教育教学改革实验，初步形成具有中国特色的现代数学教育体系。1958—1960 年，由于受"大跃进"和国际数学现代化运动的影响，我国在数学教育现代化方面做了些尝试。最有代表性的是北京师范大学中小学数学教育改革小组制定的《中学四年一贯制数学教学大纲》。编写了《代数》《初等函数》《微积分学》等实验教材。这些大纲和教材在内容上，大量引进了现代数学基础知识。教材的体系是以函数为纲，将代数、几何、三角、微积分融为一体。由于这个教学改革方案脱离了当时我国实际，要求过高，教材体系变动过大，因而实施不久就缩小了实验面。

从 1961 年开始，数学教育界在贯彻执行"调整、巩固、充实、提高"的八字方针过程中，对

1958 年至 1960 年的数学教学改革进行了反思。在总结前一段数学教学改革经验基础上,我国数学教育得到了新的发展。教育部于 1961 年草拟出了《全日制中小学数学教学大纲(草案)》,并于 1963 年将此大纲分为《全日制小学算术教学大纲(草案)》和《全日制中学数学教学大纲(草案)》颁布实施。1963 年的大纲,在教学目的上,除重申要学生牢固地掌握数学基础知识外,还特别明确规定:应培养学生正确而迅速的计算能力、逻辑推理能力和空间想象能力。培养"三大能力"(计算能力、逻辑推理能力和空间想象能力),这在我国数学教育史上还是第一次全面提出。

1961 年至 1965 年年底,人民教育出版社出版了一套十二年制中学数学教材。在这套教材中,初中不再开设算术,学完平面几何和代数的二次方程后,在高中增设平面解析几何。这套教材内容充实、理论严谨、编排科学。这个时期,在全国范围内,还广泛开展了加强"双基"、少而精、启发式、精讲多练的教学研究活动。经过三年调整,我国教学秩序渐趋正规,大纲和教材也逐步稳定,教师也积累了较丰富的教学经验,从而逐步形成了具有中国特色的中学数学教育体系。这个体系具有如下特征:有全国统一的教材和大纲,教材实行分科编写,并重视教材的科学性、系统性和严密性,也注意联系实际;在数学教学目的上,既重视"双基"教学,又全面提出了要培养学生的"三大能力";形成了具有我国传统特色的少而精、启发式、精讲多练和因材施教的教学方法。

3. 1966—1976 年

1966—1976 年期间,"文化大革命"使中学数学教育遭到了严重破坏,中学数学教学质量严重下降,拉大了我国和世界先进国家的数学教育差距。

4. 1977—1999 年

这个时期主要特点是:数学教育进入了一个恢复、调整和大发展的新时期。特别是邓小平同志提出了"三个面向"(面向现代化、面向世界和面向未来)战略思想以后,数学教育改革试验呈现了多元化蓬勃发展的局面,具有中国特色的现代数学教育体系得到进一步巩固和发展。1978 年,1980 年,1986 年教育部先后公布了《全日制十年制中学数学教学大纲(试行草案)》《全日制六年制重点中学数学教学大纲》《全日制中学数学教学大纲》。在教学目的上,这三份大纲都强调要"使学生学好从事社会主义现代化建设和进一步学习现代科学技术所必需的数学基础知识和基本技能"。从这点来看,我国数学教育自新中国成立以来至 20 世纪 80 年代前,在数学教学目的上历来强调数学知识教育。60 年代以后,又由单纯注重数学知识教学转变为比较侧重"双基"的教学。全国仍然使用统编教材,人民教育出版社按照"精简、增加、渗透"的原则,出版了一套不分科的十年制中小学数学教材,经过两年试用后,又将初中的混编本改为代数、平面几何分科本。与此同时,高中数学教材也进行了调整修订,分成甲种本和乙种本,其中甲种本供重点高中使用,乙种本供一般高中使用。

80 年代以后,我国许多地区相继开展了数学教材和数学教学改革试验。在数学教材改革试验方面较有影响的有:由美籍华人项武义教授设想提出的《中学数学实验教材》,中科院心理研究所卢仲衡研究员主持编写的《中学数学自学辅导教材》等。在数学教学方法改革试验方面较有成效的有：上海青浦县顾泠沅的"尝试、指导、回授"教学法，上海育才中学的"读读、议议、练练、讲讲"八字教学法，北京景山学校的"单元结构"教学法，以及中科院心理所的"自学辅导"教学法等。

1988 年公布了《九年义务教育全日制初级中学数学教学大纲(初审稿)》。这个大纲与以往所有大纲相比，在教学目的上有以下明显的差别：① 强调"使学生学好当代社会中每一个公民适应日常生活"所必需的数学基础知识和技能。② 在培养能力提法上注意了层次。例如，对逻辑思维能力不是笼统提"培养"，而是提"发展"；对空间想象能力只是提"发展空间观念"。这些提法更符合初中生的年龄和心理特征。③ 在我国数学教育史上第一次明确提出要培养学生良好个性品质和学习习惯。

1992 年，全国的部分数学教育工作者参加教育部人事司组织资助的数学教育高级研讨班。研讨班的纪要即《数学素质教育设计(草案)》。在这份文件中，提到了许多新问题和新观点，其中有：可贵的国际测试高分下隐伏的危机；儒家考试文化下的中国数学教育；高考指挥棒可能走向"八股化"；从英才数学教育到大众数学教育；让孩子们喜欢数学；"数学素质"需要设计；数学应用意识的失落；突破口——数学问题解决；观念变化——允许非形式化；把学习的主动权交给学生；薄弱环节——数学学习心理学；数学教育中德育新思路；紧迫课题——计算器进入课堂；适度性原则——不要走极端；中国数学教育正在走向世界。这些问题和见解，在此前的数学教育研究上很少触及。当时的许多预言和期望，都为后来的事件所证实。数学教育理论和数学教学实践得到了更好的结合。

我国地域辽阔，经济发展极不平衡，全国只用"一纲一本"是难以在全国范围内分期分批实施义务教育的。为此，国家教委决定采用"一纲多本"，除了人民教育出版社出版的一套义务教育通用教材外，上海、浙江、广东、四川等地也各自编写了一套具有本地特色的义务教育教材。自从国家提出素质教育和创新教育的理念以后，数学教育研究开始走上学术研究的道路。与此同时，国际上的数学教育理论和经验也先后传入国内。数学教育研究呈现蓬勃发展的态势，研究领域大为开阔。

5. 2000 年至今

进入 21 世纪以来，我国数学课程中关于数学学习的理念发生了显著的变化，开始注重创新意识和探索能力的培养。2000 年颁布的《全日制普通高级中学数学教学大纲》对于数学学习中的"创新意识"做了界定，它主要是指：对自然界和社会中的数学现象具有好奇心，不断追求新知，独立思考，会从数学的角度发现和提出问题，进行探索和研究。2001 年和 2003 年，教育部相继颁布了《全日制义务教育数学课程标准(实验稿)》和《普通高中数学课程标准(实验)》，并于 2011 年和 2017 年分别新修订出《义务教育数学课程标准(2011 年版)》和《普通高中数学课程标准(2017 年版)》。这是全国数学教育的理论工作者和广大数学教师的共同创造。新课程标准中蕴涵了许多深刻的数学教育观念，包括一些数学教学的具体建议。新课程标准的实施,有力地推动了中国数学教育观念的变革,也推动了数学教学理念的发展,使得中学数学教学理念由只关心教师的"教"转向也关注学生的"学";从"双基"与"三大能力"观点的形成,发展到更宽广的能力观和素质观;从听课、阅读、演题,到提倡实验、讨论、探索的学习方式。关于两个"标准",我们将在第二章做详细介绍。

2018 年,全国数学教育研究会理事长、北京师范大学曹一鸣教授在贵阳举行的"全国高等师范院校数学教育研究会"上指出:"关键教学行为"关系着课堂的整体构建,有利于切实培养学生的关键能力,以"关键教学行为"为切入点和落脚点进行课堂教学研究及教学改进具有更强的针对性和有效性。我国数学课程目标的发展,从"双基""三大能力",到"四基""四能",再到"数学学科核心素养",越来越重视数学的育人价值。我国的数学教育应基于核心素养视角,将数学学科整体结构、核心内容、重要思想和精神融为一个整体;应重视数学研究对象的获得过程,使学生会用数学的眼光观察世界;应重视数学对象的研究过程,以"一般观念"为引导发现规律、获得猜想、证明结论,用数学的思维思考世界;应重视用数学的概念和原理分析、解决问题,用数学的语言表达世界,提升学生数学学科核心素养。

综上所述,近半个世纪以来,我国中学数学教育理念随着国家的发展、科学技术的进步而不断完善:从注重课堂教学质量的提高,到注重学生数学学习的效果;从注重知识的掌握,到注重能力的形成、素质和观念的发展。理念的发展意味着人们认识上的飞跃。然而,如何在数学教学中验证这些理念,则是更有意义、更为艰苦的工作。

二、我国数学教育观念简介

在 20 世纪 70 年代中期以前,我国中学数学教育基本上还是自我封闭状态。80 年代以后,在邓小平同志"三个面向"的战略思想指引下,我国数学教育开始步入世界数学教育改革的潮流。数学教育界,在继承和发扬我国中学数学教育优良传统基础上,吸纳了世界各国先进的数学教育思想和数学教育理论。与我国国情相符合的数学教育观念正在逐步形成。

(一) 从数学"精英教育"观更新为"提高全民族数学文化素养教育"观

《中国教育改革和发展纲要》明确指出:"世界范围的经济竞争、综合国力竞争,实质上是科学技术的竞争和民族素质的竞争。从这个意义上说,谁掌握了面向 21 世纪的教育,谁就能在 21 世纪的国际竞争中处于战略主动地位。"发展基础教育是发展我国教育的重中之重,而提高受教育者的素质是我国实现四个现代化的必由之路。在素质教育中,数学教育又处于重要的地位。数学素养将是 21 世纪合格公民素质结构中的重要组成部分。数学是属于所有人的,因此必须将数学教给所有的人。现代数学教育注重以下几个方面的内容:

(1)强调中学数学教育是对全体人民科学思维与文化素质的哺育。数学与文化是休戚相关的,数学作为一种文化,在人类各种文化中占据一种特殊地位。它关系到一个民族的文化兴衰,也关系到一个民族的兴衰。数学教育,特别是基础教育之一的中学数学教育,它不单纯是数学科学的教育。

（2）重新理解"提高全民素质"。提高全民族素质，是指既提高人的先天素质——人口素质，又提高人的后天养成的素质。数学教育是提高全民族素质的教育，就是要提高全体学生的数学文化素养和非数学文化素养（或通常说的非智力素质）。

（3）重新选择中学数学教学内容。在中学数学教学内容方面，以往我国只强调学好从事现代化生产和进一步学习现代科学技术所必需的数学基础知识，而忽视了现代社会中每一个公民适应日常生活所必需的数学知识，特别是对相当多的行业和专业不同程度需要的一些近代和现代数学知识。随着社会的进步、经济的发展，应该让中学生具有适应日常生活，参加生产和进一步学习所必需的代数和几何的基础知识以及近代和现代数学的初步知识。

（4）重视培养中学生的数学能力。数学能力方面，一般数学教育论都是提"三大能力"和运用数学知识分析、解决问题的能力。在1995年国家教委确定的课程标准中，已将能力要求确定为：思维能力、运算能力、空间想象能力。这就改变了传统的逻辑思维能力的提法，同时也使得思维有了更为广泛的含义。更主要的是，在课程标准中将思维能力提到了能力要求的首位，使它居能力之核心地位得到确认。

（5）关注中学生的思想教育。新中国成立以来，我国在教学中历来重视中学生的思想教育，尤其是辩证唯物主义观的教育，可是在实际教学中却反复多次生搬硬套、牵强附会，搞形式主义；或一味注重知识和技能教学，忽视思想教育，尽管教学目的写得很明确，而实际上思想教育流于形式。20世纪80年代以后，除强调思想教育之外，开始注意对学生个性品质的教育，强调树立学生对数学的"学"和"做"的自信心，让他们懂得数学的价值和应用，使学生具有数学的意识，能用数学语言进行交流。还要求在数学教育中培养学生辩证唯物主义观点，对学生进行实践、运动、联系、对立、转化等辩证唯物主义观点的教育。

数学教育由"精英教育"向"大众教育"、"应试教育"向"素质教育"转变的观点，已被愈来愈多的人所接受。然而这一转变需要经历一个过程，在这个转变的过程中，还有许多问题，特别是一些难点，需要去探索、解决。

（二）数学教育内容从教"形式化理论"变为教"现实的数学"

传统数学教育把数学看成一个已经完成的形式化理论。传统的数学教育内容只注重数学的概念和理论，讲概念、定理只讲形式，而不注重实质，忽视"现实的数学"。这完全违背了数学教育应关注全体学生的现实生活的客观要求。

"现实的数学"要求中学数学教育应满足以下几点：第一，数学教学内容来自于现实世界，把那些最能反映现代生产、现代社会生活需要的最基本的数学知识和技能作为数学教育的内容。第二，数学教育内容不能仅仅局限于数学内部的内在联系，就中学数学教学内容来讲，不能只考虑代数、几何、三角之间的联系，还应该研究数学与现实世界各种不同领域的外部联系。这样一方面学生能获得既丰富多彩而又错综复杂的"现实的数学"内容，掌握比较完整的数学体系；另一方面，学生也有可能把学到的数学知识应用到现实世界中去。第三，数学教育应为不同的人提供不同层次的数学知识。这就是说,不同的人需要不同的"现实的数学"。数学教育所提供的内容应该是中学生的"各自的数学",即"学生自己的数学"。

(三) 数学教学方式由向学生灌输数学结论到学生学习"数学化"的变革

什么是数学化? 弗赖登塔尔认为,人们在观察、认识和改造客观世界的过程中,运用数学的思想和方法来分析、研究客观世界的种种现象,并加以整理、组织的过程就叫作数学化。简单地说,数学地组织现实世界的过程就是数学化。任何数学分支都是数学化的结果,而数学化的关键又在于运用数学的思想和方法去分析和研究客观世界。因此,在中学数学教学过程中,就是要让学生学会用数学思想和方法去分析、研究客观世界的各种现象,形成数学的概念和运算法则,构造数学模型,等等。同时,还要让学生利用所获得的数学知识、数学思想和方法去观察、分析客观世界的现象,为具体问题构造数学模型,以提高数学知识水平,掌握数学的技能。从这个角度讲,学习数学就是学习数学化。正如弗赖登塔尔所说,数学教学必须通过数学化来进行。

数学化与传统数学教育所提出的科学性、严谨性是有区别的。一提到数学化,人们就会联想到数学教学的科学性和严谨性原则。传统数学教育注重教学活动的最终产物,向学生灌输已发现的现成演绎体系。它过分地强调数学教学的科学性,即逻辑性、严密性和系统性,因而要求在教学中注重数学知识的系统性、完整性;追求精确、完美的形式;讲任何概念都要下定义;课堂上只能用严谨的数学语言,而不能用半点自然语言来描述概念、法则等。而数学化要求在数学教学过程中不能只注重形式,应注重数学的思想和方法的渗透,用数学的思想和方法去观察、发现、分析数学结论,注重对这些结论的实质性的理解和领悟。

三、我国数学教育走向世界的历程

1980 年,华罗庚等 6 人在第四届国际数学教育大会上做大会报告,受到广泛好评。1988年和 1992 年的国际数学教育大会,中国均有代表参加。1991 年和 1994 年,分别在北京和上海举行 ICMI-中国的地区性数学教育国际会议,进一步加强了中国和 ICMI 的合作。1994年,张奠宙当选为国际数学教育委员会的执行委员(共 8 人),任期为 1995—1998 年。这是中国人首次参与国际数学教育组织的领导机构。1999 年,王建磐继任此职位(1999—2002年)。

自从 1996 年中国参加国际数学家联盟之后,中国也自然地成为 ICMI 的成员,国际活动更为正式。1996 年,在西班牙举行的第八届国际数学教育大会上,中国学者应邀参加活动。张奠宙为大会程序委员会成员。唐瑞芬作为 7 名主持人之一参加"教师培训的大会圆桌讨论会"。三位中国学者做 45 分钟报告,他们是顾泠沅、王长沛、裘宗沪。叶其孝任"数学模型及应用"专题组召集人。这样,中国数学教育工作者在最重要的国际数学教育舞台上取得了突破。1998 年 8 月,在韩国举行的第一届东亚数学教育大会上,中国有 51 人到会,许多在中小学教学第一线的教师走出了国门。

2000 年,在日本举行第九届国际数学教育大会。北京教育学院王长沛先生为国际程序委员会成员。张奠宙,王建磐为大会做了许多工作。一些中国学者继续在大会上参与工作,有 153 人(包括中国港、澳、台地区的学者)到东京与会。2001 年,在中国香港举行"东西方数学教育比较"的国际研讨会,中国数学家们也做了很多重要工作。2004 年,在丹麦举行的第十届国际数学教育大会上,中国有 59 人参加。张奠宙、戴再平、刘意竹应邀在大会做 45 分钟报告。同时,本次大会首次颁发了国际数学教育的两项大奖——克莱因奖与弗赖登塔尔奖。从此,数学教育专业有了自己的国际大奖。2008 年,在墨西哥举行的第十一届国际数学教育大会上,中国是举办国家展示会(National Presentation)的五个国家(地区)之一。通过这次国家展示会,更好地让全世界了解了我国的数学教育。另外,我国数学教育专家鲍建生为国际程序委员会亚洲委员之一,徐斌艳、林福来、梁贯成、彭明辉等为课题研究组组长,范良火、张景斌为课题讨论组组长,还有很多知名学者也都分别参与了各课题研究的工作,他们为我国的数学教育走上世界舞台做出了重要的贡献。第十二届国际数学教育大会于 2012 年 7 月 8 日至 15 日在韩国首都首尔举行。这是国际数学教育协会第二次在亚洲召开的国际数学教育大会,来自各大洲的与会者共有 3616 人,为历次大会人数最多的一次。这次我国参会人数也是历次大会中最多的一次,其中中国大陆 281 人、香港 18 人、澳门 16 人、台湾 24 人。值得一提的是,本次大会期间举办了题目为"在国际和比较视野下的华人数学教育——特点、优点和缺点"的华人论坛。该论坛由范良火教授主持,梁贯成、马云鹏、谢丰瑞、李业平、李士锜、张英伯、黄毅英、金美月、黄幸美、蔡金法和徐斌艳等教授做了邀请发言。同时,会议期间还安排了中、日、韩数学教师专题活动,包括教师现场教学、录像课分析研究等。第十三届国际数学教育大会于 2016 年在德国汉堡大学举行。此次大会规模盛大,吸引了世界各地 105 个国家和地区的 3500 多位与会者,其中中国大陆 143 位,中国香港特别行政区 36 位,中国澳门特别行政区 2 位,中国台湾地区 28 位。在本次大会上,最为隆重的是为 2013 年、2015 年获克莱因奖和弗赖登塔尔奖的得主授予获奖证书、奖牌。2013 年的弗赖登塔尔奖获得者为中国香港大学梁贯成教授,他是东南亚地区唯一获得此殊荣者。由此可见,我国数学教育的研究成果已经得到国际数学教育界的认可。

我国在走向国际数学教育的过程中,深感数学教育研究的广度和深度还有许多不足,这是 21 世纪应当继续努力的方向。

思 考 题 一

1. 简述"新数学"运动与国外中学数学教育改革。
2. 如何看待我国数学教育改革?

本章参考文献

[1] 张奠宙.数学的明天[M].南宁：广西教育出版社,2000.

[2] 林六十,高仕汉,李小平.数学教育改革的现状与发展[M].武汉：华中理工大学出版社,1997.

[3] 张奠宙,宋乃庆.数学教育概论[M].北京：高等教育出版社,2004.

[4] 陈昌平.数学教育比较与研究[M].上海：华东师范大学出版社,2000.

[5] 徐品方.数学简明史[M].北京：学苑出版社,1992.

[6] Ernest P.数学教育哲学[M].齐建华,张松枝,译.上海：上海教育出版社,1998.

[7] 郑毓信.数学教育哲学[M].成都：四川教育出版社,2001.

[8] 邓东皋,孙小礼,张祖贵.数学与文化[M].北京：北京大学出版社,1990.

[9] 郑毓信.数学教育：从理论到实践[M].上海：上海教育出版社,2001.

[10] 周学海.数学教育学概论[M].长春：东北师范大学出版社,1996.

[11] 周春荔,张景斌.数学学科教育学[M].北京：首都师范大学出版社,2000.

第二章

中学数学课程改革

本章在分析了数学新课程改革必然性的基础上,详细介绍了中学数学新课程标准的基本理念和数学学习内容若干核心概念;阐述了新数学课程标准下的数学课程内容以及新型的师生角色观。

由教育部制定的《义务教育数学课程标准(2011 年版)》(以下简称《标准 1》)和《普通高中数学课程标准(2017 年版)》(以下简称《标准 2》)全面设计了我国基础教育 1～12 年级的数学课程。而其中又将九年义务教育阶段分为三个学段:第一学段(1～3 年级);第二学段(4～6 年级);第三学段(7～9 年级)。本章的"中学"就是指义务教育阶段的第三学段和高中阶段(7～12 年级)。

第一节　基础教育课程改革下的数学课程改革

一、对基础教育课程改革的认识

(一)改革是社会的进步与发展的必然趋势

21 世纪是以信息技术为主的技术革命和由它引发的经济革命重新塑造全球经济的世纪。经济全球化、信息网络化、社会知识化是 21 世纪的三大特征。有人认为,21 世纪是知识经济的时代。知识经济是建立在知识和信息生产、分配及使用上的经济。人类一方面尽情地享用全球经济一体化和高度信息化带来的种种恩惠,一方面进行更加激烈的国与国之间经济的竞争、综合国力的竞争。这些竞争的实质是科学技术的竞争。说到底,是教育的竞争。

近 30 年人类知识总量翻了一番;未来的 30 年知识总量将翻三番。随着"知识爆炸",知识更新的速度不断加快。知识更新周期已缩短为 2～5 年,网络技术更新周期缩短为 8 个月。知识结构体系也发生了重大变化。学科细化、过分系统的以传授知识为特征的体系,已经不适应时代的要求。在知识经济成为主流、科学技术突飞猛进的世纪,人才的语言、文化、知识、视野必须全球化、国际化。21世纪的人才必须具备学习、创新和创造性应用知识的能力,终身教育与创新将成为人们追求的时尚。另外,信息技术特别是信息网络化,正在改变人类文化的传递方式,也正在改变着教育。教育已突破现有的时空,实现资源的跨时空共享,这必将引起教育内容、教育手段、教育过程、教育组织等重大变革。

同时,新世纪人类面临各种困扰自身的问题,如人口爆炸、环境污染、资源枯竭、战争、贫困等,这些问题都是人类自身行为造成的。从教育上说,这些行为的产生与"维持性"学习形成的"撞击式"思维方式不无关系。为了迎接未来的挑战,要由"撞击式"思维方式转变为"预期式"思维方式,相应地要由传统的"维持性"学习转变为"创新性"学习。为了从容面对科技发展和国际竞争的挑战,在21世纪中叶基本上实现四个现代化,必须加快推进素质教育的步伐,使我国的基础教育在提高国民素质、民族创新能力上发挥应有的作用和优势。

党的十九大报告明确指出:知识经济是以高新技术为特征,以新知识的创造为核心的经济,它不同于以往的农业经济和工业经济。在知识经济时代,国家综合国力的增强将依赖于高素质的科技型人才和创新性人才。创新素质教育驱动是适应当今时代发展的需要。推进创新教育改革,首先必须转变教育观念。创新素质教育的前提是让学生认识到国家创新驱动战略的重要性。教师要不断引导和启迪学生,帮助学生逐步树立创新意识,为党和国家在新时代"科技兴国、人才强国"战略的实施筑牢实践的根基。

（二）基础教育课程改革的理念

基于上述对社会发展趋势与变化的认识,我国当前课程改革一以贯之的教育价值观是:为了每一个学生的发展。课程改革的根本任务是:以邓小平"三个面向"的思想为指针,认真落实《中共中央国务院关于深化教育改革全面推进素质教育的决定》,构建一个开放的、充满生机的、有中国特色的社会主义基础教育课程体系。这种课程体系将全面贯彻国家教育方针,以提高国民素质为宗旨,加强德育的针对性和实效性,突出学生创新精神和实践能力、收集和处理信息的能力、获取新知识的能力、分析与解决问题的能力以及交流与协作的能力,发展学生对自然和社会的责任感,为造就有理想、有道德、有文化、有纪律的,德、智、体、美等全面发展的社会主义事业建设者和接班人奠定基础。

在新的历史时期,我国基础教育课程改革的理念与目标应该是:

（1）倡导全人教育。强调课程要促进每个学生身心健康发展,培养良好品德,培养终身学习的愿望和能力,处理好知识、能力以及情感态度和价值观的关系,克服课程过分注重知识传承和技能训练的倾向。

（2）重建新的课程结构。处理好分科与综合、持续与均衡、选修和必修的关系,改革目前课程结构过分强调学科独立、纵向持续、门类过多和缺乏整合的现状,体现课程结构的综合性、均衡性与选择性。

（3）体现课程内容的现代化。淡化每门学科领域内的"双基",精选学生终身学习与发展必备的基础知识和技能,处理好现代社会需求、学科发展需求与学生发展需求在课程内容的选择和组织中的关系。

（4）倡导建构性学习。注重学生的经验与学习兴趣，强调学生主动参与、探究发现、交流合作的学习方式，改变课程实施过程中过分依赖课本、被动学习、死记硬背、机械训练的观念。

（5）形成正确的评价观念。建立评价项目多元、评价方式多样、既关注结果又重视过程的评价体系，突出评价对改进教学实践、促进教师与学生发展的功能，改变课程评价方式过分偏重知识记忆与纸笔考试的现象以及过于强调评价的选拔与甄别功能的倾向。

（6）促进课程的民主化与适应性。重新明确国家、地方、学校三级课程管理机构的职责，改变目前课程管理权力过于集中的状况，尝试建立三级课程管理制度，增强课程对地方、学校及学生的适应性。

二、我国数学课程改革的必然性

进入 21 世纪，各国的数学课程都在进行改革。这是信息时代的要求，社会发展的必然。

（一）世界各国共同面对的现实

（1）数学本身发生了变化。20 世纪下半叶以来，数学的作用日见凸现。其最大的发展就是应用，数学直接或间接地推动着生产力的发展，现代科学技术越来越表现为一种数学技术。数学几乎在各个领域都有广泛的应用，它已经从幕后走到台前，成为能够创造经济效益的数学技术。这使得数学素养成为公民基本素养不可缺少的重要部分，也使得离散数学、非线性数学、随机数学等发展迅速。

（2）社会发生了变化。信息技术与经济高速发展，产业自动化、信息化程度的提高，经济生活的日益纷繁复杂，越来越离不开数学的理论和方法以及数学的思维方式的支持，这使得对公民素质有了新的要求。五天工作制，休闲性消费时间增加，网络化时代来临，也要求对数学教育做根本性的改革。

（3）数学教育发生了变化。世界上中等发达国家，甚至一部分发展中国家，都已实行大众数学教育，我国也基本普及了九年制义务教育。大众数学教育已经迫切地提上了议事日程，适合精英教育的传统数学课程不得不随之改变。

（4）教育观念发生了变化。素质教育和创新教育成为我国教育改革的主要指导思想。数学教育从以知识传授为本向和谐的人的全面素质发展转变，其立足点从人的"阶段教育"向"终身教育"转变。另外，国际上盛行的"建构主义"教学观，"问题解决"教学模式，"探究式、发现式"教学方法，以及"数学开放题""合作学习""情境创设"等教学经验的传播，也对数学课程建设提出了新要求。

（二）我国学生在数学学习中存在的问题

（1）学习目标方面的问题：基础知识和基本技能的目标成为数学学习目标的主体；课程目标难以适应学生的发展；数学能力的发展不全面，尤其缺乏对创新精神和实践能力的关注;在数学学习中缺乏良好的情感体验以及对个性品质的关注。

(2) 数学学习内容上的问题:过分追求逻辑严谨和体系形式化;学习内容在不同程度上存在"繁、难、偏、旧"的状况;数学教材类型贫乏,选择余地小。

(3) 学习方式上的问题:学生数学学习的方式是被动接受;在借助信息技术手段进行数学实验和多样化的探究或学习以及拓展学生自己的学习空间等方面相当薄弱。

(4) 数学考试对数学学习的影响:日常的考试过频、过难、分量过重;对考试结果的处理方式缺乏科学性;考试的形式、内容等都有待于改善。

第二节　中学数学课程标准的基本理念

一、《标准1》的基本理念

义务教育阶段的数学课程是培养公民素质的基础课程,具有基础性、普及性和发展性。数学课程能使学生掌握必备的基础知识和基本技能;培养学生的抽象思维和推理能力;培养学生的创新意识和实践能力;促进学生在情感态度和价值观等方面的发展。义务教育的数学课程能为学生未来生活、工作和学习奠定重要的基础。义务教育阶段的数学课程的基本理念是:

(1) 数学课程应致力于实现义务教育阶段的培养目标,要面向全体学生,适应学生个性发展的需要,使得"人人都能获得良好的数学教育,不同的人在数学上得到不同的发展"。

(2) 课程内容要反映社会的需要、数学的特点,要符合学生的认知规律。它不仅包括数学的结果,也包括数学结果的形成过程和蕴涵的数学思想方法。课程内容的选择要贴近学生的实际,有利于学生体验与理解、思考与探索。课程内容的组织要重视过程,处理好过程与结果的关系;要重视直观,处理好直观与抽象的关系;要重视直接经验,处理好直接经验与间接经验的关系。课程内容的呈现应注意层次性和多样性。

(3) 教学活动是师生积极参与、交往互动、共同发展的过程。有效的教学活动是学生"学"与教师"教"的统一,其中学生是学习的主体,教师是学习的组织者、引导者与合作者。

数学教学活动应激发学生的兴趣,调动学生的积极性,引发学生的数学思考,鼓励学生的创造性思维;要注重培养学生良好的数学学习习惯,使学生掌握恰当的数学学习方法。

学习数学应当是一个生动活泼的、主动的和富有个性的过程。除接受学习外,动手实践、自主探索与合作交流同样是学习数学的重要方式。学生应当有足够的时间和空间经历观察、实验、猜测、计算、推理、验证等活动过程。

教师教学应该以学生的认知发展水平和已有的经验为基础,面向全体学生,注重启发式和因材施教。教师要发挥主导作用,处理好讲授与学生自主学习的关系,引导学生独立思考、主动探索、合作交流,使学生理解和掌握基本的数学知识、技能、数学思想方法,获得基本的数学活动经验。

（4）学习评价的主要目的是为了全面了解学生数学学习的过程和结果，激励学生学习和改进教师教学。应建立目标多元、方法多样的评价体系。评价既要关注学生学习的结果，也要重视学生学习的过程；既要关注学生数学学习的水平，也要重视学生在数学活动中所表现出来的情感态度，帮助学生认识自我、建立信心。

（5）信息技术的发展对数学教育的价值、目标、内容以及教学方式产生了很大影响。数学课程的设计与实施应根据实际情况合理地运用现代信息技术，要注意信息技术与课程内容的整合，注重实效。要充分考虑信息技术对数学学习内容和方式的影响，开发并向学生提供丰富的学习资源，把现代信息技术作为学生学习数学和解决问题的有力工具，有效地改进教与学的方式，使学生乐意并有可能投入到现实的、探索性的数学活动中去。

二、《标准2》的课程性质与基本理念

党的十九大明确指出："要全面贯彻党的教育方针，落实立德树人根本任务，发展素质教育，推进教育公平，培养德、智、体、美全面发展的社会主义建设者和接班人。"

基础教育课程承载着党的教育方针和教育思想，规定了教育目标和教育内容，是国家意志在教育领域的直接体现，在立德树人中发挥着关键作用。2013年，教育部启动了普通高中课程修订工作。本次修订深入总结21世纪以来我国普通高中课程改革的宝贵经验，充分借鉴国际课程改革的优秀成果，努力将普通高中课程方案和课程标准修订成既符合我国实际情况，又具有国际视野的纲领性教学文件，构建具有中国特色的普通高中课程体系。

（一）课程性质

数学是研究数量关系和空间形式的一门科学。数学源于对现实世界的抽象，基于抽象结构，通过符号运算、形式推理、模型构建等理解和表达现实世界中事物的本质、关系和规律。数学与人类生活和社会发展紧密关联。数学不仅是运算和推理的工具，还是表达和交流的语言。数学承载着思想和文化，是人类文明的重要组成部分。数学是自然科学的重要基础，并且在社会科学中发挥越来越大的作用，数学的应用已渗透到现代社会及人们日常生活的各个方面。随着现代科学技术特别是计算机科学、人工智能的迅猛发展，人们获取数据和处理数据的能力都得到很大的提升。伴随着大数据时代的到来，人们常常需要对网络、文本、声音、图像等反映的信息进行数字化处理，这使数学的研究领域与应用领域得到极大拓展。数学直接为社会创造价值，推动社会生产力的发展。

数学在形成人的理性思维、科学精神和促进个人智力发展的过程中发挥着不可替代的作用。数学素养是现代社会每一个人应该具备的基本素养。

数学教育承载着落实立德树人根本任务、发展素质教育的功能。数学教育帮助学生掌握现代生活和进一步学习所必需的数学知识、技能、思想方法；提升学生的数学素养，引导学生用数学眼光观察世界，用数学思维思考世界，用数学语言表达世界；促进学生思维能力、实践能力和创新意识的发展；在学生形成正确人生观、价值观、世界观等方面发挥独特的作用。

高中数学课程是义务教育阶段后普通高级中学的主要课程，具有基础性、选择性和发展性。必修课程面向全体学生，构建共同基础；选择性必修课程、选修课程充分考虑学生的不同成长需求，提供多样性的课程让学生自主选择；高中数学课程为学生的可持续发展和终身学习创造条件。

（二）基本理念

1. 学生发展为本，立德树人，提升素养

高中数学课程要以学生发展为本，落实立德树人根本任务，培养科学精神和创新意识，提升数学学科核心素养。高中数学课程要面向全体学生，实现：人人都能获得良好的数学教育，不同的人在数学上得到不同的发展。

2. 优化课程结构，突出主线，精选内容

高中数学课程要体现社会发展的需求、数学学科的特点和学生的认知规律，发展学生数学学科核心素养。要优化课程结构，为学生发展提供共同基础和多样化选择；要突出教学内容主线，凸显数学内容的内在逻辑和思想方法；要精选课程内容，处理好数学学科核心素养与知识技能之间的关系，强调数学与生活以及其他学科的联系，提升学生应用数学解决实际问题的能力，同时注重数学文化的渗透。

3. 把握数学本质，启发思考，改进教学

高中数学教学要以发展学生数学学科核心素养为导向，创设合适的教学情境，启发学生思考，引导学生把握数学内容的本质。要提倡独立思考、自主学习、合作交流等多种学习方式，以激发学生学习数学的兴趣，养成良好的学习习惯，进而促进学生实践能力和创新意识的发展；要注重信息技术与数学课程的深度融合，提高教学的实效性；要不断引导学生感悟数学的科学价值、应用价值、文化价值和审美价值。

4. 重视过程评价，聚焦素养，提高质量

高中数学学习评价要关注学生知识技能的掌握，更要关注数学学科核心素养的形成和发展，制定科学合理的学业质量要求，以促进学生在不同学习阶段数学学科核心素养水平的达成。评价既要关注学生学习的结果，更要重视学生学习的过程。要开发合理的评价工具，将知识技能的掌握与数学学科核心素养的达成有机结合，建立目标多元、方式多样、重视过程的评价体系。通过评价，提高学生学习兴趣，帮助学生认识自我，增强自信；帮助教师改进教学，提高质量。

第三节 数学学习内容的核心概念

一、数感

（一）什么是数感

球员打球有球感，歌手唱歌有乐感，学生学习语文有语感，其实学习数学也要有数感。

所谓数感,主要是指关于数与数量、数量关系、运算结果估计等方面的感悟。建立数感有助于学生理解现实生活中数的意义,理解或表述具体情境中的数量关系。

在人们的学习和生活实践中,经常要和各种各样的数打交道,经常有意识地将一些现象与数量建立起联系。这种把实际问题与数联系起来,就是一种数感。数感是一种主动地、自觉地理解数、运用数的态度和意识。数感使我们眼中看到的世界有了量化的意味,当我们遇到可能与数学有关的具体问题时就能自然地、有意识地与数学联系起来,或者试图进一步用数学的观点和方法来处理解决,即会"数学地"思考。我们没有必要,也不可能让人人都成为数学家,但应当使每一个人都具有数感,会"数学地"思考问题。数学素养作为公民素养之一,不能只用计算能力和解决书本问题能力的高低来衡量。学生学会"数学地"思考问题,用数学的方法理解和解决实际问题,能从现实的情境中看出数学问题,这才是数学素养的重要标志。所以说,数感是人的一种基本的数学素养。

(二)《标准 1》中对数感的要求

《标准 1》中描述了对数感的要求:理解数的意义;能用多种方法表示数;能在具体的情境中把握数的相对大小关系;能用数表达和交流信息;能为解决问题选择适当的算法;能估计运算的结果,并对结果的合理性做出解释。

我们在进行数概念的教学时,要让学生在现实情境中理解和把握数的意义,并能运用数学的思想方法来解决现实中的数学问题;在数运算教学时,要结合运算内容提供给学生现实素材,让学生在把握运算意义的同时能选择适当的算法,让学生经历获得数感、建立数感、培养数感的过程。

(三)怎样建立和培养学生的数感

(1)联系生活,获取数感。数学教学应紧密联系学生的生活实际,只有将抽象的数学建立在学生生动、丰富的生活背景上,才能真正促进学生主动学习,获得主动发展。心理学研究表明,儿童有一种与生俱来的、以自我为中心的探索性学习方式。数感不是通过传授而能得到培养的,重要的是让学生自己去感知、发现,主动去探索,让学生在学习中体会到数学就存在于周围生活中,运用数学知识可以解释现实中的现象,解决生活中的问题,感受到数学的趣味和作用。这样在习得知识的同时,还能发展学生多种能力,培养非智力因素。

(2)自主探索,体验数感。数学教学中,教师要能够将静态的、结论性的数学知识转化为动态的、探索性的数学活动,帮助学生在自主探索的过程中体验数的意义和作用,建立良好的数感;要注重创设情境,设置教学内容和学生内在需求的"不平衡",激发学生主动探索,给学生各种形式的探索机会,让学生在自主探索的过程中建立良好的数感。这样,学生在积极的情感中对数学产生亲近感,感受到学习数学的乐趣,进而产生了自主探索新知的强烈欲望,既能化解数学学习的难度,又能在成功的体验中获得自信,感受自尊,体验数感。

(3)合作学习,交流数感。小组合作学习有利于学生人人参与学习全过程,它不仅能挖掘个人内在的潜能，还能培养集体合作精神，让人人可以尝试成功的喜悦。同学之间的语言最容易理解，数感也能得到进一步加强。

（4）拓展运用，升华数感。数感是一种心灵的感受，是一种意识活动，它存在于人的大脑之中，是一种高级的智力活动。有良好数感的人，在需要数感发挥的时候，数感便会自然出现。良好的数感可帮助学生深化知识，进行综合运用，从而达到对知识的融会贯通。而要达到这样的境界，则需要一个长期的培养过程。

总之，数感是一个崭新的学习内容，它需要教师在长期的教学中，创造性使用教材，把培养学生的数感、提高对数学的感知能力作为教学的终极目标。培养学生数感的过程是循序渐进的。培养学生的数感可以促进学生更多地接触社会，体验现实，表达自己对问题的看法，用不同的方式思考和解决问题，这无疑有助于学生创新精神和实践能力的培养。随着数感的建立、发展和强化，学生的整体数学素养也会有所提高。

二、符号感

（一）什么是符号感

在我们生活中，有很多大家公认的统一标志。比如，路口有标志"一"，表示此路不通；某场地有标志"P"，表示可以停车；某路边标志牌上画有轮椅，表示残疾人的行道。另外，铁路、公路、航空都有它们各自的标志，地图上也有各种标识，这些都是生活中的符号。从某种意义上说，我们生活在一个被"符号化"的世界里。所谓符号感，主要是指能够理解并且运用符号表示数、数量关系和变化规律，知道使用符号可以进行运算和推证，得到的结论具有一般性。建立符号意识有助于学生理解符号的使用是数学表达和进行数学思考的重要形式。

（二）《标准1》中对符号感的要求

《标准1》根据数学的学科和课程特点，把在解决问题的过程中发展学生的符号感作为一个重要的数学教学内容，并指出对符号感的要求：能从具体情境中抽象出数量关系和变化规律；理解符号所表示的数量关系和变化规律；会进行符号间的转换；能选择适当的程序和方法解决有符号表示的问题。

（三）怎样建立和培养学生的符号感

（1）在教学中注意挖掘学生身边的符号。实际上，学生的已有生活经验中潜藏着符号意识。大街、小巷、剧院、会场、家里、学校……只要学生生活的地方，都能见到各式各样的符号。例如，老师在批改作业时用"√"来表示"正确的"，用"×"来表示"错误的"；道路上各种交通标识；教学楼的安全通道标志；等等。再如，我们学习不等式的性质时，用文字叙述某一不等式性质是这样的：不等式两边都加上（或减去）同一个数或同一个整式，不等号的方向不变。这样用文字表达相当烦琐，而用数学符号可以很简洁地表示为：如果 $a>b$，那么 $a+c>b+c,a-c>b-c$。所以，无论是在生活当中，还是在学习当中，我们处处都要与符号打交道。因此,我们的符号教学要与生活密切联系,这样学生学数学、用符号的积极性才会得到提高。

(2)在教学中要注重探究学习。学习数学的过程应该是一个学生亲自参与的丰富、生动的思维过程,是一个实践和创新的过程。我们的符号教学,更离不开学生的探究学习。如果教师在基本概念和规律的教学过程中渗透探究思想,就能加深学生对概念和规律的理解与掌握,也从中培养了学生的符号感。例如,我们在讲"幂的运算"时,可以设计"旧知迁移—猜想规律—合作探究—验证猜想—集体探讨—总结规律—学以致用—解决问题"这样的教学环节,让学生在学习"乘方"的基础上,猜想出幂的运算规律;然后给学生充分探究的时间,分小组进行合作学习,并举例验证所得结果;最后让学生根据自己的猜想用简洁的语言概括出准确的规律,并用符号来表示。在这一过程中充分体会符号对于数学学习的优越性。

(3)在教学中应鼓励学生用自己独特的方式表示具体情境中的数量关系和变化规律。这一过程是发展学生符号感的决定性因素,因为用符号来表示数、数量间的关系是从特殊到一般的思维过程。教育学家苏霍姆林斯基(B. A. Cyxominhcknn)说:"如果老师不想办法使学生产生情绪高昂和智力震动的内心状态,就急于传授知识,不动情感的脑力劳动就会带来疲倦。没有欢欣鼓舞的心情,就没有学习兴趣,学习就会成为学生的沉重负担。"因而,符号感的培养不能只停留在让学生学会用教材上固定的方式去表达所发现的规律及数量关系。为学生创造一个自由发展的空间,鼓励学生用自己独特的方式表达具体情境中的数量关系和变化规律,不但可以发展学生的符号感,激发学生的学习兴趣,更可以促进学生创新思维的发展。例如,在学习一些运算规律时,有的学生想到运用字母来表示所发现的规律,但也有的学生用别的符号来表示。这时只要符合规律,我们都要给予充分的肯定和鼓励。

(4)在教学中应鼓励学生用数学符号解决生活中的实际问题。数学来源于生活,扎根于生活,更要应用于生活,所以生活是培养学生符号感的摇篮和沃土。在教学中,要尽可能让学生运用符号来使生活中复杂的问题简单化,从而轻松地解决问题。例如,在河岸边上有两个村庄,现要在河边修建一供水站,这一供水站修在何处才能使得两村所用的水管最短?对这道题,若是单单从字面上理解,求解是很困难的,但是我们可以鼓励学生用数学符号来叙述。如先画图,在图上用 A,B 表示两个村庄,用一直线表示河流,供水站为 C,那么这道题就是求当 C 在何处时,$AC+BC$ 的距离最短。这样学生就可以很容易地运用对称和三角形的有关知识解决问题了。

(5)在教学中要避免进入误区。常见的误区有:不遵循学生的认知规律,以自己的认识代替学生的认识,以为自己理解的学生也一定会理解,教学中不注意创设情境,不引导学生去体会、感受,忽略大量的过程教学,而将教学的重点过多地放在结论上;不分析具体的施教对象,选择的情境不甚合适或问题的适度选择不当;对于每一阶段的教学,几乎都是加深、拓展,企图一步到位,事实是事与愿违,该掌握的没学好,一时没学好的内容全忘掉;不重视新课程标准、新教材的特点、变化与要求;一味地用一些陈旧、艰深、抽象的问题让学生去体会符号感,一方面学生在这些问题面前很难体会符号感,另一方面这些问题会牵扯学生过多的精力,反而把一些生动、丰富的情境忽略了。

总之,学生的符号感的培养不是一朝一夕就可以完成的,而是应该贯穿于数学教学的全过程,伴随着学生数学思维的提高逐步发展。要尽可能在实际问题情境中帮助学生理解符号以及表达式、关系式的意义,在解决实际问题中发展学生的符号感。对符号演算的处理应尽量避免让学生机械地练习和记忆,而应增加实际背景、探索过程、几何解释等,以帮助学生理解。

三、空间观念

(一) 什么是空间观念

空间观念,主要是指由物体特征抽象出几何图形,根据几何图形想象出所描述的实际物体,想象出物体的方位和相互之间的位置关系,描述图形的运动和变化,依据语言的描述画出图形等。几何直观主要是指利用图形描述和分析问题。借助几何直观可以使复杂的数学问题变得简明、形象,有助于探索解决问题的思路,预测结果。几何直观可以帮助学生直观地理解数学,它在整个数学学习过程中都发挥着重要的作用。

(二)《标准 1》中对空间观念的要求

《标准 1》中描述了对空间观念的具体要求,其中包括:能够由实物的形状想象出几何图形,由几何图形想象出实物的形状,进行几何体与其三视图、展开图之间的转化;能从比较复杂的图形中分解出基本的图形;能描述实物或几何图形的运动和变化;能采用适当的方式描述物体间的相互关系;能运用图形形象地描述问题,利用直观进行思考。

(三) 怎样培养学生的空间观念

(1) 关注学生的生活经验,提供丰富的感性材料。促进学生空间观念的发展是“空间与图形”教学的重要任务。学生的生活世界里所接触过的与空间图形有关的生活经验是发展学生空间观念的宝贵资源。在“空间与图形”的教学中,教师要注重学生已有的生活经验,将视野从课堂拓展到生活中,从现实世界中发现有关空间与图形的问题。

(2) 注重实践活动,突出探究过程。在“空间与图形”的教学中,教师应当根据学生的特点,给予学生充分的时间和空间从事数学活动,让学生在经历一个个“数学问题是怎样提出来的”“数学概念是怎样形成的”“数学模型是怎样获得和应用的”过程中,把已经存在于自己大脑中的那些不那么正规的数学知识和具有“数学色彩”的生活经验上升为数学的科学结论,逐步建立起空间观念,从中体验数学发现的乐趣,增进学好数学的信心,培养自己的数学素养。

(3) 留给学生足够的空间与时间,让学生独立思考、动手操作、合作与交流。没有思考的时间和空间,就没有思考问题的存在。学生的动手操作,学生与学生之间的合作交流,共同对问题的探讨,实现对教学内容的深入理解,都需要一定的时间。而教师是课堂教学的组织者,是学生学习活动的参与者,教学中要创造学生合作学习、共同探索与交流的机会,留给学生足够的时间,让学生探索与交流;还要为学生提供动手操作的机会,留有足够的时间,让学生在操作、合作交流中体会一些计算公式的含义,归纳推导出计算公式,经历数学发现的过程,以提高学生的探索能力,让学生体会探索过程中的数学方法。

(4)发展空间观念的途径应多样化。空间观念是从显示生活中积累的丰富几何知识体验出发,在经验活动的过程中逐步建立起来的,发展学生空间观念的基本途径应该多种多样。无论何种途径,都是以学生的经验为基础。这些可能的途径包括:生活经验的回忆、实物观察、动手操作、想象、描述和表示、联想、模拟、分析和推理等。通过这些途径,学生可以感知、体验空间与图形的现实意义,初步体验二维平面与三维空间相互转换的关系,逐步发展空间观念。

四、数据分析观念

(一)什么是数据分析观念

数据分析观念包括:了解在现实生活中有许多问题应当先做调查研究,收集数据,再通过分析做出判断,并从中体会数据中蕴涵的信息;了解对于同样的数据可以有多种分析的方法,需要根据问题的背景选择合适的方法;通过数据分析体验随机性,一方面对于同样的事情每次收集到的数据可能不同,另一方面只要有足够的数据就可能从中发现规律。数据分析是统计的核心。

(二)《标准1》中对数据分析观念的要求

《标准1》中描述了对数据分析观念的具体要求,其中包括:认识数据分析对决策的作用,能从数据分析的角度思考与数据有关的问题;能通过收集、描述、分析数据的过程做出合理的决策;能对数据的来源、收集和描述数据的方法、由数据得到的结论进行合理的质疑。

(三)怎样培养学生的数据分析观念

(1)使学生经历数据分析活动的全过程。要使学生逐步建立数据分析观念,最有效的方法是让他们真正投入到数据分析活动的全过程中:提出问题,收集数据,整理数据,分析数据,做出决策,进行交流、评价与改进等。为此,《标准1》在各个学段都将"投入数据分析活动的全过程"作为本学段数据分析学习的首要目标,并根据学生的身心发展规律提出了不同程度的要求,从"有所体验""经历"到"从事"。从另一个角度看,数学的发现往往也经历了这样一个过程:首先是问题的提出;然后是收集与这个问题相关的信息并进行整理;最后根据这些信息做出一些判断,以解释或解决开始提出的问题。爱因斯坦(Einstein)曾经说过:纯逻辑的思维不可能告诉我们任何经验世界的知识,现实世界的一切知识是始于经验并终于经验的。经验性的观察积累了数据,然后从数据做出某种判断,这种活动将有利于发展学生的发现能力和创新精神。要鼓励学生积极投入到数据分析活动中，就要留给他们足够的动手实践和独立思考的时间与空间，并在此基础上加强与同伴的合作与交流。

（2）使学生在现实情境中体会数据分析对决策的影响。要培养学生从数据分析的角度思考问题的意识，重要的途径就是要在教学中着力展示数据分析的广泛应用，使学生在亲身经历解决实际问题的过程中体会数据分析对决策的作用。为此，《标准1》在各个学段都提出，要注重所学内容与日常生活、社会环境以及其他学科的密切联系。在第三学段，《标准1》明确要求使学生认识到统计在社会生活及科学领域中的应用，并能解决一些简单的实际问题。对此还用下面的例子加以说明：统计某商店一个月内几种商品的销售情况，以对这个商店的进货提出你的建议。《标准1》还要求学生能根据数据分析结果做出合理的判断，以体会数据分析对决策的作用。例如要求：能根据统计图表中的数据提出并回答简单的问题，并能和同伴交换自己的想法；能解释数据分析结果，根据结果做出简单的判断和预测，并能进行交流；能根据统计结果做出合理的判断和预测，体会数据分析对决策的作用，并能比较清晰地表达自己的观点和进行交流。

总之，数据分析的学习应使学生体会统计的基本思想，认识统计的作用，既能有意识地、正确地运用统计来解决一些问题，又能理智地分析他人的统计数据，以做出合理的判断和预测。

五、应用意识

（一）为什么要培养应用意识

人类已经进入数学工程技术的时代。如今数学不仅在各门自然科学和制造业、信息业、服务业等各种行业中有广泛的应用，而且在国民经济的规划和预测，自然资源的开发和保护，交通和物资调配，气象预报和各种灾害的预报、防治以及医学和社会科学的许多领域中乃至日常生活中都显示出举足轻重的作用。著名数学家华罗庚对数学的各种应用有着精彩描述：宇宙之大，粒子之微，火箭之速，化工之巧，地球之变，生物之谜，日常之繁等各个方面，无处不有数学的重要贡献。中学生必须具备数学应用意识这一重要的数学素养。

（二）《标准1》中对应用意识的要求

《标准1》中对应用意识的要求有两个方面：一方面，有意识利用数学的概念、原理和方法解释现实世界中的现象，解决现实世界中的问题；另一方面，认识到现实生活中蕴涵着大量与数量和图形有关的问题，这些问题可以抽象成数学问题，用数学的方法予以解决。在整个数学教育的过程中都应该培养学生的应用意识。综合实践活动是培养应用意识很好的载体。

（三）如何培养学生的应用意识

（1）在数学教学中和对学生数学学习的指导中，应该重视介绍数学知识的来龙去脉。

一般地说，数学知识的产生源于两个方面：实际的需要和数学内部的需要。在义务教育阶段，所学的知识大多数来源于实际生活，当然包括学生的实际生活经验。例如，在日常生活中存在着丰富的"具有相反意义的量""不同形式的等量关系和不等量关系"以及"变量与变量之间的对应关系"等，这些正是我们在数学中引入"正、负数""方程""不等式""函数"等的实际背景。义务教育阶段的许多数学知识，有具体和直接的应用，应该让学生充分地实践和体验这些知识的直接应用，并在此基础上让学生感受和体验数学的应用价值。了解数学知识的来龙去脉是形成数学的应用意识的重要组成部分。

（2）学会运用数学语言去描述周围世界出现的数学现象，是培养学生应用意识的另一个重要方面。数学是一种"世界的通用语言"，它可以简洁、清楚、准确地刻画和描述日常生活中的许多现象。让学生养成乐意运用数学语言进行交流的习惯，既可以增强学生的数学应用意识，也可以提高学生运用数学的能力。

（3）应该在数学教学和课外活动中鼓励和支持学生面对实际问题时，主动尝试从数学的角度运用所学知识和方法寻求解决问题的策略。教师还应该主动向学生展示现实生活中的数学信息和数学的广泛应用。比如，向学生介绍数学在CT、核磁共振、高清晰度彩电、飞机的设计、天气预报等这些重要技术中发挥的核心作用。

（4）创造应用机会，开展实践活动。实践对于知识的理解、掌握和熟练运用起着重要的作用，只有亲身体验过的知识才能更深刻地理解和熟练地运用。培养学生应用意识的最有效的办法应该是让学生有机会亲身实践。在教学中，要创造动手、动脑的机会，引导学生尝试、体验生活，设计开放化的实践活动，使得学生在实践中获取广泛的数学经验，学以致用，在感受成功的同时也感受到自身价值的存在。

综上所述，教师在教学中要把数学知识和生活实际结合起来，引导学生从现实生活中学习数学，再把学到的数学应用到现实中去，培养和发展学生的数学应用意识，形成初步的实践能力。

六、推理能力

（一）什么是推理能力

推理能力的发展应贯穿于整个数学学习过程。推理是数学的基本思维方式，也是人们学习和生活中经常使用的思维方式。推理一般包括合情推理和演绎推理。合情推理是从已有的事实出发，凭借经验和直觉，通过归纳和类比等推断某些结果；演绎推理是从已有的事实和确定的规则（包括运算的定义、法则、顺序等）出发，按照逻辑推理的法则证明和计算。在解决问题的过程中，两种推理功能不同，相辅相成：合情推理用于探索思路，发现结论；演绎推理用于证明结论。在当今和未来社会中，人们面对纷繁复杂的信息经常要做出选择和判断，进而进行推理和做出抉择，而且在日常的生活、学习和工作中，人们也经常要对各种各样的事物的是与非、对与错进行判断，这也是我们强调培养学生推理能力的出发点。

(二)《标准1》中对推理能力的要求

《标准1》中对推理能力的要求做了如下描述：能通过观察、实验、归纳、类比等获得数学猜想，并进一步寻求证据，做出证明或寻求反例；能清晰、有条理地表达自己的思考过程，做到言之有理、落笔有据；在与他人交流的过程中，能运用数学语言合乎逻辑地进行讨论和质疑。

(三) 如何培养学生的推理能力

(1) 把推理能力的培养有机地融合在数学教学的各个过程中。数学教学过程中必须给学生提供探索交流的空间与时间，组织引导学生经历观察、实验、猜想、证明等数学活动，并把推理能力的培养有机地融合在这样的过程中。

(2) 把推理能力的培养落实到数学课程中的各个领域。"数与代数""图形与几何""统计与概率""综合与实践"等各部分课程内容都为发展学生的推理能力提供了丰富的素材。在"数与代数"的教学中，计算要依据一些公式、法则等，因而计算中有推理；现实生活中数量关系有其自身的规律，用代数式、方程、不等式、函数刻画此种数量关系的过程中，不乏分析、判断和推理，因此在"综合与实践"的教学中要重视推理能力的培养。在"图形与几何"的教学中，既要重视逻辑推理，又要重视合情推理。"统计与概率"中的推理叫作统计推理，是一种可能性的推理。与其他推理不同的是，由统计推理得到的结论无法用逻辑的方法验证，只有靠实践来验证。

(3) 通过学生熟悉的生活发展学生的推理能力。除学校教育外，在生活中，有很多活动也能有效地发展学生的推理能力。要进一步拓宽发展学生推理能力的渠道，使其养成善于观察、勤于思考的习惯。

(4) 培养学生的推理能力要注意层次性和差异性。推理能力的培养必须充分考虑学生的身心特征与认知水平，注意其层次性。一般来说，合情推理贯穿于初中数学活动的始终。初中数学教学中，在培养学生的逻辑推理能力时应更好地体现层次性。培养学生的逻辑推理能力时，还要关注学生的差异，使每一个学生都能体会到证明的必要性，从而使学习逻辑推理成为学生的自觉要求。

另外，《标准1》中在运算能力、模型思想以及创新意识的培养方面也做出了具体要求。运算能力主要是指能够根据法则和运算律正确地进行运算的能力。培养运算能力有助于学生理解运算的算理，寻求合理简洁的运算途径来解决问题。模型思想的建立是学生体会和理解数学与外部世界联系的基本途径。建立和求解模型的过程包括：从现实生活或具体情境中抽象出数学问题，用数学符号建立方程、不等式、函数等表示数学问题的数量关系和变化规律，求出结果并讨论结果的意义。对这些内容的学习有助于学生初步形成模型思想，提高学习数学的兴趣和应用意识。创新意识的培养是现代数学教育的基本任务，应体现在数学教与学的过程之中。学生自己发现和提出问题是创新的基础，独立思考、学会思考是创新的核心,归纳概括得到猜想和规律并加以验证是创新的重要方法。创新意识的培养应该从义务教育阶段做起,贯穿数学教育的始终。

第四节　中学数学课程的目标与内容

一、《标准1》的总体目标与第三学段的具体目标

(一)《标准1》的总体目标

《标准1》的总体目标提出,通过义务教育阶段的数学学习,学生应能:

(1) 获得适应社会生活和进一步发展所必需的数学基础知识、基本技能、基本思想、基本活动经验。

(2) 体会数学知识之间、数学与其他学科之间、数学与生活之间的联系,运用数学的思维方式进行思考,增强发现和提出问题的能力、分析和解决问题的能力。

(3) 了解数学的价值,提高学习数学的兴趣,增强学好数学的信心,养成良好的学习习惯,具有初步的创新意识和科学态度。

总体目标可从四个方面具体阐述,见表 2-1。

表 2-1　总体目标的四个方面

知识技能	• 经历数与代数的抽象、运算与建模等过程,掌握数与代数的基础知识和基本技能; • 经历图形的抽象、分类、性质探讨、运动、位置确定等过程,掌握图形与几何的基础知识和基本技能; • 经历在实际问题中收集和处理数据、利用数据分析问题、获取信息的过程,掌握统计与概率的基础知识和基本技能; • 参与综合实践活动,积累综合运用数学知识、技能和方法等解决简单问题的数学活动经验
数学思考	• 建立数感、符号意识和空间观念,初步形成几何直观和运算能力,发展形象思维与抽象思维; • 体会统计方法的意义,发展数据分析观念,感受随机现象; • 在参与观察、实验、猜想、证明、综合实践等数学活动中,发展合情推理和演绎推理能力,清晰地表达自己的想法; • 学生独立思考,体会数学的基本思想和思维方式
问题解决	• 初步学会从数学的角度发现问题和提出问题,综合运用数学知识解决简单的实际问题,增强应用意识,提高实践能力; • 获得分析问题和解决问题的一些基本方法,体验解决问题方法的多样性,发展创新意识; • 学会与他人合作交流; • 初步形成评价与反思的意识
情感态度	• 积极参与数学活动,对数学有好奇心和求知欲; • 在数学学习过程中,体验获得成功的乐趣,锻炼克服困难的意志,建立自信心; • 体会数学的特点,了解数学的价值; • 养成认真勤奋、独立思考、合作交流、反思质疑等学习习惯; • 形成坚持真理、修正错误、严谨求实的科学态度

　　总体目标的这四个方面,不是相互独立和割裂的,而是一个密切联系、相互交融的有机整体。在课程设计和教学活动组织中,应同时兼顾这四个方面的目标。这些目标的整体实现,是学生受到良好数学教育的标志,它对学生的全面、持续、和谐发展有着重要的意义。数学思考、问题解决、情感态度的发展离不开知识技能的学习,知识技能的学习必须有利于其他三个目标的实现。

(二) 第三学段的具体目标

1. 知识技能

(1) 体验从具体情境中抽象出数学符号的过程,理解有理数、实数、代数式、方程、不等式、函数;掌握必要的运算(包括估算)技能;探索具体问题中的数量关系和变化规律,掌握用代数式、方程、不等式、函数进行表述的方法。

(2) 探索并掌握相交线、平行线、三角形、四边形和圆的基本性质与判定,掌握基本的证明方法和基本的作图技能;探索并理解平面图形的平移、旋转、轴对称;认识投影与视图;探索并理解平面直角坐标系及其应用。

(3) 体验数据收集、处理、分析和推断过程;理解抽样方法,体验用样本估计总体的过程;进一步认识随机现象,能计算一些简单事件的概率。

2. 数学思考

(1) 通过用代数式、方程、不等式、函数等表述数量关系的过程,体会模型的思想,建立符号意识;在研究图形性质和运动、确定物体位置等过程中,进一步发展空间观念;经历借助图形思考问题的过程,初步建立几何直观。

(2) 了解利用数据可以进行统计推断,建立数据分析观念;感受随机现象的特点。

(3) 体会通过合情推理探索数学结论,运用演绎推理加以证明的过程;在多种形式的数学活动中,发展合情推理与演绎推理的能力。

(4) 能独立思考,体会数学的基本思想和思维方式。

3. 问题解决

(1) 初步学会在具体的情境中从数学的角度发现问题和提出问题,并综合运用数学知识和方法解决简单的实际问题,增强应用意识,提高实践能力。

(2) 经历从不同角度寻求分析问题和解决问题的方法的过程,体验解决问题方法的多样性,掌握分析问题和解决问题的一些基本方法。

(3) 在与他人合作和交流过程中,能较好地理解他人的思考方式和结论。

(4) 能针对他人所提的问题进行反思,初步形成评价与反思的意识。

4. 情感态度

(1) 积极参与数学活动,对数学有好奇心和求知欲。

(2) 感受成功的快乐,体验独自克服困难、解决数学问题的过程,有克服困难的勇气,具备学好数学的信心。

（3）在运用数学表述和解决问题的过程中，认识数学具有抽象性、严谨性和应用广泛的特点，体会数学的价值。

（4）敢于发表自己的想法，勇于质疑、敢于创新，养成认真勤奋、独立思考、合作交流等好的学习习惯，形成严谨求实的科学态度。

二、《标准1》的课程内容

《标准1》分别阐述了各个学段中"数与代数""图形与几何""统计与概率""综合与实践"四个部分的内容标准。下面是第三学段中各部分的教学内容：

《标准1》在各学段中安排了四个部分的课程内容："数与代数""图形与几何""统计与概率"和"综合与实践"，其中"综合与实践"内容设置的目的在于培养学生综合运用有关的知识与方法解决实际问题的能力，培养学生的问题意识、应用意识和创新意识，积累学生的活动经验，提高学生解决实际问题的能力。

"数与代数"的主要内容有：数的认识，数的表示，数的大小，数的运算，数量的估计；字母表示数，代数式及其运算；方程，方程组，不等式，函数；等等。

"图形与几何"的主要内容有：空间和平面基本图形的认识，图形的性质、分类和度量；图形的平移、旋转、轴对称、相似和投影；平面图形基本性质的证明；运用坐标描述图形的位置和运动。

"统计与概率"的主要内容有：收集、整理和描述数据，包括简单抽样、整理调查数据、绘制统计图表等；处理数据，包括计算平均数、中位数、众数、方差等；从数据中提取信息并进行简单的推断；简单随机事件及其发生的概率。

"综合与实践"是一类以问题为载体、以学生自主参与为主的学习活动。在学习活动中，学生将综合运用"数与代数""图形与几何""统计与概率"等知识和方法解决问题。"综合与实践"的教学活动应当保证每学期至少一次，可以在课堂上完成，也可以课内外相结合。我们提倡把这种教学形式体现在日常教学活动中。

三、《标准2》的学科核心素养与课程目标

（一）学科核心素养

学科核心素养是育人价值的集中体现，是学生通过学科学习而逐步形成的正确价值观念、必备品格和关键能力。数学学科核心素养是数学课程目标的集中体现，是具有数学基本特征的思维品质、关键能力以及情感态度和价值观的综合体现，是在数学学习和应用的过程中逐步形成和发展的。数学学科核心素养包括：数学抽象、逻辑推理、数学建模、直观想象、数学运算和数据分析。这些数学学科核心素养既相对独立，又相互交融，是一个有机的整体。

1. 数学抽象

数学抽象,是指通过对数量关系与空间形式的抽象,得到数学研究对象的素养。主要包括:从数量与数量关系、图形与图形关系中抽象出数学概念及概念之间的关系,从事物的具体背景中抽象出一般规律和结构,并用数学语言予以表征。

数学抽象是数学的基本思想,是形成理性思维的重要基础,反映了数学的本质特征,贯穿在数学产生、发展、应用的过程中。数学抽象使得数学成为高度概括、表达准确、结论一般、有序多级的系统。

数学抽象主要表现为:获得数学概念和规则,提出数学命题和模型,形成数学方法与思想,认识数学结构与体系。

通过高中数学课程的学习,学生能在情境中抽象出数学概念、命题、方法和体系,积累从具体到抽象的活动经验;养成在日常生活和实践中思考问题的习惯,把握事物的本质,以简驭繁;运用数学抽象的思维方式思考并解决问题。

2. 逻辑推理

逻辑推理,是指从一些事实和命题出发,依据规则推出其他命题的素养。主要包括两类:一类是从特殊到一般的推理,推理形式主要有归纳、类比;另一类是从一般到特殊的推理,推理形式主要有演绎。

逻辑推理是得到数学结论、构建数学体系的重要方式,是数学严谨性的基本保证,是人们在数学活动中进行交流的基本思维品质。

逻辑推理主要表现为:掌握推理基本形式和规则,发现问题和提出命题,探索和表述论证过程,理解命题体系,有逻辑地表达与交流。

通过高中数学课程的学习,学生能掌握逻辑推理的基本形式,学会有逻辑地思考问题;能够在比较复杂的情境中把握事物之间的关联,把握事物发展的脉络;形成重论据、有条理、合乎逻辑的思维品质和理性精神,增强交流能力。

3. 数学建模

数学建模,是指对现实问题进行数学抽象,用数学语言表达问题,用数学方法构建模型解决问题的素养。数学建模过程主要包括:在实际情境中从数学的视角发现问题、提出问题,分析问题、建立模型,确定参数、计算求解,检验结果、改进模型,最终解决实际问题。

数学模型搭建了数学与外部世界联系的桥梁,是数学应用的重要形式。数学建模是应用数学解决实际问题的基本手段,也是推动数学发展的动力。

数学建模主要表现为:发现和提出问题,建立和求解模型,检验和完善模型,分析和解决问题。

通过高中数学课程的学习,学生能有意识地用数学语言表达现实世界,发现和提出问题,感悟数学与现实之间的关联;学会用数学模型解决实际问题,积累数学实践的经验;认识数学模型在科学、社会、工程技术等诸多领域中的作用,提升实践能力,增强创新意识和科学精神。

4. 直观想象

直观想象,是指借助几何直观和空间想象感知事物的形态与变化,利用空间形式,特别是图形,理解和解决数学问题的素养。主要包括:借助空间形式认识事物的位置关系、形态变化与运动规律;利用图形描述、分析数学问题;建立形与数的联系,构建数学问题的直观模型,探索解决问题的思路。

直观想象是发现和提出问题、分析和解决问题的重要手段,是探索和形成论证思路、进行数学推理、构建抽象结构的思维基础。

直观想象主要表现为:建立形与数的联系,利用几何图形描述问题,借助几何直观理解问题,运用空间想象认识事物。

通过高中数学课程的学习,学生能提升数形结合的能力,发展几何直观和空间想象能力;增强运用几何直观和空间想象思考问题的意识;形成数学直观,在具体的情境中感悟事物的本质。

5. 数学运算

数学运算,是指在明晰运算对象的基础上,依据运算法则解决数学问题的素养。主要包括:理解运算对象,掌握运算法则,探究运算思路,选择运算方法,设计运算程序,求得运算结果。

数学运算是解决数学问题的基本手段。数学运算是演绎推理,是计算机解决问题的基础。

数学运算主要表现为:理解运算对象,掌握运算法则,探究运算思路,求得运算结果。

通过高中数学课程的学习,学生能进一步发展数学运算能力;有效借助运算方法解决实际问题;通过运算促进数学思维发展,形成规范化思考问题的品质,养成一丝不苟、严谨求实的科学精神。

6. 数据分析

数据分析,是指针对研究对象获取数据,运用数学方法对数据进行整理、分析和推断,形成关于研究对象知识的素养。数据分析过程主要包括:收集数据,整理数据,提取信息,构建模型,进行推断,获得结论。

数据分析是研究随机现象的重要数学技术,是大数据时代数学应用的主要方法,也是"互联网＋"相关领域的主要数学方法。数据分析已经深入到科学、技术、工程和现代社会生活的各个方面。

数据分析主要表现为:收集和整理数据,理解和处理数据,获得和解释结论,概括和形成知识。

通过高中数学课程的学习，学生能提升获取有价值信息并进行定量分析的意识和能力；适应数字化学习的需要，增强基于数据表达现实问题的意识，形成通过数据认识事物的思维品质；积累依托数据探索事物本质、关联和规律的活动经验。

上述六种数学学科核心素养，每种可按不同要求划分为三个水平，详见第十二章第三节.

（二）课程目标

在学习数学和应用数学的过程中，学生能发展数学抽象、逻辑推理、数学建模、直观想象、数学运算、数据分析等数学学科核心素养。

通过高中数学课程的学习，学生能获得进一步学习以及未来发展所必需的数学基础知识、基本技能、基本思想、基本活动经验（简称"四基"）；提高从数学角度发现问题、提出问题、分析问题、解决问题的能力（简称"四能"）；学生能提高学习数学的兴趣，增强学好数学的自信心，养成良好的数学学习习惯，发展自主学习的能力；树立敢于质疑、善于思考、严谨求实的科学精神；不断提高实践能力，提升创新意识；认识数学的科学价值、应用价值、文化价值和审美价值。

四、《标准2》的课程结构和课程内容

（一）设计依据

（1）依据高中数学课程理念，实现"人人都能获得良好的数学教育，不同的人在数学上得到不同的发展"，促进学生数学学科核心素养的形成和发展。

（2）依据高中数学课程方案，借鉴国际经验，体现课程改革成果，调整课程结构，改进学业质量评价。

（3）依据高中数学课程性质，体现课程的基础性、选择性和发展性，为全体学生提供共同基础，为满足学生的不同志趣和发展提供丰富多样的数学课程。

（4）依据数学学科特点，关注数学逻辑体系、内容主线、知识之间的关联，重视数学实践和数学文化。

（二）结构

高中数学课程分为必修课程、选择性必修课程和选修课程。高中数学课程内容突出函数、几何与代数、统计与概率、数学建模活动与数学探究活动四条主线，它们贯穿必修课程、选择性必修课程和选修课程。数学文化融入课程内容中。高中数学课程结构如图2-1所示。

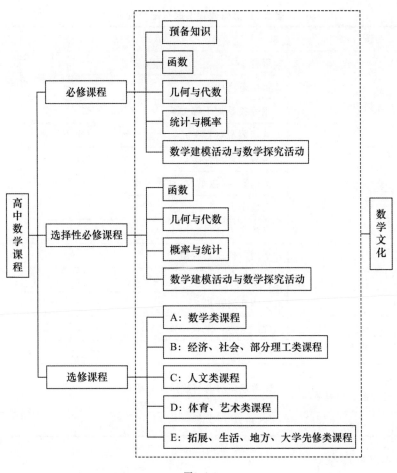

图　2-1

说明　数学文化,是指数学的思想、精神、语言、方法、观点以及它们的形成和发展,还包括数学在人类生活、科学技术、社会发展中的贡献和意义以及与数学相关的人文活动。

(三)课程内容与学分设置

1. 必修课程

必修课程包括五个主题,分别是预备知识、函数、几何与代数、统计与概率、数学建模活动与数学探究活动。数学文化融入课程内容中。

必修课程共 8 学分,144 课时,表 2-2 给出了课时分配建议,编写教材、教学实施时可以根据实际做适当调整。

表 2-2　必修课程课时分配建议表

主题	单元	建议课时
主题一： 预备知识	集合	18 课时
	常用逻辑用语	
	相等关系与不等关系	
	从函数观点看一元二次方程和一元二次不等式	
主题二： 函数	函数概念与性质	52 课时
	幂函数、指数函数、对数函数	
	三角函数	
	函数应用	
主题三： 几何与代数	平面向量及其应用	42 课时
	复数	
	立体几何初步	
主题四： 统计与概率	统计	20 课时
	概率	
主题五： 数学建模活动与数学探究活动	数学建模活动与数学探究活动	6 课时
机动		6 课时

2. 选择性必修课程

选择性必修课程包括四个主题，分别是函数、几何与代数、统计与概率、数学建模活动与数学探究活动。数学文化融入课程内容中。

选择性必修课程共 6 学分，108 课时，表 2-3 给出了课时分配建议，编写教材、教学实施时可以根据实际做适当调整。

表 2-3　选择性必修课程课时分配建议表

主题	单元	建议课时
主题一： 函数	数列	30 课时
	一元函数导数及其应用	
主题二： 几何与代数	空间向量与立体几何	44 课时
	平面解析几何	

续表

主题	单元	建议课时
主题三： 统计与概率	计数原理	26 课时
	概率	
	统计	
主题四： 数学建模活动与数学探究活动	数学建模活动与数学探究活动	4 课时
机动		4 课时

3. 选修课程

选修课程是由学校根据自身情况选择设置的课程,供学生依据个人志趣自主选择,分为 A,B,C,D,E 五类,其内容及学分如下:

A 类课程包括微积分、空间向量与代数、概率与统计三个专题,其中微积分 2.5 学分,空间向量与代数 2 学分,概率与统计 1.5 学分。这类课程供有志于学习数理类(如数学、物理学、计算机、精密仪器等)专业的学生选择。

B 类课程包括微积分、空间向量与代数、应用统计、模型四个专题,其中微积分 2 学分,空间向量与代数 1 学分,应用统计 2 学分,模型 1 学分。这类课程供有志于学习经济、社会类(如数理经济、社会学等)和部分理工类(如化学、生物学、机械等)专业的学生选择。

C 类课程包括逻辑推理初步、数学模型、社会调查与数据分析三个专题,每个专题 2 学分。这类课程供有志于学习人文类(如语言、历史等)专业的学生选择。

D 类课程包括美与数学、音乐中的数学、美术中的数学、体育运动中的数学四个专题,每个专题 1 学分。这类课程供有志于学习体育、艺术(包括音乐、美术)类专业的学生选择。

E 类课程包括拓展视野、日常生活、地方特色的数学课程,还包括大学数学先修课程等。大学数学先修课程包括三个专题:微积分、解析几何与线性代数、概率论与数理统计,每个专题 6 学分。

数学建模活动与数学探究活动、数学文化均融入课程内容中。

选修课程的修习情况应列为综合素质评价的内容。不同高等院校、不同专业的招生,可以根据需要对选修课程中某些内容提出要求。国家、地方政府、社会权威机构可以组织命题考试。考试成绩应存入学生个人学习档案,供高等院校自主招生参考。

(四) 选课

1. 课程定位

必修课程为学生发展提供共同基础,是高中毕业的数学学业水平考试的内容要求,也是高考的内容要求。

选择性必修课程是供学生选择的课程,也是高考的内容要求。

选修课程为学生确定发展方向提供引导,为学生展示数学才能提供平台,为学生发展数学兴趣提供选择,为大学自主招生提供参考。

2. 选课说明

如果学生以高中毕业为目标,可以只学习必修课程,参加高中毕业的数学学业水平考试。

如果学生计划通过参加高考进入高等学校学习,必须学习必修课程和选择性必修课程,参加数学高考。

如果学生在上述选择的基础上,还希望多学习一些数学课程,可以在选择性必修课程或选修课程中,根据自身未来发展的需求进行选择。

在选修课程中可以选择某一类课程,如 A 类课程;也可以选择某类课程中的某个专题,如 E 类大学先修课程中的微积分;还可以选择某些专题的组合,如 D 类课程中的美与数学和 C 类课程中的社会调查与数据分析等。

第五节　数学新课程实施中对教师的要求

一、处理好知识和技能、过程和方法、情感态度和价值观三者的关系

知识和技能、过程和方法、情感态度和价值观三者之间是互为条件,相辅相成的。在基础教育阶段,知识和技能是基础,既是目标又是载体,这是不能忽视的。过程和方法,正是我们新课程改革在课堂教学中的要求,是数学教育的一个至关重要的环节,体现了与传统应试教育的根本区别。过程和方法的要求是:调动学生的积极性、主动性,发挥学生的主体作用,培养学生的创新精神和科学探究意识。过程和方法的培养必须贯穿于知识传授和能力培养的过程中。情感态度和价值观是所有目标中最为重要、最为核心的,这是培养学生完善人格的重要内容。积极向上的、健康的情感态度和价值观的培养,意义是深远的:从长远说,是培养和谐发展、全面发展的人的根本所在;从近处说,是培养健康人生态度、学习态度、开发非智力因素的有效方式。

实际上,三者在学校教育实践中应该融为一体。一方面,知识和技能的获得是课程特别是教学的基本目标,是学生学习的主要内容和发展基础。但知识和技能的获得,如果不能与过程和方法方面的素质培养协调起来,抛开了学生的情感态度和价值观方面的养成,就会变成机械的训练和记忆,这样基础教育为学生继续学习和终身发展打基础的价值就会在很大程度上受到削弱,甚至完全丧失或适得其反。另一方面,过程和方法、情感态度和价值观等方面素质的培养,必须以相应的知识和技能的获得为依托,与知识和技能的获得过程统一起来,才能落到实处。离开知识和技能的获得来考虑过程和方法、情感态度和价值观等方面素

质的培养,只能流于空谈。

然而,在教学实践中对三者关系的把握容易产生偏差。问题往往体现在两种情况下:一种是传统教学痕迹过重,对让学生积极参与探究这一过程重视和开发得不够,基本上还是以教师单向讲授为主。同时,对情感态度和价值观这个看来比较抽象的维度,茫然不知如何体现和要求。另一种容易出现的问题是:往往过于追求教学形式上的东西,搞一些新花样,而对知识和技能的要求在无意中有所淡化,出现"课堂上气氛热热闹闹,课堂下学生大脑空空"的现象。因此,教师必须认真重新审视课程改革的标准和要求,要真正明确课程改革的意图。知识和技能、过程和方法、情感态度和价值观三者都是我们的课程目标,区别在于:知识和技能是基础,是基础教育的根本目标;过程和方法是关键;情感态度和价值观既是培养目标,也是落实新课程标准,提高教育教学质量的保障。

正确的做法应该是:以知识的落实和技能的培养为着眼点,重视学生学习过程和方法以及内心体验,改革我们的课堂教学方式、方法和教学结构,把情感态度和价值观的培养有机地渗透在教育教学的每一个环节。

二、正确认识数学教学的本质

新课程改革明确指出:数学教学是数学活动的教学,是师生之间、学生之间交往互动与共同发展的过程。这里,强调了数学教学是一种活动,是教师和学生的共同活动。这对广大教师树立正确的数学教学观具有重要意义。

(一)数学教学过程是教师引导学生进行数学活动的过程

《标准1》特别提出了数学教学是数学活动的教学。学生要在数学教师指导下,积极主动地掌握数学知识、技能,发展能力,形成积极、主动的学习态度,同时使身心获得健康发展。对数学活动可以从以下两个方面加以理解:第一,数学活动是学生经历数学化过程的活动,也就是学生学习数学,探索、掌握和应用数学知识的活动。简单地说,在数学活动中要有数学思考的含量。数学化是指学习者从自己的数学现实出发,经过思考,得出有关数学结论的过程。第二,数学活动是学生自己建构数学知识的活动。从建构主义的角度来看,数学学习是指学生自己建构数学知识的活动,在数学活动过程中,学生与教材及教师产生交互作用,形成数学知识、技能和能力,发展情感态度和思维品质。

(二)数学教学过程是教师引导学生经历数学化的过程

我们知道,学生并非空着大脑进入教室,在日常生活中,在以往的学习中,他们已经形成了广泛而丰富的经验和背景知识,从自然现象到农家生活或社区活动,他们几乎都有自己的看法。教师应当依据学生的生活实际和经验,引导学生经历数学知识和技能的形成过程,经历数学思维发展与数学能力应用的过程。在此过程中,学生学会对现实问题进行数学思考(数学化),形成概念,引进符号,抽象概括出数量关系式,再对原有问题进行解释。当然,这一过程不是几堂课就能体会深刻的,需要一个长期的过程。因此,教师要在每次教学中依据教学内容,设计生动、有趣、形象的学习氛围,使学生充分体验数学化过程,增强他们对数学学习认识上的情感体验。例如,现实生活中的摸奖、股票走势、人口普查等内容的教学,是学生经历数学化,获得数学知识的典型事例。

(三)数学教学过程是教师和学生之间互动的过程

新课程改革倡导教师与学生是人格平等的主体,教学过程是师生之间进行平等对话的过程。教师首先应考虑的是充分调动学生的主动性与积极性,引导学生开展观察、操作、比较、概括、猜想、推理、交流等多种形式的活动,使学生通过各种数学活动,掌握基本的数学知识和技能,初步学会从数学的角度去观察事物和思考问题,产生学习数学的愿望和兴趣。教师在发挥组织、引导作用的同时,又是学生的合作者和好朋友,而非居高临下的管理者。

教师的这些作用可以在下面的活动中体现出来:第一,教师要引导学生投入到学习活动中去,调动学生的学习积极性,激发学生的学习动机;当学生遇到困难时,教师应该成为一个鼓励者和启发者;当学生取得进展时,教师应充分肯定学生的成绩,树立其学习的自信心;当学习进行到一定阶段时,教师要鼓励学生进行回顾与反思。第二,教师要了解学生的想法,有针对性地进行指导,起到"解惑"的作用;要鼓励不同的观点,参与学生的讨论;要评估学生的学习情况,以便对自己的教学做出适当的调整。第三,教师要为学生的学习创造一个良好的课堂环境,包括情感环境、思考环境和人际关系等多个方面,引导学生开展数学活动。

(四)数学教学是师生共同发展的过程

1. 数学教学过程促进了学生的发展

学生的发展包括数学知识和技能、数学思维、解决问题和情感态度四个方面。数学思维在学生数学学习中具有重要作用。没有数学思维,就没有真正的数学学习。教师应该使学生能够认识并掌握数学思维的基本方法;使学生能根据已有事实进行数学推测和解释,并养成"推理有据"和反思自己的思考过程的习惯;使学生能够理解他人的思维方式和推理过程,并能与他人进行沟通。数学知识和技能的发展具体体现在学生数学素养的发展上。但是,现在对数学素养的要求与过去相比已经有了很大的不同。随着计算机技术的发展,数学运算技能的重要性和对运算技能的需求都发生了显著的变化,数学学习变得更加有趣,同时也有一些数学知识和技能显得更加重要。作为一个有数学素养的人,不能只知道如何计算,而应掌握更广泛的数学知识和技能,如能阅读、处理数据信息等。

2. 数学教学过程促进了教师本身的成长

在教学中,教师自身也得到了发展。数学教学实践不仅促进了学生的发展,也造就了一大批优秀的数学教师。数学教学是科学与艺术的统一。一方面,数学教学必须建立在一定的科学基础之上。另一方面,教育者和受教育者都是人,这就决定了数学教学要涉及人的情感、精神、价值观等。数学教学过程充满了教师与学生、学生与学生之间在认知、情感、价值观等方面的冲突。数学教学工作是一种创造性活动。新的课程呼唤着创造型的数学教师，新的时代也将造就大批优秀的数学教师。

（五）数学教学是数学教师专业化发展的过程

前面谈到数学新课程理念强调教师与学生的互动，认为合作学习、主动学习、探索学习是学生学习的主要方式；关注学生的发展；强调教师和学生共同参与课程建设，教师是学生学习活动的组织者、引导者、合作者；等等。这些都为现代数学教师提出了更新更高的要求。教师不再是真理的化身、知识的权威、课堂的主宰，那种放之四海而皆准的一部教材、一份教案、一支粉笔的教学方式已面临着严重的挑战。由于有了学生的主动参与，课前无法预料的新现象、新问题、新信息在课堂上都会随时出现，教师只有放下架子、摆正心态、敞开心扉，把自己和学生置在同一起跑线上，既把学校视为自己工作的场所，也将其看作自己学习的环境，树立终身学习与合作学习的理念，在工作中学习，在学习中工作，不断地对自身的教育教学进行研究，对自己的知识与经验进行重组，才能更有效地发挥自己的专业潜能，才能最大限度地提高课堂效果。在这一过程中，学生的知识、各方面能力得到了发展，教师自身的素质也得到了提升。因此，数学新课程对数学教师的课堂教学提出了前所未有的挑战，同时也为数学教师的专业化发展提供了广阔的平台。

（六）数学教学是承认学生差异、张扬学生个性的过程

每一个学生都是一个特殊的个体，在他们身上既体现着发展的共同特征，又表现出在数学基础、数学思维及能力等方面巨大的个体差异。教师必须打破以往按统一模式塑造学生的做法，关注每一个学生的特殊性，承认差异、尊重差异、善待差异，使每一个学生都能得到充分的发展。在课堂教学中，教师要及时了解学生的个体差异，鼓励与提倡学生用多样化的策略解决问题。问题的设计、教学过程的展开、练习的安排等，要尽可能地让所有学生都能主动参与，提出各自解决问题的方法，并引导学生与他人交流，吸取他人的经验，从而丰富学生的数学活动，提高他们的思维水平。传统的那种在数学教学中造就 10% 的精英（高分低能），造成约 40% 的学生感到学习困难，导致近一半学生完全放弃数学学习的做法，从某种意义上来讲，是对国家教育资源的巨大浪费，是对后进生教育权利的一种变相剥夺。

三、精心设计数学教学

作为中学数学教师，要全面落实立德树人要求，深入挖掘数学学科的育人价值，树立以发展学生数学学科核心素养为导向的教学意识，将数学学科核心素养的培养贯穿于教学活动的全过程。在教学实践中，要不断探索和创新教学方式，不仅要重视如何教，更要重视如何学，引导学生会学数学，养成良好的学习习惯；要努力激发学生数学学习的兴趣，促使更多的学生热爱数学。所谓教学设计，就是运用系统方法对各种课程资源进行有机整合，对教学过程中相互联系的各部分做出整体安排的一种构想，是在实施教学之前就要对目标、过程和

评价做出的构想与设计安排。落实到具体环节上，就是我们常说的，在备课活动中要备学生、备目标、备任务、备过程和备评测。新课程由于教学理念的变化、教材系统的变化、培养目标的变化，而对中学数学在课堂教学设计上提出了一些新的要求。

（一）课堂教学设计要有利于发展数学学科核心素养

课程改革的重点是课程实施，课程实施的关键是课堂教学，而课堂教学的好与差和教师有着密切的关系。课程改革的成败和教师自身的理论素养、实践能力有着重要的关系。因此，中学教师必须迅速走进新课程，理解新课程，确立一种崭新的教育观念，改进原来传统的教学方法、教学行为和教学手段，改变课堂学生的学习方式，提升新课程意识，提高教师专业化水平。而要实现这一提高，首先应从学习开始，从学习教学设计，特别是从学习设计理念着手。

基于数学学科核心素养的教学活动，应该把握数学的本质，创设合适的教学情境，提出合适的数学问题，引发学生思考与交流，形成和发展学生的数学学科核心素养。

教学情境和数学问题是多样的、多层次的。教学情境包括：现实情境、数学情境、科学情境。每种情境可以分为熟悉的、关联的、综合的。数学问题是指在情境中提出的问题，分为简单问题、较复杂问题、复杂问题。数学学科核心素养在学生与情境、问题的有效互动中得到提升。在教学活动中，应结合教学任务及其蕴涵的数学学科核心素养设计合适的情境和问题，引导学生用数学的眼光观察现象、发现问题，使用恰当的数学语言描述问题，用数学的思想方法解决问题。在问题解决的过程中，让学生理解数学内容的本质，促进学生数学学科核心素养的形成和发展。

设计合适的教学情境，提出合适的数学问题是有挑战性的，也为教师的实践创新提供了平台。教师应不断学习、探索、研究、实践，提升自身的数学素养，了解数学知识之间、数学与生活、数学与其他学科的联系，开发出符合学生认知规律，有助于提升学生数学学科核心素养的优秀案例。

（二）教学目标制定要突出数学学科核心素养

要做好教学设计，必须先明确教学目标是什么，即明确你想将学生带到哪里去。按布鲁姆（B. Bloom）的观点，教学目标是教学中师生所预期达到的教学效果和标准。教学目标是教学的根本指向和核心任务，是教学设计的关键。

数学学科核心素养是数学课程目标的集中体现，是在数学学习的过程中逐步形成的。教师在制定教学目标时要充分关注数学学科核心素养的达成；要深入理解数学学科核心素养的内涵、价值、表现、水平及其相互联系；要结合特定教学任务，思考相应数学学科核心素养在教学中的孕育点、生长点，注意数学学科核心素养与具体教学内容的关联；要关注数学学科核心素养目标在教学中的可实现性，研究其融入教学内容和教学过程的具体方式及载体，在此基础上确定教学目标。

学生数学学科核心素养水平的达成不是一蹴而就的，具有阶段性、连续性、整合性等特点。教师应理解不同数学学科核心素养水平的具体要求，不仅关注每一节课的教学目标，更要关注主题、单元的教学目标，明晰这些目标对实现数学学科核心素养发展的贡献。在确定教学目标时，要把握好学生数学学科核心素养发展的各阶段目标之间的关系，合理设计各类课程的教学目标。

（三）教学内容选取要促进数学学科核心素养连续性和阶段性发展

数学学科核心素养的发展具有连续性和阶段性。教师要以数学学科核心素养为导向，抓住函数、几何与代数、概率与统计、数学建模活动与数学探究活动等内容主线，明晰数学学科核心素养在内容体系形成中表现出的连续性和阶段性，引导学生从整体上把握课程，实现学生数学学科核心素养的形成和发展。

数学建模活动与数学探究活动是综合提升学生数学学科核心素养的载体。教师应整体设计、分步实施数学建模活动与数学探究活动，引导学生从类比、模仿到自主创新，从局部实施到整体构想，经历"选题、开题、做题、结题"的活动过程，积累发现和提出问题、分析和解决问题的经验，养成独立思考与合作交流的习惯。应引导学生遵守学术规范，坚守诚信底线。

数学文化应融入数学教学活动中。教师应有意识地结合相应的教学内容，将数学文化渗透在日常教学中，引导学生了解数学的发展历程，认识数学在科学技术、社会发展中的作用，感悟数学的价值，以提升学生的科学精神、应用意识和人文素养。将数学文化融入教学中，还有利于激发学生学习数学的兴趣，有利于学生进一步理解数学知识，有利于开拓学生的视野。

（四）既要重视教，更要重视学，促进学生学会学习

教师要把教学活动的重心放在促进学生学会学习数学上，积极探索有利于促进学生学习数学的多样化教学方式，不仅限于讲授与练习，也包括引导学生自学、独立思考、动手实践、自主探索、合作交流等；要善于根据不同的内容和学习任务采用不同的教学方式，优化教学，抓住关键的教学与学习环节，增强实效。例如，丰富作业的形式，提高作业的质量，提升学生完成作业的自主性、有效性。

教师要加强数学学习方法指导，帮助学生养成良好的学习习惯：敢于质疑、善于思考，理解概念、把握本质，数形结合、明晰算理，厘清知识的来龙去脉，建立知识之间的关联。教师还可以根据自身教学经验和学生学习的个性特点，引导学生总结出一些具有针对性的数学学习方式，因材施教。

（五）重视信息技术运用，实现信息技术与数学课程的深度融合

在"互联网＋"时代，信息技术的广泛应用正在对数学教育产生深刻影响。在数学教学中，信息技术是学生学习和教师教学的重要辅助手段，为师生交流、生生交流、人机交流搭建了平台，为学习和教学提供了丰富的资源。因此，教师应重视信息技术的运用，优化数学课

堂教学,转变教学与学习方式。例如,为学生理解概念创设背景,为学生探索规律启发思路,为学生解决问题提供直观,引导学生自主获取资源。在这个过程中,教师要有意识地积累数学活动案例,总结出生动、自主、有效的教学方式和学习方式。

教师应注重信息技术与数学课程的深度融合,实现传统教学手段难以达到的效果。例如,利用计算机展示函数图像、几何图形的运动变化过程;利用计算机探究算法,进行较大规模的计算;从数据库中获得数据,绘制合适的统计图表;利用计算机的随机模拟结果,帮助学生更好地理解随机事件以及随机事件发生的概率。

第六节　新课程标准下学生角色分析

对于数学新课程标准的实施,有了教师教育观念的更新和对新课程标准的充分认识、理解和掌握,并积极地参与课程改革仍是不够的,因为如果离开了学生的参与,或称之为"学生非投入",新课程标准的课程改革将搁浅。

《中华人民共和国教育法》确立了"教育必须为社会主义现代化建设服务,必须与生产劳动相结合,培养德、智、体等全面发展的社会主义事业的建设者和接班人"的教育方针。从此,我国的教育方针以法律的形式确定下来,而学生在教育中的主体地位,即学生角色也有了法律依据。由于法律文本规定的纲要性,新课程标准的颁布与实施将进一步明确受法律认可的学生角色规定。首先,"社会主义事业的建设者和接班人"是国家未来的主人;其次,"德、智、体等全面发展"在深层次上应该理解为学生身心、学业、人格的和谐发展。

应该清醒地看到,传统的教育观念里,学生的角色往往与"受教育者"、师道尊严前的"卑躬者"联系在一起。在考试分数至上的教育中,学生应有的角色基本消逝了。数学新课程标准的实施,学生角色有望纳入法制化的教育体系。这种学生角色的回归,需要全社会的认识和参与,首先是教师的认识和参与。

《标准1》中指出:教师应激发学生学习的积极性,向学生提供充分从事数学活动的机会,帮助他们在自主探索与合作交流的过程中真正理解和掌握数学知识和技能、数学思想,获得广泛的数学经验;学生是数学学习的主人,教师是数学学习的组织者、引导者、合作者。此举表明,为了谋求更有效的数学教学,教师要换位思考,经常站在学生学习数学的角度,体验和感悟学生学习数学的过程,从以下几方面构建适应新课程标准的数学教学内容与教学方法。

一、学生是学习的主人

我们过去常说三尺讲台就是一个小型的舞台,教师是演员,学生则是观众(现代传播学称之为受众)。然而,这样的课堂教学使"主人"反而经常陷入被动,导致学生产生厌学情绪。学生是有思想、有主见的个体,他们有乐意向别人表达个人见解、展示自己才能的天性。教师在教学过程中应创造条件,为学生提供表演的舞台。

(一)学生享有学习的主动权

教学过程应体现学生的主体角色,把学习的主动权交还给学生,并且在教学中发挥这种主权力的作用。学生成为学习的真正主人,教师出于职业规范,不再以权威者的身份出现,而是以设计者、指导者、激励者的身份加入到地位平等的合作性学习教学中去。教师应精心设计每一堂课,指导学生积极探究、主动参与,让学生经历"做数学"的过程,将学生引向数学学习的乐园,体验数学学习的乐趣,并在亲身体验和探索中认识数学,解决问题,理解和掌握基本的数学知识、技能和方法。要把学生推到数学教学的最前沿,调动学生做到最大参与。这对教师的新课程的设计能力提出了更高的要求。

(二)学生参与教学活动设计

学生的生活经验固然有限,但并不妨碍他们独特的情感体验和内心追求。因此,教师在授课时,应考虑学生独特的心理特点。教师要充分考虑学生的身心发展,要利用他们的生活经验和已有知识设计富有情趣和意义的活动。不妨让学生参与到教学活动设计中,以便了解学生们对某个具体课程内容的看法。这样做,不仅使学生能够参与到教学之中,而且也有利于教师全面了解学生的心理特点和知识基础,从而设计出符合学生心理特点的课程。与此同时,还可以让参与教学设计的学生分享数学学科的繁茂和教学设计的奥妙。

二、学生品味"科学家"的感受

弗赖登塔尔的"再创造"思想告诉我们,相对于数学家的创造而言,学生的认知活动是一种再创造的工作,数学教学过程必须重视让学生亲身感受,动手操作应该由学生相对独立地完成。任何数学知识的获得都必须经历"构建"这样一个由外向内的转化过程。学生的学习只有通过自身操作活动和再创造地"做",才能是有效的。同时,通过"做数学"的过程,让学生体验成功的乐趣,树立学好数学的信心。

"问题解决"教学为学生提供了一个探索、发现、创新的环境和机会,为教师提供了一条培养学生创新意识、实践能力和应用数学知识解决问题的能力的有效途径。以问题解决为主线的教学过程中,学生扮演"科学家"的角色,创设某个数学知识内容的问题情境,使其数学过程再现,以此强调学生学习数学是一个经验、理解和反思的过程,强调以学生为主体的学习活动对学生理解数学的重要性。

三、学生参与课程评价

新课程标准的评价理念明确指出:强调教师对自己的教学行为的分析与反思,建立以教师自评为主,校长、教师、学生、家长共同参与的评价制度,使教师从多种渠道获得信息,不断提高教学水平。同时,评价既要关注学生学习数学的结果,更要关注他们在学习过程中的变化和发展。

(一)学生是教学活动的管理者

学生通过建立自己的数学学习成长记录袋,记录自身的数学学习过程,反思自己的数学学习行为,这本身就是学生的一种自我评价方式。这种习惯的养成,有利于培养学生的自律性。善于主动地自我管理、自我评价的学生正是我们所期待的。

(二)学生是教学活动的评价者

事实上,学生自然地从主动和被动两方面介入教学活动评价。学生每完成一门课程的学习,科目成绩客观上就是对教学活动的被动评价。另外,学生是教学活动全过程的主角,最知情,也是最直接的利害关系人,应成为教学评价中不可或缺的评价者。当一个单元学习即将结束时,可由学生提供考试题目,再经过老师编辑成数学试卷,并对入选题目的"作者"给予奖励。学生们在准备题目的时候,不仅要查阅大量的资料,还要复习本单元的知识,这样学习的性质发生了根本的变化,由被动学习转变为主动学习。从以往教师出题评价学生到学生出题评价自己,有利于学生主体角色的转变,并激发学生主观能动地获取知识的兴趣和热情,从而改进自己的学习方式,弥补以往的不足;还有利于缓解学生的心理压力,降低对考试的畏惧感。学生一旦成为学习的主人,传统教育的种种弊端都将不同程度地收敛,取而代之的是师生之间、学生之间的互相学习和共同提高。

数学新课程标准的实施,最终得依靠教师和学生。如果教师为新课程标准的实施铺平了道路,那么沿着这条道路前进的主要还是广大学生。只有把学习的主动权真正交给学生,实现将学生的角色真正转变为主体,让学生与生俱来的天性得以释放,学习的自主性、主动性、合作性以及创造性得到充分发挥,才能使课程教学效益在更大的范围、更深的层次上产生质的飞跃,进而保证数学教学在新的理念引导下实现预期的目标。总之,新课程标准的实施,实际上还需要学生摆脱传统制约而真正进入新课程体系中。

思 考 题 二

1. 简述《标准 1》和《标准 2》的基本理念。
2. 谈谈你对数学学习中的核心概念及学科核心素养的理解。
3. 怎样理解新课程改革中教师角色的转变?
4. 你对数学教学的本质有怎样的认识?
5. 新课程中学生的角色应发生怎样的改变?

本章参考文献

[1] 中华人民共和国教育部.义务教育数学课程标准(2011 版)[M].北京:北京师范大学出

版社,2012.

[2] 中华人民共和国教育部.普通高中数学课程标准(2017年版)[M].北京：人民教育出版社,2018.

[3] 张奠宙,李士锜,李俊.数学教育学导论[M].北京：高等教育出版社,2003.

[4] 刘兼,孙晓天.全日制义务教育数学课程标准解读[M].北京：北京师范大学出版社,2002.

[5] 曾峥,李劲.中学数学教育学概论[M].郑州：郑州大学出版社,2007.

[6] 刘兼,黄翔.张丹.数学课程设计[M].北京：高等教育出版社,2003.

[7] 张奠宙,宋乃庆.数学教育概论[M].北京：高等教育出版社,2004.

[8] 钱佩玲,马波,郭玉峰.高中数学新课程教学法[M].北京：高等教育出版社,2007.

[9] 朱慕菊.走进新课程[M].北京：北京师范大学出版社,2002.

第三章

数学的特点与中学数学

> 本章通过对数学是什么的回答,说明了数学的社会价值、文化价值、教育价值,进而给出了对中学数学的特点与教学以及中学数学与前沿数学关系的几点看法。

许多受过数学教育的人,特别是科学家和工程师,将数学想象成为智慧之树:公式、定理和结论犹如成熟的果实挂在枝头,有待过路的科学家采摘以滋养他们的理论。与此相对的,数学家则视自己的领域为一片快速成长的热带雨林,由数学外部的力量所滋养而形成,同时又将不断丰富而更新的智慧动、植物群奉献给人类文明。这种观念上的差异主要是由于抽象语言的严峻与苛刻的背景,使数学雨林与普通人类活动的领域相割裂。

——斯蒂恩(L. A. Steen)

第一节　对数学的认识

由上面引用斯蒂恩的一段话可以领会到,如果不同的人持不同的数学观念的话,就会对数学产生截然不同的认识和看法。其原因在于,对数学是什么(或数学的本质)和数学的价值的认识有巨大的分歧。下面我们将从这两个方面来谈谈对数学的认识,当然这两个方面是有交叉的。

一、数学是什么

数学是什么? 这一问题对于从事数学教育事业的数学教师来说,显然是个十分重要的问题。也许许多数学教师并未对此有意识地进行过认真的思考,不能做出明确的回答,但在实际工作中,却自觉或不自觉地以某种观念指导着具体的行动,从而也影响着数学教学的实践和效果。

随着数学本身的发展与人们对数学认识的深入,对"数学是什么"这一问题,有着各种不同的论述。例如,在我国古代,人们就认为数学是术,是用来解决生产与生活问题的计算方法;而古希腊人却认为数学是理念,是关于世界本质的学问,数学对象是一种不依赖于人类思维的客观存在,但可以通过亲身体验,借助实验、观察和抽象获得有关的认识。再如,有的人主张数学是一个公理体系,由基本概念、基本关系与公理出发,可以严格地、有逻辑地导出所有的结论;也有的人声称数学是结构的科学,其任务就是在许多不同的背景下,以精确、客观的形式系统地分析共同和基本的结构特征。

另外,由于观察和思考问题的对象不同,人们所持的数学信念也会不同。从数学的研究方法来分析,人们对数学的认识有更大的分歧。形式主义和逻辑主义者认为,数学全然不涉及观察、归纳、因果等方法;对人进行的训练,都是利用演绎方法;数学家的工作起点只需要少数公理,一见就懂,无须证明,而其余的工作则都可以由此推演出来。与此相对的说法则是,解决数学问题常常必须借助于新定理、新见解、新方法;在具体解决问题和从事研究的过程中,常常要进行观察和比较;数学家的工作离不开观察、推测、归纳、实验、经验、因果等方法,数学家还需要有高度的直觉和想象力。拉卡托斯(Lakatos)等就声称数学是证明与反驳的交互过程,认为数学的严谨性是相对的。

弗赖登塔尔认为,数学的概念、结构与思想都是物理世界、社会存在与思维世界各种具体现象的反映,也是组织这些现象的工具,因而数学在现实世界中有它的现象学基础。柯尔莫哥洛夫也提出,数学的研究对象产生于现实,但数学又必须离开现实;由于数学内部不断丰富,应用范围无限扩大,因而并非完全脱离现实。他同时又主张,所有数学的基础是纯集合论,数学的各专门分支研究各种特殊的结构,每一种结构由相应的公理体系所确定。难怪也就有了如下说法:数学是模式的科学;数学是科学,数学更是一门创造的艺术;数学是一种语言;数学是一种文化;等等。

这正好反映了数学是一个多元的综合产物,不能简单地将数学等同于命题和公式汇集成的逻辑体系。数学通过模式的构建与现实世界密切相连,但又借助抽象的方法,强调思维形式的探讨;现代技术渗透于数学之中,成为数学的实质性内涵,但抽象的数学思维仍然是一种创造性的活动;数学其实是一种特殊的语言,由此形成的思维方式,不仅决定了人类对物质世界的认识方式,还对人类理性精神的发展具有重要的影响,因而必然成为人类文化的一个重要组成部分。

综上所述,如果从哲学的根本观点来刻画数学的本质,不外乎以下两种不同的看法:一种是动态的,将数学描述成为处于成长发展中,因而是不断变化的研究领域;另一种则是静态的,将数学定义为具有一整套已知、确定的概念、原理和技能的体系。综合以上两种观点可以得到一个结论:将数学描述为某种心智活动,是不断变化的,包括推测、证明和反驳;数学结果可以遭遇深刻的改变,各种层面的数学的有效性必须借助社会和文化环境来判断。克莱因的以下一段话可以很好地诠释上述结论:事实上,数学已经不合逻辑地发展,其不仅包括错误的证明,有漏洞的推理,还有稍加注意就能避免的疏漏。这样的大错比比皆是,这种不合逻辑的发展还涉及对概念理解不充分,无法真正认识逻辑所需要的原理,以及证明得不够严密。也就是说,直觉、实证及借助于几何图形的证明取代了逻辑证明。

二、数学的价值

数学就是这样一种东西:她提醒你有无形的灵魂,她赋予她所发现的真理以生命;她唤起心神,澄净智慧;她给我们内心思想增添光辉;她涤尽我们有生以来的蒙昧与无知。

——普罗克洛斯(Proclus)

在未来十年中领导世界的国家将是在科学知识、解释和运用起领导作用的国家。整个科学的基础又是一个不断增加的数学知识系统。我们越来越多地用数学模型指导探索未知的世界。

——费尔(H. F. Fehr)

上面的两段引语说明数学对人思维的熏陶、品质的雕塑、真理的追求和社会的发展皆具有不可替代的作用。下面我们将从数学的社会价值、文化价值和教育价值来探讨数学的价值。

(一) 数学的社会价值

数学从它产生之日起就与社会有着密切的联系。恩格斯(Engels)明确指出,数学是从人的需要中产生的。从数学的起源来看,人们的社会实践是数学的源泉;从数学的发展来看,社会的需要是数学发展的实际支点;从数学研究的手段与领域来看,社会生产和科技的进步,不但为数学开辟了日益增多的新领域,而且为数学研究提供了新的手段。当然,从数学科学的客观真理性来看,社会实践也是检验数学内容客观真理性的唯一标准。

按数学的社会功能,可将数学知识分为四种形态:① 作为符号系统的数学。现在数学符号系统已成为通用的语言;在现代信息社会中,许多事物和现象皆用数学来表征。② 作为算法系统的数学。这是应用最广的数学形态。③ 作为形式系统的数学。现代数学知识大都采用形式化公理系统表述的体系。④ 作为模糊系统的数学。数学研究从现实世界抽象出来的各种模型,并发现其间的结构及其关系。其实,所有这些关于数学有用的解释都来源于这样的现实,即数学提供了一种有力的、简洁的和准确无误的信息交流手段。

美国科学院院士詹姆士·G.格里姆(James. G. Glimm)说过:数学对经济竞争力至为重要,数学是一种关键的、普遍使用的并具有授予能力的技术。时至今日,数学已兼有科学与技术两种品格,这是在其他科学中难以见到的。数学的贡献在于对整个科学技术(尤其是高新技术)水平的推进与提高、科技人才的培养、经济建设的繁荣、全体公民的科学思想与文化素质的培育都产生着巨大的影响。想一想 20 世纪 60 年代"新数学"运动的肇始,我们不难发现,在英国、美国等发达国家,公民的数学素养甚至被看成综合国力的一部分。由此可见数学社会价值的显著地位。

（二）数学的文化价值

从广义上讲，文化指人类在改造自然和征服自然过程中所创造的物质文明和精神文明的总和；从狭义上讲，文化指社会的意识形态以及与之相适应的制度和组织机构。按照现代人类文化学的研究，文化即是指由某些因素（居住地域、民族性、职业等）联系起来的各个群体所特有的行为、观念和态度等，也即各个群体所特有的生活方式。数学毫无疑问是人类文化的重要组成部分，被称作数学文化。

按照周春荔教授对数学价值分类观点和框架的阐述，数学文化价值体现在三个方面：

（1）作为人类文化的重要组成部分的数学，它的一个重要特征是追求一种完全确定、完全可靠的知识。数学的研究对象必须有明确无误的概念，其方法必须由准确无误的命题开始，服从明确无误的推理规则，借以达到正确的结论。数学方法成为人类认识世界的一个典范，也成为人在认识宇宙和人类自己时所必须持有的客观态度的一个标准。

（2）数学不断追求最简单的、最高层次的、超出人类感官所及的宇宙的根本。所有这些研究都是在最极度抽象的形式下进行的。这是一种化繁为简以求统一的过程。

（3）数学不仅研究宇宙的规律，而且也研究它自身。在发挥自身力量的同时又研究自身的局限性，从不担心否定自身。数学不断反思，不断批判自身，并且以此开辟自身前进的道路。想一想数学发展过程的三次危机，就能发现数学的这一文化魅力。

其实，数学发展过程中，各种分支或思想相互融合、各自发展，拥有一个共同相容性的基础和模型也可看作数学文化发展的重要特点。譬如，欧氏几何和非欧几何由冲突发展到自洽于一个共用的逻辑演绎体系。在古希腊，有欧几里得的《几何原本》作为严格演绎体系的代表，促使西方人不懈地追求逻辑思辨和理性精神；在古代东方有《九章算术》为代表的追求实用和算法的数学文化杰作，促使人们在"术"方面精雕细琢数学。正是由于两种观念和文化的碰撞和交融，才有了如今形式公理化体系和机械算法与模式体系并存的数学文化体系。所以，数学如何深刻地影响着人类精神生活，可以概括为一句话，就是它大大地促进了人的思想解放，提高和丰富了人类的整个精神水平。从这个意义上讲，数学使人成为更完全、更丰富、更有力量的人。比如，数学文化的遗传力量、符号化、文化传递、抽象、一般化、一体化、多样化等正是人类社会实践、理性思考臻于完善的重要因子。

（三）数学的教育价值

所谓数学的教育价值，是指数学教育对人的发展的价值。如何认识数学的教育价值，这是数学教育的一个基本理论问题，而正确认识数学的教育价值是数学教育工作者为了卓有成效地进行数学教育而必须具备的一种理论素养。古往今来，大凡受过适度教育的人，都要接受不同程度的数学教育。那么，为什么要进行数学教育？为什么要把数学设为学校的主科？要回答这两个问题，有赖于对数学教育学科价值的理解。正确认识数学的社会价值与文化价值，才能全面认识数学对发展人的素养的功能，这正是理解数学的教育价值的基础。

1. 数学科学的工具价值

数学科学对于人认识客观世界、改造客观世界的实践活动的教育作用和意义主要体现在数学科学可作为一种工具：人们运用数学的概念、法则、定理、符号和思想方法等来解决实践和科学问题。

2. 数学科学的认识价值

数学是思维训练的体操，说的就是数学科学的认识价值。当然，数学对思维能力的训练和培养不仅体现在逻辑推理方面，而且还体现在合情推理方面。数学是培养探索解决问题能力的最经济的场地。另外，培养数学思想方法这一功能是数学教育功能中最突出的体现。在数学的具有思维价值的内容体系中，数学思想方法是核心内容。因为数学思维从宏观上看是一种观念形态的策略创造，而数学思想方法就是数学思维策略创造的结晶。要学会策略创造就要从数学思想方法的尝试与培养入手。

数学是辩证思维的辅助工具和表现形式。抽象与具体、理论与实际，以及量与质、数与形、已知与未知、正与负、常量与变量、直与曲、连续与离散、有限与无限、精确与模糊等对立的数学概念，在一定条件下实现相互转化，这表明数学中充满辩证法。

3. 数学科学的德育价值

所谓数学的德育价值，是指数学在形成和发展人的科学世界观、道德品质和个性特征所具有的教育作用和意义。通常说来，数学可教育人们尊重事实、服从真理这样一种科学的精神；可以使人缜密，可以造就人们精神集中、做事认真负责；可以造就人们脚踏实地、坚韧勇敢、顽强进取的精神。这正是辛钦(Khinchin)谈及的学习数学可培养人的真诚、正直、坚韧和勇敢等品质。这也是由数学的抽象性、严谨性和逻辑性所决定的。

4. 数学科学的美学价值

所谓数学的美学价值，是指数学在培养、发展人的审美情趣和能力方面所具有的教育作用和意义。科学之所以给人以美的感受和力量，就在于秩序、和谐、对称、整齐、结构、简洁、奇异这些使人们产生美感的客观基础，而数学恰恰集中了这些美的特点，并以纯粹的形式出现。数学理性美表现为和谐美、简洁美、对称美、奇异美等。正如罗素(Russell)所说："数学，如果正确地看它，不但拥有真理，而且也具有至上的美。正如雕刻的美，是一种冷而严肃的美。这种美没有绘画或音乐那些华丽的装饰，它可以纯洁到崇高的地步，能够达到严格得只有最伟大的艺术才能显示出的那种完美的境地。"这也正说明数学具有培育人美感的价值。

第二节　中学数学的特点

一、作为科学的数学的特点

要谈清楚中学数学的特点,我们首先必须明白中学数学与作为科学的数学的区别与联系。关于数学的特点,数学哲学家和数学家有许多不同的表述,其中共同的认识是数学具有高度的抽象性、严谨的逻辑性和广泛的应用性。同时,数学科学还有丰富多彩的思想方法和特殊、完善的科学语言系统。让我们首先看看数学的特点。

(一)高度的抽象性

任何学科都具有抽象性,只是数学学科与其他学科相比较,抽象程度更高。数学的抽象只保留了量的关系而舍弃一切质的特点;只保留了一定的形式、结构,而舍弃内容。这样,就得到纯粹状态下以抽象形式出现的量与量的关系,成为一种思想材料的符号化、形式化抽象,这是一种极度抽象。正因为数学的高度抽象性,使数学具有广容性,这是数学所特有的。那么,作为教育内容的数学,当然也具有抽象性,但这种抽象性应该具有层次性和阶段性。在抽象的过程中,不应该掩埋数学抽象的对象——形式化的思想材料,这些材料仍可以溯源于经验世界。中学数学教学,就得从学生的思维特征、生活实际和数学现实出发,在不同的阶段,施予不同的思维材料,让学生经历数学抽象的层次性和阶段性。

(二)严谨的逻辑性

数学要求逻辑上无懈可击,结论要精确,一般称之为数学具有严谨的逻辑性。虽然在探索数学真理的过程中合情推理起着重要作用,但是数学真理的确认使用的是逻辑演绎的方法,这是由数学研究的对象和数学的本质属性所决定的。数学的高度抽象性预先规定了数学只能从概念和公理出发进行推理证明。一个数学概念,没有逻辑上清晰、准确的刻画就不能进一步进行研究。在数学定理的证明中,据以证明的前提,在逻辑上是清楚的;定理证明步骤在逻辑上是完全的、严格无误的。正是数学概念的这种准确性以及逻辑本身的普遍意义,使数学的结论具有精确性。但是,就数学的发展来看,数学的逻辑严谨性是相对的,没有绝对的逻辑严谨性。这即逻辑严谨性是局部的、片段式和阶段式的。比如,欧氏几何最先是建立在实体公理基础之上的,如点、线、面等概念都具有现实经验的痕迹,而由公理和公设出发的定理推证也具有表象经验和主观臆想的论据和结论。直到 19 世纪末,希尔伯特(D. Hilbert)通过增设和修正一些公设和公理,才最终建立起严格和完善的形式公理化体系。当然,中学数学教学也应该按照严谨性发展的本来面目来设计数学内容,要求学生逐步发展适度和适量的逻辑严谨性能力。

(三) 广泛的应用性

数学具有广泛的应用性是由其具有高度的抽象性和严谨的逻辑性决定的。近半个世纪以来,数学更加广泛地运用于经济、管理、通信、资源开发和环境保护、医学、军事与国防等领域。数学在现代社会中所起的作用是多方面的、深刻的、富有成效的,是任何其他学科所不能代替的。在某些方面数学,已经从配角变成了主角。在技术社会,在有竞争的地方,数学往往是最后取胜的法宝。我们认识数学应用性的目的在于普及数学,让普通大众了解数学及其对世界的意义,而不是提倡神圣化数学、数学至上的狭隘数学观。在过去的数学教学过程中,联系实际、培养利用数学知识分析和解决实际问题的能力等应用性被"数学是思维的体操"完全遮盖。其实,工程控制、图像识别和处理、模糊识别、运筹优化皆作为数学模型在高、精、尖的科技前沿发挥着重要作用。所以,中学数学应该让学生领会利用数学解决实际问题的高度有效性,进而培养他们提出问题、分析问题和解决问题的基本能力和数学素养。

二、中学数学的特点与教学

(一) 现实背景与形式模型互相统一

数学学科虽然具有高度的抽象性和概括性,但这种抽象的思想材料却不能完全脱离现实背景,中学数学更是这样。鉴于学生的思维特点和接受能力以及数学的发展规律,中学数学正是现实背景和形式模型的相互统一,数学教学正是数学模型的教学。教师应组织多种多样的数学活动,提倡从学生身边的情境引出数学知识,组织学生进行社会调查、数学实验、解释分析现实世界有关数据等实践活动。在课堂上,要注意数学概念的实际内涵,帮助学生理解数学模型中的形式化处理,让学生理解数学模型的广泛应用和巨大效益,从而激起学生学习数学的兴趣,并从中受到生动的社会教育。

(二) 解题技巧与程序训练相结合

解决问题是数学的灵魂,其特点在于技巧性和程式化。数学中的数量变化问题,需要用灵巧的思维和繁复的计算程序去解决,即一方面需要灵活机动的创造性思维,另一方面需要固定的计算公式,二者缺一不可。根据这一特点,教师应当注意教材中形式推演背后的生动思想,避免重复的单纯模仿和套公式。一堂数学课,应当在学生活动的基础上,启发和诱导学生的形象思维,鼓励学生进行数学猜想,激发学生的创造情绪,点燃学生的技巧智慧,使一些看起来很难的问题,得到水到渠成的解决。

(三) 简约的数学语言与丰富的数学思想相交融

简约的数学语言与丰富的数学思想相交融是中学数学的又一特点。众所周知,数学思想是十分丰富的。公理化方法、代数思想、解析几何观点、统计与概率思想、微积分思想等是宏观的数学思想；函数观点、向量表示、参数方法、恒等变形、同解变形等是中型的数学观念；素数与合数、负负得正、尺规作图、任意角与周期性、算术根等是微观的数学问题。这些内容渗透了人类几千年的文明努力，具有丰富的思想文化内涵，但是它们都是用简明的符号、公式、定义以及定理加以描述的。

由于数学语言具有抽象性和严谨性的特点，因而学生的数学语言发展过程也是阶段性和层次性的。使用数学语言要有一个过程。开始时自然语言要多，例子要多，描述要具体而生动，触及的数学内涵要少，表达的数学思想要浅。随着学生年龄的增加，数学语言可以逐步简约，符号化、抽象化，乃至完全形式化，直到全部采用符号的数理逻辑语言。目前，对于数学语言和数学思想方法等的教学，更多采用的是螺旋式课程安排和非形式化体系，从生动有趣、浅显易懂、具体描述的语言开始，逐步严密、加深，抽象成比较简约的语言和思想。比如，现今使用的新数学教材对统计与概率部分就是以这样的方式安排的。另外，各省的数学高考说明都明确规定要考查学生的数学思想方法掌握情况，大体包括：函数与方程的思想、数形结合的思想、分类与整合的思想、化归与转化的思想、特殊与一般的思想、有限与无限的思想、或然与必然的思想（随机思想）等。

（四）数学智育和德育相统一

数学智育和德育相统一主要是针对过去过分强调"数学是思维训练的体操"而言的，在过去，我们过分重视数学的程式性和技巧性，而淡化了数学生成过程中鲜活的思想、生动而有趣的变化及由此带给人的美感以及由理性精神追求带给人的愉悦。或者说，由于过分强调概念、法则和逻辑的演绎，而淡化了类比、归纳等合情推理在数学发明、创造中的作用，致使数学枯燥、烦琐、生硬，成了人们厌恶的、恐惧的只剩下骷髅的"冷美人"，形成了学习数学需要的只是坚持、勤奋、解题和背题等偏见。我们在前面提到过数学的价值，尤其是数学的文化价值和教育价值，就包含数学智育和德育相统一的含义。在高中新课程标准里明确说明了这一点：学生在数学探究中，应养成独立思考和勇于质疑的习惯，同时也应学会与他人交流合作，建立严谨的科学态度和不怕困难的顽强精神。在数学探究中，学生将初步了解数学概念和结论的产生过程，体验数学研究的过程和创造的激情，提高发现、提出、解决数学问题的能力，激发想象力和创造精神。数学是人类文化的重要组成部分，是人类社会进步的产物，也是推动社会发展的动力。高中阶段数学文化的学习，可以让学生初步了解数学科学与人类社会发展之间的相互作用，体会数学的科学价值、应用价值、人文价值；可以开阔学生视野，让学生了解数学进步的历史轨迹，激发学生数学创新原动力，领会数学的美学价值，从而提高学生的文化素养和创新意识，实现数学智育和德育的完美统一。

第三节　中学数学与数学前沿

一、现代数学前沿概述

进入 20 世纪以后,数学便逐步形成了采用公理化体系和结构观念统一的许多学科分支,如泛函分析、点集拓扑、抽象代数、计算数学和概率论等。另外,应用数学的迅猛发展,如信息论、控制论、系统论、线性规划、规范场、生物数学、数理统计学和计量经济学等的发展,极大地影响着科技、社会和人们的日常生活。现代数学的研究对象已发展为一般的集合、各种空间和流形,它们都能用集合和映射的概念统一起来。随着数学应用的日益广泛,社会的数学化程度也在日益提高。不仅初等数学语言和高等数学语言正在越来越多地渗透到现代社会生活的各个方面和各种信息系统中,而且诸如算子、泛函、空间、拓扑、张量、流形等现代数学概念也已大量地出现在科学技术文献中,日渐成为现代的科学语言。

1997 年 3 月,国家自然科学基金委员会提出了我国未来数学发展课题,涉及以下数学前沿问题:

(1) 核心数学。它是应用数学的基础,重要方向有:解析数论,代数数论与代数几何,几何学,微分学,经典分析的前沿问题,随机分析和无穷维分析。

(2) 非线性问题的数学理论和方法。它是各门自然科学中的非线性现象和纯粹数学各分支交叉形成的许多生长点,重要的科学问题和研究方向有:非线性偏微分方程,变分理论和几何分析,动力系统,经典和量子系统的数学问题,随机系统的数学问题。

(3) 金融和高科技中的数学建模、计算和运筹决策。这是涉及国民经济可持续发展、高科技的重大突破和科学管理所面临的重大挑战性问题,主要包括:数学物理的高性能计算,高维流体力学的计算方法,数学机械化与现代数学组合方法,高维、定性和不完全数据的统计方法,经济和高科技中的统计建模、推断与计算,大规模、高复杂性问题的最优化方法,金融财政重点数学问题。

(4) 复杂系统的建模、分析控制与优化。它包括:复杂系统的建模,随机系统的控制和适应控制,非线性现象的分析、控制与应用,无穷系统的控制,复杂系统分析的优化和控制,大规模多层次系统的优化理论和方法。

20 世纪 90 年代以来,“高技术本质上是一种数学技术”的观点已得到人们的普遍认同,这一观点道出了高技术与现代数学问题的内在联系。高技术的研究离不开计算机,而有效地运用计算机则离不开现代数学的研究。可见,与高技术和计算机相结合的前沿数学已在自然科学和社会科学纵横渗透。运用数学方法定量决策,也成了当今决策和管理科学的主流。

二、中学数学渗透现代数学概述

在中学数学内容的选取上,应该考虑到学生已经具有的数学现实、学生的心理特点和思维能力发展状况,还需考虑社会对公民数学素养的要求,这包括进一步学习所需的数学知识和方法,以及在社会生活和工作所需具备的一些基本的数学素养,而不应该完全从数学自身发展的特点、内容和方法出发,但是数学前沿所表现出来的基本思想、方法和由此产生的文化价值和教育价值应该包含在中学数学教学内容里。纵观九年义务教育数学课程标准和普通高中数学课程标准的理念和内容,我们发现一些反映现代数学基本思想、方法和文化价值的知识进入了中学数学课堂。具体说来包括:

(一)算法内容的设计与安排

算法,是古代中国数学的一大特色,也是现代数学发展的一个重要方向。随着计算机的迅猛发展,诸如排序算法、图论中的算法、无限的迭代算法等,已成为当代数学教育所密切关注的内容。在新的高中数学课程体系中,算法已单独列出作为一个学习主题,算法的思想和方法也穿插在其他的数学内容之中。但是,算法的学习如何与计算机技术相结合,如何帮助学生在实施运算的过程中理解算理、合理选择有效的算法,是当前中学数学教学关注的热点。

(二)统计与概率内容的设计与安排

在九年义务教育阶段的数学课程标准里,对统计与概率内容的教学要求做出了这样的规定:能收集、选择、处理数字信息,并做出合理的推断或大胆的猜测;能用文字、字母或图表等清楚地表达解决问题的过程,并解释结果的合理性;体验数、符号和图形是有效地描述现实世界的重要手段,认识到数学是解决实际问题和进行交流的重要手段。其内容包括:数据统计初步和古典概率等。它主要研究现实生活中的数据和客观世界中随机现象,并通过数据收集、整理、描述和分析以及对事件发生可能性的刻画,来帮助人们做出合理的推断和预测。这无疑为高中进一步学习统计与概率做了较好的铺垫。

高中课程标准这样规定学习统计与概率的意义、方法和内容:现代社会是信息化的社会,人们常常需要收集数据,根据所获得的数据提取有价值的信息,做出合理的决策。统计是研究如何合理收集、整理、分析数据的学科,它可以为人们做出决策提供依据。随机现象在日常生活中随处可见,概率是研究随机现象规律的学科,它为人们认识客观世界提供了重要的思维模式和解决问题的方法,同时为统计学的发展提供了理论基础。因此,统计与概率的基础知识已经成为一个未来公民的必备常识。在统计与概率模块中,学生将在义务教育阶段学习统计与概率的基础上,通过实际问题情境,学习随机抽样、样本估计总体、线性回归的基本方法,体会用样本估计总体及其特征的思想;通过解决实际问题,较为系统地经历数据收集与处理的全过程,体会统计思维与确定性思维的差异。学生将结合具体实例,学习概率的某些基本性质和简单的概率模型，加深对随机现象的理解，能通过实验、计算器（机）模拟估计简单随机事件发生的概率。

可以看出，无论是义务教育和普通高中教育，都削弱了古典概率等的计算和推断，而强化了数据处理和统计推断，更强调随机试验、借用计算机来处理数据等方面。

（三）现代数学思想和数学文化内容的设计和安排

一些反映现代数学基本思想、方法和应用的内容已进入高中新课程标准里。高中数学新课程要求把数学探究、数学建模的思想以不同的形式渗透在各模块和专题内容之中，并在高中阶段至少安排较为完整的一次数学建模活动和一次数学探究活动；要求把数学文化内容与各模块的内容有机结合。编写教材时，应把数学建模、数学探究和数学文化等这些新的学习活动恰当地穿插安排在有关的教学内容中，并注意提供相关的推荐课题、背景材料和示范案例，帮助学生设计自己的学习活动，完成课题作业或专题总结报告；应采取多种形式将数学的文化价值渗透在各部分内容中，如与具体数学内容相结合或单独设置栏目做专题介绍，也可以列出课外阅读的参考书目及相关资料，以便学生自己查阅、收集整理。比如，要求了解公理化思想，感受数学文化的价值。具体说来，就是通过对欧几里得《几何原本》的介绍，引导学生体会公理化思想；通过介绍计算机在自动推理领域和数学证明的作用，让学生了解数学科学与人类社会发展之间的相互作用，体会数学的科学价值、应用价值和文化价值。

由此可以看到，一些现代数学的发展脉络与处理数学的方法和过程主要体现在选修 3 和选修 4 的专题里，而体现数学文化价值和应用价值的内容以数学史材料、数学建模和数学探究的形式分散进入到必修和选修各部分内容中。

思 考 题 三

1. 借助有关文献谈谈你对数学和数学价值的认识。

2. 列举一个数学建模例子，体会数学应用的过程、方式和价值。

3. 选取高中数学课程标准中选修 3 和选修 4 的某个专题，思考专题是如何体现现代数学思想和方法的，并思考在中学应如何进行这些专题的教学。

4. 选读一些数学哲学与文化的书籍，并撰写体会和心得。

5. 谈谈你对中学数学渗透现代数学知识的认识。

本章参考文献

[1] 克莱因 M.数学：确定性的丧失[M].李宏魁，译.长沙：湖南科学技术出版社，1997.
[2] 科克罗夫特.数学算术：英国学校数学教育调查委员会报告[M].范良火，译.北京：人

民教育出版社，1994.

[3] 张景斌.中学数学教学教程[M].北京：科学出版社，2000.

[4] 莫里兹 R E.数学家言行录[M].朱剑英,编译.南京：江苏教育出版社，1990.

[5] 张奠宙,唐瑞芬,刘鸿坤.数学教育学[M].南昌：江西教育出版社,1997.

[6] 邓东皋,孙小礼,张祖贵.数学与文化[M].北京：北京大学出版社,1990.

[7] 郑毓信.数学教育的现代发展[M].南京：江苏教育出版社，1999.

[8] 李士锜.PME：数学教育心理[M]. 上海：华东师范大学出版社,2001.

[9] 赵小平.现代数学大观[M]. 上海：华东师范大学出版社,2002.

第四章

数学思维与学生发展

> 数学教学的重要目的在于培养学生的数学思维能力,而理解和掌握数学思维品质的特点是提高数学思维能力的关键。本章详细论述了数学思维的品质和数学思维的方式,进而讨论如何培养学生的数学思维能力。

人们越来越清醒地认识到,数学教育的目标不再是单纯地向学生传授知识,培养学生的能力,而且还要发展学生的思维品质,提高学生的数学素养。因此,数学思维的研究成为数学教育的一项重要课题。

第一节 数学思维品质概述

一、数学思维

(一) 数学思维

数学思维是人大脑和数学对象(空间形式、数量关系、结构关系)交互作用并按照一般规律认识数学内容的内在理性活动。这就是说,数学思维是以认识数学对象为任务,以数学语言和符号为载体,以认识和发现数学规律(本质属性)为目的的一种思维。可见,学习数学的过程和解决问题的过程,均表现为一种数学思维活动的过程。有了问题,就要解决它,解决问题就需要思维。

数学学习实质上就是学生在教师指导下,通过数学思维活动,学习数学家思维活动的成果,并发展数学思维的过程。由于数学所研究的对象都是纯粹的量,所以数学思维是客观世界中纯粹的量的本质属性、相互关系及其内在规律性在人大脑中概括的和间接的反映。显然,数学思维首先是思维,因而具有思维的一般特征。但数学思维又有自身的特点,它不是事物一般的本质和事物之间一般的规律性关系在人大脑中的反映,而是以"纯粹的量"的形式来反映事物的本质和事物之间的规律性关系。它比一般思维更具有概括性和间接性。

（二）数学思维的基本方式

根据思维指向性的不同,数学思维的方式可分为发散思维与收敛思维;根据思维是否以每前进一步都有充足理由为其特征,可把数学思维分为逻辑思维与形象思维;根据思维方向的顺、逆之别,又可把数学思维分为正向思维与逆向思维;根据思维的结果有、无创新,又可把数学思维分为再现性思维与创造性思维。我们做这样的分类,是为了便于研究,实际上它们相互间是有重叠与交错的,而在具体思维活动过程中,虽会有所侧重,但常常是综合的,相互联系在一起不能完全分开的。

1. 发散思维与收敛思维

发散思维又叫作求异思维,它是指由某一条件或事实出发,从各个方面思考,产生出多种答案,即它的思考方向是向外散发的。发散思维还指从不同角度去理解问题,寻找某一结论的各种可能的充分条件和必要条件,提出解决某一问题的各种设想和方法。由于这种思维是朝着各个不同方向进行的,思路开阔,易于探索到新结论,提出新的方法和思想,所以发散思维水平愈高的人,创造性思维水平也就愈高。

收敛思维又叫作求同思维或集中思维,它是指由所提供的条件或事实聚合起来,朝着同一个方向思考,得出确定的答案,即它的思考方向是趋于同一的。例如,给出一个一元二次方程,根据各项系数的情况从应用公式法这一方面思考,然后求出它的根。解数学题的过程,见之于书面的,往往是指向确定的答案,表现为收敛思维。

在数学学习中,我们既要重视收敛思维的训练,又要重视发散思维的培养,并且还要重视两者的协调发展。例如,在命题的学习中,可先让学生提出各种解题的设想,然后挑选一个最佳方案;也可先给出条件,让学生提出尽可能多的结论,再研究证明,如让学生探索平行四边形有哪些性质,然后一一加以检验,进而思考证明的方法。

2. 正向思维与逆向思维

在思考数学问题时,可以按通常思维的方向进行,也可以按与它相反的方向探索,其中按通常思维的方向进行的思维称为正向思维,而按相反方向进行的思维称为逆向思维。例如,顺推不可行时可考虑逆推,直接证明有困难时可考虑采用反证法证明,公式、恒等式等也可以从正、逆两方面来运用,等等。事实上,数学知识本身就充满着正、反两方面的转化,如运算与逆运算、映射与逆映射、相等与不相等、性质定理与判定定理等。因此,培养学生的正向思维与逆向思维都很重要。一般说来,在数学学习中,学生习惯于正向思维,而忽视逆向思维,如习惯于公式、定义的正面运用,而不善于对它们的逆向运用,所以在学习中就应该加强这方面的训练。

3. 逻辑思维与形象思维

逻辑思维,是指按照逻辑的规律、方法和形式,有步骤、有根据地从已知的知识和条件推导出新结论的思维。它包括形式逻辑思维和辩证逻辑思维两种方式。形式逻辑思维就是依据形式逻辑的规则来反映数学对象、结构及其关系,达到对其本质特征和内在联系的认识的过程。辩证逻辑思维是逻辑思维发展的高级阶段，它是从运动过程及矛盾相互转化中去认识客体，遵循质量互变、对立统一及否定之否定等规律去认识事物本质的过程。在数学学习中，这是经常运用的，所以学习数学十分有利于发展学生的逻辑思维能力。形象思维，是指未经过步步分析，无清晰的步骤，而对问题突然间的领悟、理解或给出答案的思维。通常把预感、猜想、假设、灵感等都看作形象思维。形象思维在问题解决中有重要的作用，许多数学问题都是先从数与形的直觉感知中得到某种猜想，然后进行逻辑证明解决的。因此，培养学生的形象思维与逻辑思维不能偏颇，应该很好地结合起来。

4．再现性思维与创造性思维

再现性思维也就是一般性思维，它是运用所获得的知识和经验，按现成的方法或程序去解决问题的思维，它的创新成分少。创造性思维是在已有的知识和经验的基础上，对问题找出新答案、发现新关系或创造新方法的思维，它是思维的高级形式。对学生来说，创造性思维是解决前人或自己未曾解决过的问题，即独立地提出新的解法，发现新的关系，对数学学习材料做出有创见的组合，等等。它具有新颖、独创的特点。例如，中学生写作有创见的数学小论文的过程就体现着运用创造性思维的过程。

二、数学思维的品质

数学教学的重要目的在于培养学生的数学思维能力，而思维能力反映在通常所说的思维品质上。思维品质是数学思维结构中的重要部分，是评价和衡量学生数学思维优劣的重要标志。数学思维的品质主要是：广阔性、深刻性、灵活性、敏捷性、概括性、间接性、问题性、复合性、辩证性、批判性、独创性和严谨性。

（一）数学思维的广阔性

数学思维的广阔性表现在能多方面、多角度去思考问题，善于发现事物之间多方面的联系，找出多种解决问题的办法，并能把它们推广到类似的问题中去。另外，思维的广阔性还表现在：对于一种很好的方法或理论，能从多方面设想，探求这种方法或理论适用的各种问题，扩大它的应用范围。例如，已知 $0<a<b<1$，求证：

$$\sqrt{a^2+b^2}+\sqrt{(1-a)^2+b^2}+\sqrt{a^2+(1-b)^2}+\sqrt{(1-a)^2+(1-b)^2}\geqslant 2\sqrt{2}。$$

这个问题要求学生抓住本质 $\sqrt{a^2+b^2}$，从不同角度进行思考，联想 $\sqrt{a^2+b^2}$ 在不同的地方有不同的意义，慢慢地学生就能展示他们才智的不同方面。通常有以下几种解题思路：

思路一：$\sqrt{a^2+b^2}\geqslant\dfrac{a+b}{\sqrt{2}}$，利用不等式方法进行证明。

思路二：设点 $O(0,0),P(a,b),|OP|=\sqrt{a^2+b^2}$，利用图像法进行证明。

思路三：设 $z=a+bi,|z|=\sqrt{a^2+b^2}$，利用复数性质进行证明。

思路四：令 $a=\cos^2\alpha,b=\sin^2\beta$，利用三角置换进行证明。

思路五：构造四边形,当四边形面积一定时,周长最小。利用平面几何知识进行证明。

思路六：观察不等式左端的几何意义,问题可转化为证明点$(0,0),(1,0),(0,1),(1,1)$与点(a,b)的距离之和不小于$2\sqrt{2}$。

数学思维的广阔性的对立面是数学思维的狭隘性,这是应时刻注意防止的。

（二）数学思维的深刻性

数学思维的深刻性,是指思维活动的抽象概括程度和逻辑推理水平。逻辑推理能力是数学思维能力的核心。徐利治教授指出：透视本质的能力是构成创造力的一个因素,这里讲的就是数学思维的深刻性。数学思维的深刻性表现在能深入地钻研与思考问题,善于从复杂的事物中把握住它的本质,而不被一些表面现象所迷惑,特别是能在学习中克服思维表面性、绝对化与不求甚解的毛病。数学思维的深刻性的对立面是思维的肤浅性。要做到数学思维深刻,在概念学习中,就要分清一些容易混淆的概念,如正数和非负数、方根和算术根、锐角和第一象限角等;在定理、公式、法则的学习中,就要完整地掌握它们(包括条件、结论和适用范围),领会其实质,切忌形式主义、表面化和一知半解。

（三）数学思维的灵活性

数学思维的灵活性主要表现在能对具体问题做具体分析,善于根据问题的特征,灵活地运用相关的概念、公式、法则、定理,使用简单、优异的方法,顺利地解决问题;能自如地从一种运算转换为另一种运算;能实现一题多解,一题多变;能超脱习惯解法的束缚;能从已知因素中迅速看出新因素;能从隐蔽形式中迅速分清实质;能顺利地改造知识、技能及其体系以适应变化了的条件;等等。比如,证明$\triangle ABC$中至多有一个内角是钝角。若从正向思维分析,则要分多种情况讨论：$\angle A,\angle B,\angle C$中只有一个大于$90°$。若灵活一点,考虑反面：有两个角是钝角,则立即得出$\angle A+\angle B+\angle C>180°$,与三角形中三角内角和为$180°$矛盾。这样推理就简捷多了。

爱因斯坦把思维的灵活性看成创造性的典型特点。在数学学习中,数学思维的灵活性表现在能对具体问题做具体分析,善于根据情况的变化,及时调整原有的思维过程与方法,灵活地运用其他的公式、法则,并且思维不囿于固定程式或模式,具有较强的应变能力。数学思维的灵活性的对立面是数学思维的呆板性。一定要克服数学思维的呆板性,提高思维活动的灵敏度。要培养数学思维的灵活性,传统提倡的"一题多解"是一个好办法,"一题多变"也是值得注意的。

数学思维的深刻性与数学思维的灵活性往往是有联系的。数学思维深刻的人,容易摆脱通常方法的羁绊,灵活地考虑问题;思维灵活的人也常常能发现他人未注意到的地方,从而深刻地认识问题。

（四）数学思维的敏捷性

数学思维的敏捷性,是指思维活动过程的简缩性和快速性,表现为思考问题时能敏锐地、熟练地、正确地、快速地做出反应。它在数学活动中的主要表现是能缩短运算环节和推理过程，直接得出结果，走非常规的路。正如克鲁捷茨基(Вадим Андреевич Крутецкий)所指出的：能立即进行概括的学生也能立即缩短推理。准确性和快速性是思维敏捷性的两个重要特点，敏捷性以准确为前提，以速度为尺寸。数学思维的敏捷性的对立面是数学思维的迟钝性。为了培养数学思维的敏捷性，我们应善于利用形象思维，善于把问题转换化归，并在培养概括能力上多下功夫。例如，m 为何值时，方程 $x^2+2mx-(m-12)=0$ 的两根都比 2 大？此题若是从解方程角度去思考，难度较大。若能抓住数形的特征，将方程左边看成抛物线，而将方程两根(数)看成抛物线与 x 轴的交点，则此题就可以转化为：m 为何值时，抛物线 $y=x^2+2mx-(m-12)$ 与 x 轴的交点在点$(2,0)$的右侧。这就是解题敏捷性的反映。

（五）数学思维的概括性

数学思维最显著的特征是概括性。数学思维的概括性，是指将研究对象所属的某种事物已分出来的一般的、共同的属性或特征结合起来，再把研究对象的本质特性推广为范围更广的包含这个对象的同类事物的本质特征。数学思维的概括性表现为数学思维能揭示数学对象之间的抽象形式结构和数量关系，把握一类数学对象的共同属性，即从个别的特殊的方法中能形成有一般意义的方法，这些方法迁移范围较宽广，可用于许多非典型情况；能抓住问题的全貌，对问题进行概括、推广、引申、归纳。

具体地说，数学思维的概括包括对数学概念、命题、法则、方法的概括。数学思维的概括性在数学思维活动中起着非常重要的作用。一方面，数学的本质就是抽象与概括，即在抽象的基础上使用概括的方法来获得数学概念、理论和方法。另一方面，数学思维的概括性还表现为它的迁移性，一切数学学习，包括理解知识、运用知识等，都离不开迁移。一般说来，数学思维模式的形成、数学思想方法的获得都是数学思维概括性的重要表现，而模式与方法的运用则是概括的迁移结果。例如，通过证明定理"圆周角的度数等于其所对弧的圆心角度数的一半"，可以概括出完全归纳法的解题模式：① 将问题的条件分为几种情形；② 选择一种较简单的情况作为证题的突破口；③ 将其余各种情况转化为第一种情况来解决。而在今后的数学学习中可将这种模式应用于类似的问题。

（六）数学思维的间接性

思维是凭借知识经验对客观事物进行的间接的反映。思维的间接性表现不仅对没有直接作用于感觉器官的事物及其属性或联系加以反映，而且还对不能直接感知的事物及其属性或性质进行反映。数学是通过将对象抽象为空间形式和数量关系来进行研究的，其概念是在实物原型上抽象得到的，而且可能经过多级抽象。数学的研究方法是采用符号去刻画对象的属性，思维要借助于符号来进行，因此数学思维具有明显的间接性特征。例如，长方形面积公式由直接度量得到，而平行四边形、三角形、梯形、圆的面积公式无须直接度量，只要建立了图形之间的内在联系，就能推导它们的面积公式。数学思维之所以具有间接性，关键在于已有的数学知识和经验的作用,并且它是随着数学知识和经验的丰富而发展起来的。

(七) 数学思维的问题性

数学诚然是由概念、理论和方法组成,没有这些组成部分,数学就不存在。但是,数学真正的组成部分是问题的求解,解题才是数学的心脏。纵观数学史可以发现,数学科学正是从现实世界及自身理论体系中不断地提出问题、解决问题,从而得以前进、发展的。这种由于重要的数学问题的推动而导致新的数学学科、理论、观点、方法产生的例证,在数学史上俯拾皆是。比如,第五公设是否可以证明的问题的讨论最终导致非欧几何的诞生。伯努利(J. Bernoulli)的最速降线问题成为现代数学分支——变分法的起源。1900 年,希尔伯特在巴黎数学家代表会议上提出的 23 个问题,为 20 世纪的数学发展揭开了光辉的一页。

因此,问题性是数学思维目的性的体现,解决问题的活动是数学思维活动的中心。一方面,思维通常是由问题情境产生的,并且以解决问题为目的,即问题是思维的动力,并为思维提供了方向。有了问题,才能产生迫切解决问题的欲望,才能唤起与问题有关的知识、经验,才能开展积极的思维活动。另一方面,数学思维总是指向问题的变换。也就是说,数学思维是一个不断地提出问题、分析问题、变换问题,最终解决问题的过程,是一个运用各种思维方法进行探索的心智活动过程。其结果不仅达到对原问题的深刻理解,而且掌握了思维方法,磨炼了思维品质。譬如,在解决问题的过程中,往往要利用转化思想去对问题进行化归,通过设置一系列的辅助问题去达到解决原问题的目的,使数学思维的结果形成问题系统和定理序列。数学思维的问题性说明,在数学教学中,数学问题的提出、变换、推广、应用对数学思维的训练起着重要的作用。

(八) 数学思维的复合性

数学思维的复合性是指数学思维活动中表现出的逻辑性和非逻辑性相结合的特征。逻辑论证的过程属于数学思维活动,因而数学思维具有鲜明的逻辑性特征。另外,数学思维活动又不只是单一的逻辑论证过程,它还包括探索和发现数学结论、寻求论证途径的过程。在发现和探索数学结论的过程中,包含着直觉、顿悟、形象思维以及似真推理等思维活动;在寻求逻辑论证途径的过程中,包含着制定策略、发现探索、试误等思维活动。在这两个过程中,数学思维活动都表现出了一定的非严谨性,含有非逻辑的思维活动,因此数学思维又表现出非逻辑性的特征。数学思维的整个活动过程,都是在逻辑和非逻辑的交替过程中进行的,利用非逻辑思维活动去探求和发现问题,再利用逻辑论证去解决或完善问题,二者对数学的研究和发展都是不可缺少的。

(九) 数学思维的辩证性

首先,数学内容本身具有普遍联系的特点。比如,笛卡儿坐标系的建立为数与形的联系提供了工具,把代数与几何有机地统一起来。某个领域内未能解决的问题,通过相互联系,可以借助于另一个领域中已经解决的问题而得到解决。其次,数学中处处充满矛盾。无论是在概念方面还是在运算方面，都存在着许多对立统一的关系，如加法与减法、微分与积分、有限与无限、连续与离散、存在与构造、逻辑与直观、具体与抽象、已知与未知等。对这些普遍联系、对立统一性的充分认识，使得数学思维具有鲜明的辩证特性，如运用运动变化的观点分析问题，寻找知识的相互联系，发现不同现象之间的相似性、统一性等。

（十）数学思维的批判性

数学思维的批判性是指思维活动中独立分析和作判断的程度，表现在有主见地评价事物，能严格地评判自己提出的假设或解题方法是否正确和优良，喜欢独立思考，善于提出问题和发表不同的看法，愿意进行各种方式的检验，如检验已经得到的或正在得到的粗略的结果，检查归纳、分析和直觉的推理过程等；善于发现自己的错误，重新计算和思考，找出问题所在，并能找出改正的途径。例如，有的学生能自觉纠正自己所做作业中的错误，分析错误的原因，评价各种解法的优点和缺点。思维的批判性的对立面是思维的盲从性。要做到勤于思考，不迷信权威，既不人云亦云，也不自以为是，才能正确地培养思维的批判性。

（十一）数学思维的独创性

数学思维的独创性指思维活动中的创造精神，表现在能独立地发现问题、分析问题和解决问题，主动地提出新的见解和采用新的方法。在学习数学知识时思维的独创性表现为能独立思考，求新立异，用不同的命题形式重现定理，以定理为原命题，讨论其他命题形式是否成立；能从类比和归纳中提出新见解，不用一般常用方法解题。思维独创性常常作为思维深刻性的结果表现出来。日常教学，要培养学生独立思考的自觉性，教育他们要勇于创新，敢于突破常规的思考方法和解题程式，大胆提出新颖的见解和解法，使他们逐步具有思维独创性的良好思维品格。正如华罗庚教授所指出的：独立开创能力的培养是每一个优秀科学家所必须具备的优良品质之一。思维的独创性的对立面是思维的保守性。

（十二）数学思维的严谨性

数学思维的严谨性主要表现在推理的逻辑性、公理化方法和结论的精确性上。虽然在探索数学真理的过程中合情推理起着重要作用，然而数学中的真理主要是通过使用逻辑演绎方法获得的，这是由数学研究的对象、数学的本质所决定的。数学的高度抽象性质预先规定了数学只能用从概念和公理出发进行证明。数学的公理化方法实质上就是逻辑方法在数学中的直接应用。在数学公理系统中，命题与命题之间都是由严谨的逻辑联系起来的。从不加定义而直接采用的原始概念出发，通过逻辑定义的手段逐步地建立起其他的派生概念；由不加证明而直接用作前提的公理出发，借助于逻辑演绎手段而逐步得出进一步的结论，即定理；然后将所有概念和定理组成一个具有内在逻辑联系的整体，即构成了公理系统。数学问题解决的过程中也必须进行严谨的逻辑推理和论证。

上述 12 种数学思维品质是相辅相成、密不可分的，它们之间互相联系、互相制约、互相渗透、互相影响、互相促进、高度协调，有机地统一在一个整体中。

第二节　数学思维与数学教学

一、数学思维的一般方式

数学思维的一般方式指数学思维过程中常运用的基本方法。从数学活动的过程看，数学思维方式大体分为两个层次：经验性思维方式和逻辑思维方式。经验性思维方式主要有：观察、实验、猜想、类比、想象、直觉、不完全归纳等；逻辑思维方式主要有：化归、演绎、分析、综合、形式化和公式化等。而在具体的数学教学中，数学思维方式主要包括：观察与实验、分析与综合、演绎与归纳、概括与抽象、特殊化与一般化、判断与推理、化归与映射等。

（一）观察与实验

观察，指是通过视觉对数学对象的特征、形式、结构及关系的辨认，从而发现某些规律或性质的思维方式。实验，是指根据课题的研究目的，人为地创设条件，控制和模拟客观对象，在有利的条件下获取信息的思维方式。观察和实验都是一种有目的、有计划的积极思维活动，二者相互联系，观察是实验的基础，而实验又使观察得到的性质或规律得以重现或验证。观察和实验是数学思维的基本方式，在发现数学问题、探求解决问题的方法中都有重要作用。例如，对于韦达定理的教学，可以通过展示一组具体的一元二次方程，让学生在解方程的过程中去观察，从而发现根与系数的关系。中学数学中的许多内容，都可以引导学生去发现问题和结论。比如，对于三角形内角和定理、平行四边形性质、勾股定理、圆锥曲线的几何性质等内容，都可以不同程度地运用实验的方法发现其结论。

（二）分析与综合

在数学中，所谓分析，就是指由结果追溯到产生这一结果的原因的一种思维方式。用分析法求解数学问题时，经常是将需要证明的命题结论本身作为论证的出发点，进行逻辑证明，直到这个命题归结为已知的真命题。所谓综合，就是指从条件推导到由条件产生的结果的一种思维方式。用综合法证明数学问题时，一般是先找出适当的真命题，按照逻辑论证的步骤，逐步将这个真命题变形到我们需要证明的结论上去。人们在实际思考问题的过程中，分析与综合往往是结合起来使用的，分析中有综合，综合中也有分析。分析与综合有着很高的科学价值和认识价值，因为分析是通向发现之路，而综合是通向论证之路。

（三）演绎与归纳

演绎是由一般性前提条件推出特殊性结论的思维方式。一般地，根据已知的事实或真命题进行推理的方式都是演绎推理。演绎推理是数学证明中最常用的严格推理形式，它对于训练学生的技能、技巧，发展学生的逻辑思维能力有着重要的作用。归纳是通过对某类数学对象中若干特殊情形的分析得出一般性结论的思维方式。它分为不完全归纳和完全归纳两种类型。完全归纳属于数学证明的方法，而不完全归纳是数学发现中常用的方法。

　　完全归纳法也称枚举法，它是根据每一个 $M_i(i=1,2,\cdots,n)$ 均具有某种属性而推出 M 也具有这种属性，因而所得到的结论必定正确。例如，用圆内接三角形证明正弦定理，应分锐角、直角和钝角三角形这三种情况讨论，最后归纳出对任意 $\triangle ABC$，都有 $a/\sin\angle A = b/\sin\angle B = c/\sin\angle C = 2R$，$a=|BC|$，$b=|AC|$，$c=|AB|$，其中 R 是 $\triangle ABC$ 外接圆的半径。

　　不完全归纳法仅考察了事物的部分对象，就得出了关于事物的一般结论，因此结论带有猜测成分，所得的结果还必须经过严格的论证。但这一方法的主要意义在于发现问题，是数学创造性思维的一种基本方式，在数学解题中发挥着启发思路的重要作用。

（四）概括与抽象

　　所谓概括，就是摆脱具体内容，并且在各种对象、关系运算的结构中，抽取出相似的、一般的和本质的特征的思维方式。人们在对数学对象进行概括时，一方面必须注意发现数学对象之间相似的情境，另一方面必须掌握方法的概括化类型和证明或论证的概括化模式。如果这种概括机能以某种结构形式在个体身上固定下来，形成一种持久的、稳定的个性特征，这就是概括能力。所谓抽象，就是在大脑中舍弃所研究对象的某些非本质的特征，揭示其本质特征的思维方式。抽象是以一般的形式反映现实，从而是对客观现实的间接的、媒介的再现。抽象反映在思维过程中是善于概括归纳，善于抓住事物的本质。

（五）特殊化与一般化

　　在数学中，特殊化是指把所研究的数学问题从原来的范围缩小到一个较小范围或个别情形进行考察研究的思维方式。特殊化的思维有两个作用：一是可以得到新的数学问题；二是通过对特殊和个别的对象分析去寻求一般事物的属性，以获得关于所研究对象的性质或关系的认识，找到解决问题的方向、途径或方法。如特例、反例分析法等，都属于特殊化思维的情形。一般化是指将研究对象从原来范围扩展到更大范围进行考察研究的思维方式。一般化的思维也有两个作用：一是对数学问题或研究对象的一般化，以求得更具一般性的结论；二是对数学方法的一般化，寻求解决一类问题的普遍方法。

（六）判断与推理

　　所谓判断，就是反映对象本身及其某些属性和联系存在或不存在的思维方式。数学中的判断通常称为命题。掌握命题的结构、命题的基本形式及其关系，以及命题的充分条件和必要条件等都是数学判断的基本内容。所谓推理，就是由一个或几个判断推出另一个新的判断的思维方式。如果判断和推理机能以某种结构形式在个体身上固定下来，形成一种持久的、稳定的个性特征，这就是判断和推理能力。在数学中，不论是定理的证明、公式的推导、习题的解答，还是在实际工作中与数学有关的问题的提炼与解决，都需要推理能力。

（七）化归与映射

　　化归，是指将待研究的问题进行转化，通过解决转化后的问题去解决转化前的问题的思维方式。在数学教学中,化归几乎伴随着所有问题的解决。将未知化为已知,将复杂的问题化归为简单的问题,将整体问题分割为部分问题等,都是化归思维的具体体现。例如,解三元一次方程组,要通过两次消元,化归为一元一次方程来解决;计算题要通过法则来化归问题;而证明过程则是把求证不断地化归为已知命题的过程。映射是指关系映射反演原则。它是一种特殊的化归,是指把研究对象的关系(称为原像关系)转化(映射)成另一种对应关系(称为映射关系),再由后一种关系求得目标映像,然后通过逆映射反演回去得出所需结果的思维方式。其思维模式如图 4-1 所示。例如,解析几何的创立是映射法的成功应用。通过坐标系使点与数对之间建立对应关系,几何问题就转化为代数问题,达到利用代数方法来研究几何。在数学教学中,映射法包括换元法、坐标法、对数法、参数法、向量法、数形转化法、数学模型法和各种数学变换等。因此,映射法在中学数学中有广泛的应用。

$$原像关系\ R \xrightarrow{\text{(映射)}} 映射关系\ R'$$
$$求得原像\ x \xleftarrow{\text{(反演)}} 求得映像\ x'$$

图　4-1

二、中学生的数学思维发展特点

总的来看,在中学阶段,学生正处于长身体、长知识、形成世界观的时期,也是智力发展快速、个人意识倾向表现明显成长的关键时期。在这个时期,他们具有可塑性强、上进心强、求知欲强、精力充沛、脑神经反应敏捷等特点。但他们的思想感情易波动,缺少实践经验,缺乏克服困难的信心和持久的毅力,思维发展正处于形象思维向逻辑思维过渡的阶段。下面我们试图从关于数学思维发展的研究成果中梳理出中学生的思维发展特点。

最著名的莫过于皮亚杰(J. Piaget)关于儿童思维的发展水平的研究结论,这些结论都与素质教育密切相关,甚至直接影响素质教育的进程,对中学数学教学内容的选取、知识的编排和呈现顺序以及教师教学方法的选取都有直接的影响作用。皮亚杰认为思维操作具有可逆性、守恒性、系统性的特点。他以运算是否出现以及运算的不同水平作为衡量儿童智力发展水平的标准,划分了儿童认知发展的各个年龄阶段。

比如,刚出生至两岁左右(感知运演阶段)的儿童只能在具体活动中、具体事物上进行运算,不能在思维中进行运算。两岁左右至六七岁(前运演阶段)的儿童无法在思维上操作对象、抽象出关系,从思维结构上看缺乏可逆性。六七岁至十一二岁(具体运演阶段)的儿童开始具备运算能力,但不能脱离具体的情境,在很大程度上需借助具体对象进行操作。在这阶段,儿童具有掌握量的守恒、系统化、等量的传递等的能力,但对函数、排列组合、数学归纳法等概念的理解和掌握会有很大困难,不能进行数学的纯形式的符号演算,缺少抽象思维,全面协调、整体组织对象的能力。在十一二岁至十四五岁之间(对应中国的中学阶段,称为形式运演阶段),儿童已具备了类似成人的思维结构。他们有能力处理由假设提出命题这种思维对象,能够根据假设考虑问题,从假设推导结论。他们还能对命题进行运算,即推理,从而形成对运算的运算这种超越现实的能力。更重要的是,他们能够同时思考几个事物或一个事件的多种因素,理解复杂的概念,能对概念下定义,并系统地、有逻辑地进行推理。这清楚地说明,在中学数学教学过程中,对学生进行逻辑思维和形式演绎能力培养的合理性与科学性。但是,这种进化论的观点不能全部解释中学生学习概念和知识系统的复杂性,即任何高级运算阶段的思维是否仍有低级阶段思维的痕迹,或者说,儿童在某个近阶段学习某个数学概念或系统知识(比如几何证明)时,是否会同时经历皮亚杰所述的四个思维与智力的发展阶段。目前,更多的文献证实了这种数学思维过程的"滞后性",即儿童学习某个数学概念或知识体系时,仍然会同时重复皮亚杰的认知发展阶段。

荷兰学者范希尔(Van Hiele)夫妇在理论假设和教学实践两个方面进行了探索、实验和总结,建立了关于几何思维和教学的理论。他们将几何思维的发展划分为五个阶段,概括成一个比较完整的体系。这五个阶段是:① 直观水平;② 描述、分析水平;③ 抽象、关系水平;④ 形式演绎水平;⑤ 严谨水平。其整体含义是:思维发展不是一个连续的过程。区分不同性质的水平,说明思维发展是一个跳跃的阶段过程,思考能力在某一个水平上要停留一个时期。这些水平是分先后顺序、层次的。学生在某一水平上要达到理解和掌握,其先决条件是必须掌握前一水平的大部分能力。反之,学生在某一水平对某概念理解不深,到了高一级水平就可能理解清楚了。各水平之间的发展,不是依靠年龄的增长或身体的成熟,而主要是依靠教育来推动的。学生可以通过若干学习阶段取得进步,但是不可能绕过某一水平而向高层次发展。范希尔夫妇还针对上述的水平划分提出了相应的教学阶段的划分:查询—受定向指导的定向—明了—自由定向—综合。

总之,对于中学生的数学思维过程和特点,虽然有一些启发性的研究成果,但还没有真正有定论,得出的结论也有争议和歧义。但有几点是明确的:① 中学生的思维由直观形象向抽象逻辑思维转换,可塑性强,但思维能力发展须依赖直观和行动思维等;② 思维发展呈现出阶段性特征,但也具有跳跃性和螺旋性,并且历时性和共时性并存;③ 数学教育可以在某种程度上改进或提升思维的发展水平,但人类的生物成熟和进化程度以及大脑发育态势对学生思维水平的发展起着十分重要的约束和限制作用;④ 中学生学习不同的数学知识分支或者不同的概念、原理和思想方法,可能具有不同的思维发展过程和水平。

三、数学思维教学的基本原则

(一) 数学思维教学的严谨性原则

严谨性是数学科学的基本特点之一,它主要是指数学逻辑的严密性及结论的精确性。在中学数学理论中,严谨性主要表现在两个方面:一是概念(除原始概念外)必须定义,命题(除公理外)必须证明;二是在数学内容安排上,要符合学科内在的逻辑结构。这些内容具体体现在:

（1）每个数学分支所包含的数学概念都分为两类：原始概念和被定义过的概念。原始概念是一个分支学科中定义其他概念的出发点，其本质属性在该学科中无法用定义方式来表述，只能用公理来揭示；被定义的概念都必须有确切的、符合逻辑要求的定义。

（2）每个数学分支所包含的真命题也分为两类：公理和定理。公理是一个分支学科中被挑选出来作为证明其他真命题正确性的原始依据，其本身的正确性不加逻辑证明而被承认，但是它们作为一个体系，必须满足相容性(无矛盾性)、独立性和完备性；定理都必须经过逻辑证明。

（3）每个数学分支的概念和真命题按一定的逻辑顺序构成一个体系。在该体系中，每个被定义的概念必须用前面已知的概念来定义；每个定理必须由前面已知其正确性的命题推导出来。

（4）概念和命题的陈述以及命题的论证过程日益符号化、形式化。数学的严谨性是相对的，是逐步发展的。严谨性并不是各数学分支发展初期就有的，而是经历了漫长的非严谨的过程，才逐渐形成的。例如，欧氏几何学刚形成阶段是粗糙的和单凭经验的，也没有经过系统化，只是一些零星的个别问题的特殊解法。这是实验几何阶段。公元前3世纪，几何学家欧几里得在前人的基础上，按照严密的逻辑系统，编写了《几何原本》，奠定了几何理论的基础。但这时的《几何原本》仍然存在公理不够完整、论证有时求助于直观等的缺陷。直到19世纪末希尔伯特公理体系的建立，几何学才真正严谨起来。函数概念的发展也经历了七个发展阶段才逐渐严谨起来。因此，在这个意义上说，数学的严谨性确实是相对的。数学的严谨性还具有另一方面的相对性，从数学要适应社会、科技发展的需要上来说，侧重于理论的基础数学和侧重于应用的应用数学，二者对于严谨性的要求是不尽相同的，前者要求较高，后者要求相对低一些。

（二）数学思维教学的量力性原则

所谓量力性，简而言之就是量力而行。在掌握数学科学的严谨性方面，必须根据学生的知识水平和接受能力量力而行，这是由青少年生理与心理发展的阶段性所决定的。

（1）对数学严谨性的要求是随着认识能力的发展而逐步提高的。开始学习数学时，往往都是不够严谨的，理解上依赖于直观，解题中依赖于模仿。例如，在小学和初中的数学教材中渗透了集合与对应的思想，但直到高中阶段才做初步的研究。只有进入理性认识阶段，才能达到严谨性的要求。

（2）数学严谨性具有相对性。学生学习的数学知识是人类已经获得的认识成果，没有必要也不可能再重复人类原有的漫长认识过程。但学习本身是一种认识活动，必须遵循由低级到高级、由简单到复杂、由浅入深逐步深化的一般认识规律。由于中学数学的学时以及学生原有的基础知识与能力有限，所以中学生对数学严谨性的认识只是基本的和初步的。

（3）智力发展的可塑性很大。中学阶段正是青少年智力迅速发展的时期，中学生接受知识的能力有局限,但他们的可塑性也很大,应该充分估计到他们在认知上的潜力。美国著名心理学家布鲁纳(J. S. Bruner)指出:任何学科的基本原理都可以用某种形式教给任何年龄的任何学生。例如,高等数学的知识可以用直观的方式教给小学低年级的学生,通过游戏的方式也可以在幼儿园里讲授集合的知识。苏联教育家赞可夫(Занков Деонид Владимирович)也倡导以高难度和高速度进行教学,并由此形成两条教学原则。所以,数学教学不要消极适应学生的接受能力,而要恰当地诱发他们积极进取的精神,发挥他们的潜能,从而促进他们的认知能力的发展。

在数学教学中,主要通过下列各项要求来贯彻严谨性原则与量力性原则相结合:

(1)教学要求恰当、明确。根据严谨性与量力性相结合的原则,考虑到学生的认知发展规律以及多数学生学习数学的用途,妥善处理好数学学科体系与作为中学教育科目的数学体系之间的关系。例如,数学教学中数系的发展经历了"自然数—算术数—有理数—实数—复数"这样一个过程。它与科学数系的扩充过程"自然数—整数—有理数—实数—复数"是有区别的,而且数集中数的运算所满足的运算律,并不随着数的概念的扩充而逐个给予严格的推导,因为中学生还不具备这种逻辑推证要求的水平。事理本身既无误,学生又认为是自明的,证明反而会引起学生的困惑不解。因此,为了符合学生的认识规律,适应学生原有的知识基础和认识水平,对某些数学课题,可以分做几个阶段,逐步深化、精确化,适当降低数学的严谨性。例如,在讲授三角形的内角和定理时,可以通过拼凑三角形三个内角之和为一个平角的实验来引入,但不能让学生满足于这种验证,而忽视逻辑证明。

(2)教学中要逻辑严谨、思路清晰、语言准确。这就是说,在讲解数学知识时,要有意识地渗透形式逻辑方面的知识,注意培养逻辑思维,学会推理论证。数学中的每一个名词、术语、公式、法则都有精确的含义,学生能否确切地理解它们的含义是能否保证数学教学科学性的重要标志之一。由于学生理解程度又常常反映在他们的语言表达之中,所以应该要求学生掌握精确的数学语言和符号。例如,初中平面几何入门难,其主要原因是难以过好语言关、论证关。这是由于学生习惯于使用日常语言,不会使用数学语言,习惯于计算求解,不习惯于推理论证所造成的。只有通过教师的耐心启发、详细讲解,同时通过学生自己反复练习后才能逐步改善。为了更好地培养学生数学语言的准确性,教师在数学语言上要具有较高的素养。新教师在数学语言上要克服两种倾向:一是滥用学生还接受不了的数学语言和数学符号;二是把日常流行而又不太准确的习惯语言带到数学教学中。

(3)教学安排上要有适当的梯度,以利于有计划、有步骤地发展学生的思维能力。在教学中,应注意由浅入深、由易到难、由已知到未知、由具体到抽象、由特殊到一般地讲解数学知识;要善于激发学生的求知欲,但所涉及的问题不宜太难,不能让学生望而生畏。这样才能取得理想的教学效果。

总的来说,数学的严谨性是相对的,量力性是发展的,只有把二者有机地结合起来,确立恰当的教学深广度和准确的教学目标，并研究学生的知识基础、思维习惯、非智力因素和各种个性特征，运用分层次教学及个别化教学等方式，激发学生内在的学习动机，才能促进教学质量的提高。

第三节　数学思维与科学思维

一、科学思维

（一）科学思维的含义

科学思维一般指理性的认识过程，是大脑对客观事物间接的和概括的反映。思维的工具是语言，人们借助于语言把丰富的感性材料加以分析和综合，由此及彼、由表及里、去粗取精、去伪存真，从而揭示不能直接感知到的事物的本质和规律。

（二）科学思维的特点

科学思维区别于一般思维的特点包括以下五个：抽象性、形式性、精密性、确定性、分析性。

1. 科学思维的抽象性

科学抽象最主要的是从同类的事物中除去次要方面，抽取事物共同、本质的特征。科学抽象的直接起点是经验和事实，通过对各种经验和事实的比较、分析，排除事物的表象和无关紧要的因素，提取研究对象的普遍规律和因果关系加以认识，从而为解答科学问题和科学现象提供某种科学定律或一般原理。

2. 科学思维的形式性

科学思维以使用科学符号作为形式性的标志。科学符号既是科学思维确定性的形式化手段，又是科学思维抽象性的具体表现。形式化使科学思维更精确、更抽象，思维过程更有效，科学交流更方便，可以减少人们在科学研究中的思维负担，使一些科学概念和科学原理非常简洁、明确，从而使科学思维能从普遍性上和深刻性上去把握事物的本质。

3. 科学思维的精密性

科学思维是通过数学形式来达到精密性的，并用数学形式表征事物的本质。因为任何事物不仅具有质的规定性，同时也有量的规定性。科学思维总是希望用数学形式从量上来刻画事物的内在关系。科学思维的精密性始终是衡量科学认识发展水平的标尺。科学思维精密性的另一种表达就是简单性或简洁性。而数学方法恰好是一种形式化、简洁化的思维形式。

4. 科学思维的确定性

科学思维的过程是一个不断地从不确定性到确定性的过程。众所周知，哲学思维也具有抽象性特点。但哲学思维并不追求确定性，而是关注普遍性和包容性，它可以是"好像什么都说了,又好像什么也没说"。科学思维则是要消除人们经验认识中的不确定性。科学思维之所以具有确定性,是因为事物的本质和规律是确定的,不以人的意志为转移的。

5. 科学思维的分析性

科学分析贯穿科学思维的全过程,因为自然界的事物是以整体呈现于我们感性之前的,科学认识的任务就是凭借思维的力量去把握事物的组成部分。只有通过科学分析,科学思维才能从个别把握一般,才能突破作为感性整体的事物现象,把握事物抽象的本质。科学分析的实质就是把整体分解成部分,把复杂事物分解成各个要素,并对这些部分和要素进行研究。从认识论上讲,它是适合人们认识事物从简到繁、从局部到整体、从低级到高级的思维规律的。

(三) 科学思维的特征

1. 科学思维的理性思维特征

理性思维是在处理感性直观所获得的信息时所采取的思维方式。是用客观的方式,还是用主观的方式,都是思维对信息的加工处理,但思维的结果或结论是截然不同的。理性思维是在感性直观的基础上,经过界定概念、客观推理、科学判断后形成正确反映客观世界的本质和规律的认识过程。从古希腊自然哲学开始,人们就对理性思维预设了两个重要的前提:一是相信在纷繁复杂的现象世界背后存在不变的、可以认识的事物的本质和规律;二是相信人具备一种理性的认知能力,认为人类的思维与事物的存在在本质的意义上被同一,即正确的思维能反映事物的真实存在和本质。只要思维把握了事物抽象不变的本质,就等于认识和把握了现实存在的事物,从而达到认识的目的,获得确实可靠的知识。

2. 科学思维的逻辑思维特征

逻辑是科学思维的形式和工具,而科学思维需要创造出与科学发展相适应的科学逻辑,如形式逻辑、数理逻辑、辩证逻辑,使思维过程得以形式化、规则化和通用化;同时也要创造出科学语言系统,以克服自然语言的缺陷。通过科学术语来简洁地表达科学概念,通过科学符号来实现科学推理和运算过程,科学思维过程会变得更准确、更经济、更有效。

由此可见,科学思维是伴随着科学的进步而进步,跟随着科学的发展而发展的。它已经形成了与科学认识和科学研究的特点和规律相适应的范式以及独特的思维方式和方法,尤其对自然科学的研究领域更是如此。思维是有规律的,认识是有方法的。我们既要熟悉思维过程的一般规律,又要了解科学思维自身的特点。把握思维的规律是为了更好地认识客观世界,认识自然,从自然中得到自由,而不是像人类的祖先那样,面对自然束手无策,面对客观世界不知其所以然。

二、数学思维与科学思维的关系

数学思维与科学思维既有区别,又有联系。数学思维与科学思维都以大脑作为思维的物质基础,都是对客观世界的反映,都是由感性直观上升到理性思维的认知过程的高级阶段,都具有抽象性,都以逻辑和语言为工具。科学思维的核心是逻辑思维,而逻辑思维是数学思维的重要形式。数学思维是科学思维的灵魂,科学思维比数学思维居于更高层次的地位,它能使数学思维向更高、更深层次发展。其差异性表现在:数学思维既是理性的,也是非理性的,具有间接性、问题性、复合性、辩证性、独创性等特点;科学思维一定是理性的,它具有分析性、确定性、形式性、精密性和理论性等特点,具有自己的思维方式,有自身独特的思维工具和科学范式。

第四节　数学思维的培养

一、逻辑思维的培养

逻辑思维是有一定层次的,这是由数学中抽象与具体的相对性所决定的。这种相对性在中学数学教学中往往体现在新、旧知识的对比上。例如,在开方概念的教学中,结合着乘方概念,通过对比式来进行教学,乘方知识会显得比较具体。抽象逻辑思维总是以相对具体的内容为基础,通过逐级抽象达到更高的程度。比如,"数"到"式"的发展就经历了"数字关系式—简单的单项式—复杂的单项式—多项式——一般 n 次多项式"的不断抽象的过程。

在数学教学中,概括要明确,推理要严密,过程要清晰,不允许有任何含糊之处。正因为如此,数学教学才成为培养逻辑思维的重要途径。在数学教学中,培养和发展学生的思维能力,重视学生逻辑思维的发展,可以从以下两个方面入手:

(1)重视概念和原理的教学。数学概念、原理和方法是数学的核心内容,是学生进一步认识新对象、解决新问题的逻辑思维工具。如果没有系统的科学概念和原理作为前提,要进行分析、判断、推理等思维活动是困难的。因此,在数学教学中,必须把概念、原理的教学放在重要的地位。

(2)发展学生分析、综合、比较、抽象、概括的能力。数学思维过程就是分析、综合、比较、抽象、概括的过程。帮助学生学会分析、综合、比较、抽象、概括等思维方式,可使他们的抽象思维得到很大的发展。因此,在数学教学中,多让学生进行观察、思考,多让学生进行实际操作,多让学生自己抽象概括出定理、公式和法则,有利于学生分析、综合、比较、抽象、概括等能力的发展。

例1　设一单位正方形的边界上有两点 P,Q,连接 P,Q 的曲线将正方形分成面积相等的两部分,求证:连接 P,Q 的曲线的长度不小于1。

分析　将 P,Q 在正方形边上的情况分为三种:① P,Q 在对边上;② P,Q 在同一边上;③ P,Q 在邻边上。先证明 P,Q 在对边上结论成立,然后将②,③两种情况通过对称变换转换为第①种情形来证明。

(3)帮助学生掌握逻辑推理的方法。抽象逻辑思维是运用概念、判断进行推理的思维活动。学生在思维过程中能否按照逻辑规律进行正确的推理是抽象逻辑思维能否顺利进行的关键。在数学教学过程中,教师要有计划、有目的地结合具体的教学内容,选择合适的推理方法进行教学,使学生在学习过程中逐渐地掌握逻辑推理方法,如归纳法、类比法、演绎法、分析法、综合法、直接证法和间接证法等。

(4)帮助学生掌握逻辑推理的基本规律。抽象逻辑思维是按照逻辑规则进行的一种思维方式,这些逻辑规则在形式逻辑中表现为同一律、矛盾律、排中律和充足理由律。学生只有掌握了这些基本规律,在推理过程中才不会犯逻辑上的错误。

(5)重视数学语言的训练。语言是思维的主要工具,学生思维的发展是和他们语言的发展分不开的。学生若准确地掌握数学的词汇、常用的术语和解题的书写格式,他们的数学思维就越明确,系统性、逻辑性就越强。在数学教学中,要重视学生口头表达和书面语言的训练。

二、形象思维的培养

形象思维在数学活动中有着重要的作用。在数学发现活动中,抽象逻辑思维和形象思维常常是同时存在、相互作用的。众所周知,笛卡儿发明解析几何就是借助于形象思维。他借助曲线上"点的运动"这一想象得到"变量"概念和坐标系,把抽象的方程展示为直观的平面图形。

数学形象思维的载体是客观实物的原型或模型,以及各种几何图形、数学符号、图表、图像与公式等外部材料。这些材料表现出一定程度上的直观性,同时又具有高度的概括性。譬如,函数的性质可以通过直观的图像反映出来,使抽象的数学内容具体化,从而可以通过形象思维去理解抽象的内容。同时,图像又具有数学语言的功能,它可以反映某类函数的共性。在遇见判别某些函数的增减性问题时,学生脑海中出现的表象是与该函数同类的一般函数的图像,利用一般的、概括性较高的表象去进行思维,进而解决问题。因此,在数学活动中,形象思维也起着重要的作用。对抽象数学概念和关系,常常需要通过对抽象概念所反映对象的个别具体形象(图像)进行观察、比较,才容易习得。特别是在解决比较复杂的问题时,鲜明生动的形象常有助于学生思维的顺利展开。

例 2 设 a,b,c,x 都是实数,且 $a<b<c$,试求 $y=|x-a|+|x-b|+|x-c|$ 的最小值。

本例的解题方法有多种,我们可以从中找出学生最好理解的解法:

方法 1:用"零点分区"法,在每一段上讨论它的最小值,并进行比较分析。

方法 2:把它改写成分段函数,然后画出它的图像,从中找出它的最低点。

方法 3:利用绝对值不等式进行两次放缩。

方法 4:先把题目作形象改造:一条直街的 a,b,c 处,分别住着一位小朋友,他们要到何处集中,才能使 3 人走的总路程最少?最小值为多少?然后画数轴,比较一下,就会明白,当 $x=b$ 时,y 最小,最小值为点 a,c 间的距离,即为 $|a-c|=c-a$。

在数学教学活动中,培养学生的形象思维能力应注意以下几点:

(1) 注重从具体到抽象,从特殊到一般。学生虽然是学习前人已经积累的知识,但理解这些知识是通过思维来实现的。人们在思考的时候总是从具体、个别事物的认识出发。如果没有对个别事物的感知,也就不能有概括。例如,为了减少学生学习平面几何或立体几何的困难,教学中常采用具体形象思维这种方式。也就是说,在讲几何之前,以实验几何(直观几何)的形式让学生事先掌握一些属性,获得一些直接经验,再用这些知识去学习较为抽象的概念、公理、定理。

例 3　对平行线概念的教学,教学的过程如下:

第一步,先让学生辨认一些实物,如一段铁轨,门框的上、下两条边,等等。

第二步,分别找出实物的属性。比如,铁轨有属性:铁制的;可以看成两条直线;在同一个平面内;两条边可以无限延长;永不相交;等等。

第三步,通过比较可以发现,这些实物的共同属性是:可以抽象地看成两条直线;两条直线在同一平面内;彼此间距离处处相等。

第四步,最后概括出本质属性,得到平行线的定义。

(2) 帮助学生形成空间观念。空间观念是空间形式在大脑中的反映。数学中许多概念的理解,如长、宽、高、点、线、面、多边形、多面体、旋转体等,都需要以空间观念为基础。如果学生的空间观念不强,势必影响到对客观事物空间形式进行思维的能力。因此,在数学教学中,要贯彻直观性原则,通过实物、模型图表、关系式结构等的演示、观察,帮助学生形成图形表象或图式表象,然后借助图形,思考客观事物的空间形式及位置关系。

(3) 帮助学生开展想象活动。想象是对大脑中已有的表象进行加工改造,产生出新的表象的思维过程。想象是形象思维的重要表现之一。想象的发展可以促进形象思维的发展。因此,在数学教学中,应经常引导学生由图形想象出具体的表象,或由题设条件的语言表述构思出相应的几何图形或数学图式,再用数学符号加以形式化地表达;还应重视数形结合,帮助学生掌握用数形结合方法来思考和解决有关的数学问题。

(4) 培养学生审查全局的能力和捕捉事物本质特征的能力。形象思维是从整体上来研究对象的,要发展学生的形象思维能力,就必须提高他们全面地把握问题,高度地、联系地看问题的能力。在数学教学中,教师要有意识地安排一些有思考性的问题,让学生在解决问题时,仔细地审查问题的条件和结论,全面地考虑条件中可能存在的各个方面,从各个角度去揭示知识之间的联系,达到全面认识。形象思维是在对对象做过总体上的观察、分析后,直接洞察到事物的本质,做出假设的思维过程。因此,发展学生的形象思维,就要培养他们在众多事物中捕捉事物的本质特征的能力,这样才有可能直接洞察到事物的本质。在数学教学中,教师应适当安排一些技巧性、思考性比较强的问题,让学生通过观察、分析来抓住问题的本质,使问题迅速获得解决。

例 4　鸡、兔同笼共 300 只,共有 1000 只脚,问:鸡、兔子分别是多少只?

对于此例题,有的学生不用设未知数、列方程便能解答,因考虑到:若所有的鸡同时抬起一只脚,而兔子抬起两只脚,这时鸡、兔落地的脚共 500 只。据此马上就可能产生顿悟,得到兔有 $500-300=200$ 只,故鸡有 100 只。

(5)多让学生练习观察。形象思维需要具有敏锐的观察力,因为有了敏锐的观察力就有利于他们全面、深入地考查问题,有利于在观察过程中抓住其主要特征和发现对象或现象中的微小变化。因此,要发展学生的形象思维,就必须培养学生的观察能力。教师要结合教学内容有意识的对学生进行观察的训练,教会他们观察的方法。

(6)鼓励学生猜想。创造条件让学生猜想是培养学生形象思维的一个重要途径。学生在猜想过程中,必须动用所有的有关知识和经验,必须抓住事物的本质和内在联系,必须从整体方面加以思考和探索。学生如果经常进行这方面的锻炼,形象思维必然会得到发展。在数学教学中,教师应有意识地编制一些问题让学生猜想。

形象思维是以抽象逻辑思维为基础的,只有对学生做了逻辑思维的训练,并且在学生掌握了相当数量的基本知识和基础理论之后,才适宜进行形象思维的训练。形象思维与逻辑思维是相互补充的。有时,按逻辑思维对某个问题进行较长时间的思考后,仍百思不得其解,可以借助形象思维对问题的结论做出判断,但其判断正确与否,还须用逻辑思维进行验证。

三、创新思维的培养

(一)创新思维

创新思维,是指具有创新精神的人捕捉到新颖、有价值的信息并把它输入大脑后,进行分析、整理,抓住事物的本质,通过研究、推理、判断,形成新颖、独创、科学的解决问题的办法、方案、计划或观点的思维过程。创新思维是由形象思维、集中思维、发散思维和灵感思维结合后组成的高级思维。

美国著名心理学家吉尔福特(J. P. Guilford)在总结大量关于培养创新思维的文献和实践基础上认为,培养创新思维的基本途径有:拓宽问题;分解问题:问题越具体越好,越明确越好,可以增加问题解决的机会;常打问号:不断发问,形成提问的习惯,在解决问题的不同阶段根据不同特征提不同的问题;快速联想与中止判断;延长努力;列举属性;形成联系:使两种不同的事物联系起来,产生意想不到的效果;尝试灵感:对某一问题停止思考,但仍然保持解决问题的愿望,可能会有灵感产生。美国心理学家弗里德里森(Frederickson)认为,培养创新思维包括以下内容:酝酿:创新思维解决问题不同于分析式的一步步过程,应该避免立即形成结果,应该多反思,所以在教学过程中,教师不要给学生过多的时间压力,应该更注重学生思想的巧妙性和细致性,而非速度;中止判断:在创新过程中,鼓励学生在尝试完所有的可能性后再做判断;适当的气氛:轻松活泼的气氛是最好的催化剂;分析:分析和列出问题的主要特征和具体要素;思维技能:教师应该教一些解决问题的方法,让学生模仿;

反馈：最有效的方法是提供大量不同的实践，并给实践提供反馈，不仅对正确性要反馈，对过程也要反馈。

（二）创新思维特点

创新思维的本质特征是新颖性，它不同于一般思维活动，而在于要打破常规解决问题的方法，将已经有的知识或经验进行改组或重建，创造出个体所未知或社会前所未有的思维成果。创新思维是创造性想象积极参与的结果，灵感状态是创新思维的一种典型特征。与一般思维相比，创新思维主要有以下几个特点：

（1）独特性。创新思维的独特性是指产生不寻常的反应和打破常规的那种能力。它主要表现在思维的方式、思维的角度、思维的层次、思维的深度、思维的广度等方面与一般的思维有所差别。

（2）抗压性。创新思维产生的观点、方案、计划会因与别人的不一样而遭到反对、抑制，而创新思维不会因为这些原因而改变或灭亡，反而会更完善、更科学。

（3）实践性和综合性。实践是创新的基础，创新思维产生的观点、方案、计划只有在实践中才能得到检验，进而才能产生更多的精神和物质财富。创新思维在实践中不断更新、完善，并且创新思维不是被动的改变，而是主动的适应。创新思维是站在"巨人肩上"的思维，即把许多前人的理论观点吸收过来进行整理、综合，使之成为思维的材料，加快自己的思维进程，同时还对自己思维过程中的观点进行综合，加强其条理性。

（4）全面性和多向性。创新思维克服了传统思维的片面性和狭隘性。面对现象，创新思维不但考虑表面的东西，更考虑其本质的东西，观察现象的各个方面，并且这种思维不定期由此及彼，联系思维中相近的、类似的或相反的东西。创新思维不仅仅局限于它所面对的现象和已经确定的思维目标，它的思维过程不是单向的，而是多向的，所产生的观点、设想、方案也不是单一的，而是多种多样的。

（5）飞跃性。创新思维在运行过程中经常会产生灵感，从而一个意外的设想会突然冒出来，使工作出现突破性进展。这种飞跃性的创新思维在许多发明家的思维过程中经常出现。

由此我们知道，创造或创造性活动最显著的特点是独创性，即新奇独特，前所未有。在这里有必要指出，独创性是相对的。对于科学家，这种独创性是对全人类在某类问题上总的成果而言的；而对学生来说，尽管他们发现的或许是人们早已熟知的东西，所创造出来的产物并无社会价值，但就其自身来说也是对某种新东西的发现或发明，对其智力发展有着积极的作用，是有价值的，其思维过程是创造性的。弗赖登塔尔认为，学习数学的唯一方法是实行"再创造"，也就是由学生本人把要学的东西发现或创造出来，教师的任务是引导和帮助学生进行这种再创造的工作，而不是把现成的知识灌输给学生。教师应塑造自主探索与合作交流的学习环境，让学生自主探索，有充分的时间和空间去观察、测量、动手操作，对周围环境和实物产生直接的感知，发现和创造所学的数学知识。只有这样才能使数学观念与意识在自主探索中生成、发展,在合作交流中有机会得到分享和巩固。因此,创新思维不仅存在于科学研究的最前沿,而且存在于学生的数学学习过程之中。

(三) 培养学生创新思维

创新思维是逻辑思维与非逻辑思维的综合,既有逻辑思维的成分,又有非逻辑思维的成分,是一种非常复杂的心理和智能活动。这种思维以它的效果是否具有新颖性、独创性、突破性与真理性为检验标准。数学创新思维发挥了大脑的整体工作特点和下意识活动能力,发挥了数学中逻辑思维和形象思维的作用,因而能按最优化的数学方法和思维,不拘泥于原有理论的限制及具体内容和细节,完整地把握数与形有关知识之间的联系,实现认知过程的飞跃,从而实现数学创造。

新课程标准提倡独立思考、自主学习、合作交流等多种学习方式,以激发学生学习数学的兴趣,帮助学生养成良好的学习习惯,促进学生实践能力和创新意识的发展。

1. 中学数学创新思维应达到的目标

中学数学创新思维应达到的目标是:能用新的观念、新的方法去探索新的数学关系和数学结构,追求解决问题的方式、方法或结果的新颖独特;能及时改变原有的思维进程和方向,克服大脑中思维定式的消极影响,寻找解决问题的新途径;能缩短运算环节和推理过程,甚至舍弃中间环节,直接获得对事物本质的认识;能勇于进行数学反驳,敢于对权威的观点提出异议。

2. 培养数学创新思维的基本途径

(1) 转变观念,鼓励进行数学推广,提倡问题解决多样化。

教师可以让学生多尝试,根据学生的心理特点和教育规律,把学生的主体地位和教师的引导作用结合起来,通过环境创设、尝试操作和学生的互动作用,让学生在自己的摸索中找到答案,从而激发学生的创新兴趣,了解创新方法,培养创新精神。传统的课堂教学模式是"教师讲,学生听",这种模式像一根无形的绳索束缚着教师和学生,忽视了学生的主体地位,扼杀了学生的好奇心和创新思维。教师应该让学生成为思维的主体,变"先讲后练"为"先尝试发现,再学习训练";变"学生跟着教师转,教师抱着学生走"为"教师顺着学生引,学生试着自己走"。在教学中,教师应该以学生为思维中心,教师的作用是给学生创造尝试的条件,引导学生的思维朝创新的方向发展。这样,学生的主体地位被突出,创新思维有了发展的空间,创新的兴趣也越来越浓,创新能力也越来越强。

在所有的数学发现与数学创造中,通过推广而获得的新概念、新理论和新方法等新的发现与创造占半数以上。数学推广可使数学结论(或概念)更具抽象性和统一性,从而更加揭示数学对象的本质及不同对象间的联系。而对数学对象本质的揭示正是数学发现所追求的重要目标。实践表明,学生掌握了推广的方法,就等于掌握了探索数学未知领域的一种极为重要的手段。

鼓励解决问题策略的多样化,就是要让学生成为数学学习的主人,把思考的空间和时间留给学生。教师工作贵在启发,重在信任,让学生有表现自己才能的机会。学生是数学学习的主体,教师要引导学生主动学习。所谓主动学习,就是强调学习数学是一个学生自己经历、理解和反思的过程,就是强调数学学习是以学生为主体的学习活动。这对学生理解数学知识是十分必要的。学生学习数学不应当是被动地吸收课本上的现成结论,而应当是一个学生亲自参与的、充满丰富思维活动的实践和创新过程。具体地说,学生应该从他们的经验出发,在教师帮助下自己动手、动脑做数学,逐步发展创新地解决问题的能力。不同的学生有不同的思维方式、兴趣爱好、发展潜能,教学中应关注学生的这些个性差异,允许学生思维方式的多样化和思维水平的不同层次。例如,在用火柴棒搭正方形的活动中,首先提出搭一个正方形需要 4 根火柴,再通过让学生动手操作,看搭建 $2,3,\cdots,10$ 个正方形需要多少根火柴棒(见图 4-2),进而探索搭建 100 个正方形需要多少根火柴棒。在探索的过程中,由于学生思维的方式不一样,所以归纳出的表达式也不相同,比如 $4+3(x-1),x+x+(x+1),1+3x,4x-(x-1)$ 等。当 $x=100$ 时,$1+3x=1+3\times100=301$。由于学生生活背景和思考角度不同,所使用的方法必然也是多样的,教师应尊重学生的想法,提倡思维方式多样化;应引导学生通过比较各种方法的特点,选择适合于自己的方法。

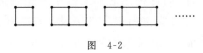

图 4-2

(2) 鼓励进行数学猜想。牛顿(Newton)说过:没有大胆的猜想,就做不出伟大的发现。数学猜想是数学创造由隐到显的中介,提出数学猜想的过程本质上仍然是数学探索和创造的过程。因此,加强数学猜想的训练,培养学生提出数学猜想的能力,对于发展学生的创新思维具有十分积极的作用。一般来说,知识经验越多、想象力越丰富、提出数学猜想的方法掌握得越熟练,猜想的置信度就越高。例如,考虑"轴对称图形"的教学设计。首先,出示松树、衣服、蝴蝶、双喜等图形,让学生讨论这些图形所具有的性质;其次,鼓励学生猜想,并得出"这些图形都是沿一条直线对折,左、右两侧正好能够完全重合……"这便是"轴对称图形"的概念;再次,为了加深学生的理解,在学习了轴对称图形后,还可以让学生以互相提问的方式列举生活中的轴对称图形(比如数字、字母、汉字、人体、教室的物体等)。

(3) 鼓励进行数学反驳、逆向思维。反驳也是一种数学创造,是促进数学发展的强大动力。因此,把批判的思想引入数学的学习之中,鼓励学生进行数学反驳是数学教学的任务之一。通过逆向思维的训练,可以改变思维习惯,可以得到许多创新的灵感。培养逆向思维,有两种方法:① 把事物的作用过程倒过来思考。受思维习惯的影响,人们思考问题时往往沿着固有的思维定式和思维程序去进行,顺着事物发展和作用的正常程序去进行。逆向思维弥补了常规思维的不足,对于变量多而复杂的重大问题,常常能取得满意的解决方法。② 把结果倒过来思考。逆向思维将结果倒过来思考,可获得常规思维发现不了的新出路、新方法、新结果。

（4）鼓励进行数学想象。数学史上许多重大的成就都借助于数学想象。生活在三维空间的数学家，通过想象，其思想可以在无穷维空间中驰骋，构造出一个个抽象数学模型，发现一个又一个定理。教师要善于遵循认知规律，通过联想训练培养学生丰富的想象力。在数学教育中，通过联想训练，既能使学生摆脱思维的单一性、呆板性和习惯性，又能促进形象思维向逻辑思维转化，提高创新能力。如果缺乏想象力，不敢大胆地去猜想，再多的知识也只能是一潭死水。

（5）拓广学生的知识面。为了提高学生的数学创新思维能力，造就未来数学创新型人才，应当拓广学生的知识面，改变他们的知识结构，使他们成为既具有一定的数学专业知识，又掌握数学的思想方法与思维方式，还具有一定的哲学、文学、艺术修养的人。

（6）引导学生适当参加科研活动。适当参加科研活动不仅有利于深化学生对学习内容的理解，而且有利于学生对学习提出更高层次的要求。另外，在科研实践中，学生的观察问题能力、分析问题能力、创新思维能力和解决问题能力都会得到提高。

（7）重视创新意志品质的培养。科学创新活动要获得成功并取得光辉的成就，需要有百折不挠的坚强意志和献身精神，而这种意志品质和献身精神需要教师在教学工作中有意识地对学生加以培养。数学学习需要付出艰辛的劳动。数学虽然被誉为美的乐园，但是并不是任何人都有这方面的鉴赏能力，能发现数学中的美。在学习数学的过程中，常常会遇到许多困难，优秀的数学教师会鼓励学生，会让他们懂得要想在创新的道路上取得成功，必须要有顽强的毅力。

（8）创设问题情境。优秀的数学教师在教学中不仅有严密的逻辑推演，还会创设问题情境，激发学生的创新情绪，点燃学生的智慧火花，让学生在实践的过程中，根据自己的体验，用自己的思维方式重新创造出各种证明方法、运算法则，发现各种定律。这样，学生的创造力就会得到很好的培养。教学中要给学生提供自主探索的机会，让学生在讨论的基础上发现问题和解决问题；要安排适量具有一定探索意义和开放性的问题，给学生比较充分的思考空间，培养学生乐于钻研、善于思考、勤于动手的习惯，让学生有机会在不断探索与创新的氛围中发展解决问题的能力，体会数学的价值。

（9）改进测试方法和评价标准，促进学生创新思维的发展。在具体的评价方式上，可通过学生自评、学生互评及小组评价等多种形式进行。在考核形式上，也要打破传统教育中考试形式单一化的特点。书面考试固然是一种省时、简捷的考核形式，但这种考核形式往往只限于考查学生对已学知识掌握的情况，而这些知识是否真正为学生所吸收，并转化为能力，是很难通过书面考试的形式体现出来的。因此，除采用闭卷书面考核形式外，教师还可以根据学生所学知识的具体情况，选用其他的考核形式，如口试、开卷考试及实践能力考试等。但不论采取何种考核形式，其要点在于这种考核形式能否全面检验学生的知识水平和能力，尤其是学生的创新能力。通过丰富多样的评价、考核形式，可以促使学生开放性个性和创新意识、创新精神的形成。

在诸多思维品质中，创新思维品质是最可贵的，创新是时代的要求。创新意识是指学生创新的欲望和信念，是一种对所学知识的灵活运用和高超驾驭基础上的创新，从中可体现出思维的批判性、深刻性、敏捷性、创造性和解题的艺术性。

创新思维是整个创新活动智能结构的关键，是创造力的核心。创新思维的培养是创新教育的重中之重。原教育部副部长韦钰说过：我们有很多知识，但我们缺少创新激情，所以创新不是知识的积累，而是在激情下自觉思维，而这种激情产生于热爱、追求、奋斗和奉献。因此，培养创新思维就是培养观察问题、发现问题、独立思考解决问题的能力以及对真理的追求和热爱的积极性与责任感。可见，创新思维的培养已经成为教育界的一个热点问题。"为创新而教"已成为学校的主要目标之一。

思 考 题 四

1. 什么叫作数学思维？数学思维有何特点？
2. 举例说明如何培养学生的逻辑思维。
3. 什么是科学思维？科学思维有何特点？
4. 数学思维教学应遵循什么原则？
5. 培养学生数学创新思维的基本途径有哪些？

本章参考文献

[1] 郑毓信,肖柏荣,熊萍. 数学思维与数学方法论[M]. 成都：四川教育出版社,2001.

[2] 喻平,孙杰远,汤服成,等. 数学教育学导引[M]. 桂林：广西师范大学出版社,1998.

[3] 张奠宙,李士锜,李俊. 数学教育学导论[M]. 北京：高等教育出版社,2003.

[4] 赵继源. 数学教学论[M]. 桂林：广西师范大学出版社,2005.

[5] 马文保. 科学思维探究[M]. 西安：陕西人民出版社,2006.

[6] 翁凯庆. 数学教育概论[M]. 成都：四川大学出版社,2007.

第五章

中学数学能力与教学

> 本章主要通过揭示数学能力的内涵,介绍数学一般能力、数学特殊能力和数学实践能力的具体定义以及数学教学中如何培养各种数学能力。在此基础上,还讨论了数学能力的性别差异。

人们越来越清醒地认识到在数学教学中不但要向学生传授知识,而且要努力培养学生的数学能力,发展学生的智力和提高学生的数学素养,以满足社会对学生可持续发展和终身学习的要求。因此,关于数学能力的研究已成为数学教育的一项重要课题。

第一节　数学能力的定义

一、能力与数学能力的定义

能力通常是指完成某种活动的本领,包括完成某种活动的具体方式以及顺利完成某种活动所必需的个性心理特征。能力是在人的生理素质的基础上经过后天教育与培养并在实践活动中形成和发展起来的。由于个体后天的教育环境与活动的不同,能力通常具有个体差异。传统心理学通常把能力分为一般能力和特殊能力。一般能力是在各种活动中表现出来的基本能力,如观察能力、注意能力和记忆能力等。特殊能力是在某种专业活动中表现出来的能力。一般能力与特殊能力是有机地联系在一起的,一般能力的发展为特殊能力的发展创造条件;而特殊能力的发展又促进一般能力的发展。

数学能力是顺利完成数学活动所具备的而且直接影响其活动效率的一种个性心理特征。它是在数学活动中形成和发展起来的,是在这类活动中表现出来的比较稳定的心理特征。数学能力按数学活动水平可分为两种:一种是学习数学(再现性)的数学能力;另一种是研究数学(创造性)的数学能力。前者是指数学学习过程中迅速而成功地掌握知识和技能的能力,是后者的初级阶段,也是后者的一种表现,它主要存在于普通学生的数学活动中;而后者是指数学科学活动中的能力,这种能力可以产生具有社会价值的新成果或新成就,它主要存在于数学家的数学活动中。在学生的数学活动中,往往会经历重新发现人们已经熟知的某些数学知识(如公式、定理)的过程,这对学生自己来说的确是一种新发现,实际上与数学家的发明具有同样的性质,只是二者在程度深浅和水平高低上有着差异而已。从发展的眼光看,数学家的创新能力也正是在其学习数学时的这种重新发现和解决数学问题的活动中逐步形成和发展起来的。在中学数学教学中,通常所说的数学能力包括学习数学的能力和这种初步的创新能力,并且这种创新能力的培养已越来越引起人们的重视。因此,在中学数学教学中不能把两种数学能力截然分开,而应用联系和发展的眼光看待它们,应该综合地、有层次地进行培养。

二、数学能力与数学知识、技能的关系

(一)数学知识的内涵

数学知识由两种成分组成:客观的数学知识(显性)和主观的数学活动经验(隐性)。客观的数学知识是指那些客观的数学事实,如数学命题、数学思想、数学方法、数学问题和数学语言等。它们只是数学知识的一部分,只不过由于我们将显性知识当成知识的全体,所以就没有突出它们的"显性"特征。主观的数学活动经验是指从事数学活动的过程中内潜于个体的对于数学的体验及认知模式,主要涉及伴随活动过程的体验性、策略性及元认知知识。它包含了对数学的情感态度和价值观以及对数学美的体验,也包含了渗透于活动行为的数学思考、数学意识、数学观念、数学精神等,还包含了处理数学对象的成功思维方式以及思考抽象概念的成功思维方式等。由于数学活动经验的缄默状态和不明晰、不可表述性,它经常不为人们所注意。但是,这并非说明数学活动经验在数学知识中就没有价值。相反的,它是非常重要的一种知识类型,它支配着相当数量的数学认知活动。在很多情况下,数学活动经验都是个体获得显性数学知识的向导和背景知识。

(二)数学技能的内涵

数学技能是指通过练习而形成的、顺利完成数学活动的一种动作方式,往往表现为完成数学任务所需要的动作协调和自动化。数学技能也可以分为动作技能和心智技能两种,但主要是心智技能。心智技能是一种活动方式,属于心理活动经验,解决的是完成活动时会不会及熟练不熟练的问题,它具有动作对象的观念性、动作执行的内潜性、动作结构的简缩性等特点。中学阶段的数学基本技能具体表现为能够按照一定的程序与步骤进行运算、处理数据(包括使用计算机)、简单的推理、画图、绘制图表、数学交流等。

(三)数学能力与数学知识、数学技能的关系

数学能力与数学知识、数学技能之间是相互联系又相互区别的。概括来说,数学知识是数学经验的概括,是个体心理内容;数学技能是一系列关于数学活动的行为方式的概括,是

个体操作技术;数学能力是对数学思想材料进行加工的活动过程的概括,是个体心理特征。数学技能以数学知识的学习为前提,在数学知识的学习和应用过程中,通过实际操作获得动作经验而逐渐形成,并且对知识学习产生反作用。数学技能的形成可以看成深刻掌握数学知识的一个标志。作为个体心理特征的数学能力,是对数学活动的进行起稳定调节作用的个体经验,是一种内化了的经验。而经验的来源有两方面:一是数学知识习得过程中获得的认知经验;二是数学技能形成过程中获得的动作(包括外化的操作性动作和内潜的心智动作)经验。而且,数学能力作为一种稳定的心理结构,要对数学活动进行有效的调节和控制,必须以数学知识和数学技能的高水平掌握为前提,理想状态是数学技能的自动化。数学能力心理结构的形成依赖于已经掌握的数学知识和数学技能的进一步概括化和系统化,它是在实践的基础上,通过已掌握的知识、技能的广泛迁移,在迁移的过程中,通过同化和顺应把已有的知识、技能整合为结构功能完善的心理结构而实现的。简言之,数学知识是形成数学技能的基础,数学知识和数学技能又是形成数学能力的基础,且数学技能是从数学知识掌握到数学能力形成和发展的中间环节;反过来,数学能力的提高又会加深数学知识的理解和数学技能的掌握。

第二节　数学能力的成分结构

对数学能力的认识是一种发展的过程。首先,数学学科本身在发展,这种发展改变人们的数学观,使人们对数学本质的认识有更深刻的理解,从而导致人们对数学能力含义的理解发生变迁。现代数学的理论与思想对传统数学带来巨大冲击,这些新的理论和思想渗透在数学教育中,使数学教学内容的重心转移,数学能力成分及结构也随之解构与重建。其次,社会的进步、科学的发展使数学教学目标不断有新的定位,这必然导致对数学能力因素关注焦点的改变。再次,随着心理学研究理论的不断深入,研究方法的不断创新,对数学能力的因素及结构有着不同角度的审视。正是由于以上原因,所以到目前为止,对数学能力的成分结构还没有形成统一的认识。但这并不妨碍人们力图经由不同的视角剖析数学能力的含义。

一、数学能力成分结构概述

苏联心理学家克鲁捷茨基曾对中小学生数学能力结构进行了长达 12 年的研究。他通过对各类学生的广泛实验调查,系统地研究了数学能力的性质和结构。他认为,学生解答数学题时的心理活动包括以下三个阶段:① 收集解题所需的信息;② 对信息进行加工,获得一个答案;③ 把有关这个答案的信息保持下来。与此相适应,克鲁捷茨基提出中小学生数学能力成分的假设模式,列举中小学生数学能力的九个成分:① 概括数学材料的能力;② 能使数学材料形式化,并用形式的结构,即关系和联系的结构进行运算的能力;③ 能用数字和其他符号进行运算的能力；④ 连续而有节奏的逻辑推理能力；⑤ 能用简缩的思维结构进行思维的能力；⑥ 从正向思维到逆向思维的能力；⑦ 从一种心理运算过渡到另一种心理运算的能力；⑧ 数学记忆能力；⑨ 形成空间概念的能力。这九种能力，总结起来就是形式化的抽象、记忆、推理能力。

我国林崇德教授主持的"中小学生能力发展与培养"实验研究，从思维品质入手，对数学能力结构做了如下描述：数学能力是以概括为基础，将运算能力、空间想象能力、逻辑思维能力与思维的深刻性、灵活性、独创性、批判性、敏捷性所组成的开放的动态系统结构。他以数学学科传统的"三大能力"为一个维度，以五种数学思维品质（思维的深刻性、灵活性、独创性、批判性、敏捷性）为一个维度，构架出一个以"三大能力"为"经"，以五种数学思维品质为"纬"的数学能力结构系统。"三大能力"与五种数学思维品质不是并列关系，而是交叉关系，这种交叉关系形成 15 个交叉点以及上百种表现形式，其中概括是数学能力的基础。进一步，林崇德对这 15 个交叉点做了细致的刻画。比如，逻辑思维能力与思维的独创性的交汇点，其内涵是：① 表现在概括过程中，善于发现矛盾，提出猜想给予论证；善于按自己喜爱的方式进行归纳，具有较强的类比推理能力与意识。② 表现在理解过程中，善于模拟和联想，善于提出补充意见和不同的看法，并阐述理由或依据。③ 表现在运用过程中，分析思路、技巧运用独特新颖，善于编制机械模仿性习题。④ 表现在推理效果上，新颖、反思与重新建构能力强。

胡中锋采用经典测验理论与项目反应理论相结合，以及探索性因素分析与验证性因素分析相结合的方法，对高中生的数学能力结构进行了研究。该研究在广东省抽取了近 2000 名被试，其中有效被试 1291 人。首先，编制了中学生数学成就测试量表，采用先进的测量方法对量表的质量进行了分析，保证了量表的高信度和高效度。然后，将 1291 名被试随机分成两组，在研究中采用传统的因素分析方法进行探索性因素分析，抽取的因子数为 2～6；再用现代统计方法中的验证性因素分析方法对每一种假设进行验证，结果得出了高中生数学能力结构的四因素模型，其中四因素为逻辑运演能力、逻辑思维能力、空间思维能力、思维转换能力。

李镜流在《教育心理学新论》一书中表述的观点为：数学能力是由认知、操作、策略构成的。认知包括对数的概念、符号、图形、数量关系以及空间关系的认识；操作包括对解题思路、解题程序和表达以及逆运算的操作；策略包括解题直觉、解题方式及方法、速度及准确性、创造性、自我检查、评定等。

郑君文、张恩华在《数学学习论》中写道："数学能力由运算能力、空间想象力、数学观察能力、数学记忆能力和数学思维能力五种子成分构成。"王岳庭等提出了五种数学能力成分构想：数学抽象能力、数学概括能力、数学推理能力、数学语言应用能力、数学直觉能力。此外，张士充从认识过程角度出发，提出数学能力的四组八种能力成分：观察、注意能力，记忆、理解能力，想象、探究能力，对策、实施能力。喻平从斯滕伯格（R. J. Sternberg）的智力三元理论中得到启示,重构数学能力结构的三个层面:① 数学元能力,即自我监控能力;② 共通任务的能力:数学阅读能力、概括能力、变换能力、逻辑思维能力和空间思维能力;③ 特定任务的能力:数学发现能力、数学解题能力、数学应用能力和数学交流能力。

二、我国数学教育关于数学能力观的变化

1963 年,《全日制中学数学教学大纲(草案)》指出"三大能力"的教学理念,是我国数学教学观念的重大发展。从 1960 年开始,"双基"和"三大能力"一直作为我国数学教学的基本要求。

1978 年、1982 年、1986 年、1990 年、1996 年的中学数学教学大纲中关于能力的要求方面,进一步注意到解决实际问题的能力,因此,在以上"双基"和"三大能力"之外,又提出了"逐步形成运用数学知识来分析和解决实际问题的能力"。1996 年的中学数学教学大纲,将"逻辑思维能力"改成"思维能力",理由是数学思维不仅是逻辑思维,还包括归纳、猜想等非逻辑思维。1997 年以后,创新教育的口号极大地促进了数学能力的研究,于是 2000 年的中学数学教学大纲关于能力的要求,在上述基础上又增加了创新意识的培养。

进入 21 世纪,由于数学教育的需要,我国在《标准 1》和《标准 2》中提出了数学教学的许多新理念。它们突破了原有"三大能力"的界限,提出了数学学科核心素养,包括数学抽象、逻辑推理、数学建模、直观想象、数学运算和数据分析;在此基础上,注重培养学生从数学角度发现和提出问题的能力、分析和解决问题的能力,提高学生学习数学的兴趣,增强学生学好数学的自信心,帮助学生养成良好的数学学习习惯,发展学生自主学习的能力;树立敢于质疑、善于思考、严谨求实的科学精神;不断提高实践能力,提升创新意识。

三、数学能力的成分结构

数学能力是在数学活动过程中形成和发展起来,并通过该类活动表现出来的一种极为稳定的心理特征。研究数学能力也应从数学活动的主体、客体及主客体交互作用方式三个方面进行全方位考察。就数学活动而言,对活动主体的考察主要立足于对主体认知特点的考察,对客体的考察主要是对数学学科特点的考察,至于主客体交互作用方式则突出表现为主体的数学思维活动方式。因此,对数学能力成分的把握最终取决于对主体认知特点、数学学科特点、主体数学思维活动方式的全面理解。

数学活动包含以下心理过程:知觉、注意、记忆、想象、思维。因而,在数学活动中形成和发展起来的数学观察能力、数学注意能力、数学记忆能力、数学想象能力、数学思维能力也就必然构成数学能力的基本成分。需要指出的是,这里所说的数学能力成分有别于一般意义下的能力,如数学观察能力是指从"数"和"形"的角度去观察、寻求事物的具有数学意义的本质特征与内部规律的能力,数学记忆能力则是指记忆特定的数学符号、抽象概括的数学原理和方法、形式化的数学关系结构的能力。

就数学学科特点、主体数学思维活动特点来分析,数学能力指用数字和符号进行运算,对形式化结构进行变换的能力(运算能力);对空间形式及其符号表示进行想象,形成空间概念及空间关系的能力(空间想象能力);对数学对象及其关系进行抽象概括,从事数学推理(包括逻辑推理、合情推理等),进行思维转换的能力(数学思维能力),以及在此基础上形成的数学问题解决能力。

综合国内外研究成果和我国数学课程对学生能力培养的要求,我们提出如图 5-1 所示的数学能力成分结构模型。

数学观察能力、数学注意能力、数学记忆能力是主体从事数学活动的必然心理成分,因此是数学能力的必要成分,我们将其称为数学一般能力;而运算能力、抽象概括能力、推理能力、空间想象能力、数据处理能力则体

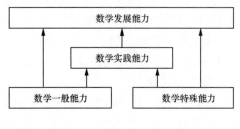

图　5-1

现了数学学科的特点,是主体从事数学活动而非其他活动所表现出来的特殊能力,我们将其称为数学特殊能力。数学一般能力和数学特殊能力共同构成数学能力的基础,同时二者又是构成数学实践能力这一更高层次的数学能力的基础。数学实践能力包括学生数学地提出问题、分析问题和解决问题的能力,应用意识和创新意识能力,数学探究能力,数学建模能力和数学交流能力。以上三种能力为形成主体数学发展能力奠定基础。从学生的可持续发展和终身学习的要求来看,数学发展能力应包括独立获取数学知识的能力和数学创新能力。培养学生数学发展能力是数学教育的最高目标,也是知识经济时代知识更新周期日益缩短对人才培养的要求。因此,我们将数学发展能力置于模型的顶端。

(一)数学一般能力

1. 数学观察能力

观察能力在心理学上是指有意识、有目的、有组织的知觉能力。而数学观察能力是指对用数字、字母、符号、文字所表示的数学关系,各种图形、图表的结构特点的感知能力,以及对概括化、形式化、空间结构和逻辑模式的识别能力。它不仅是对数学对象在视觉系统上的感知,还要注视事物的各种特征,进行比较分析,了解它们的性质、关系和变化,因此观察不是一种单纯的知觉过程,还包含着积极的思维活动。

数学观察能力具体表现为:在掌握数学概念时,善于舍弃非本质特征,抓住本质特征的能力;在学习数学知识时,善于发现知识的内在联系,形成知识结构或体系的能力;在学习数学原理时,能从数学事实或现象展现中掌握数学法则或规律的能力;在解决数学问题时,善于识别问题的特征,发现隐含条件,正确选择解题途径和数学模型的能力,以及解题的辨析能力。

2. 数学注意能力

注意是一种心理现象,是心理(意识)对一定对象的指向和集中。按对所指向认识的深

度不同,注意可分为内部注意和外部注意。内部注意是指对事物本身的思想、情感或体验的注意;外部注意则是指对周围的对象和现象的注意。注意又可分为无意注意和有意注意。无意注意是指事先没有预定的目的,也不需要做意志努力的注意;有意注意则是指有预定的目的,需要做一定的意志努力的注意。注意能力包括注意力的集中、注意力的分配、注意力的持续、注意力的转移等性能。

数学注意能力具体表现在:在内部注意上有良好的自我评价意识,在外部注意上不仅善于用分析的态度对某个对象的局部或个别属性加以注意,而且善于用综合的态度对对象的整体或全部特征属性加以注意。研究表明,有意注意是直接影响注意能力提高的因素。因此,数学注意能力还表现在能否从无意注意中迅速引发有意注意。

3. 数学记忆能力

记忆是一个人所经历过的事物在大脑中的反映,是大脑积累经验的功能表现。数学记忆是学生学习过的数学知识、经验在头脑中保存的印记,是学生通过数学学习积累数学知识、经验的功能表现,是数学学习中一切智力活动所包含的心理活动。数学记忆能力的特征是从数学科学特定的特征中产生的,它是一种对于概括化、形式化结构和逻辑模式的记忆能力。数学记忆能力不仅包括对众多抽象的数学符号、定义、公式、定理、数学图形的记忆能力,也包括对典型的推理模式、重要的运算格式和步骤、数学模型的物理背景的记忆能力,以及再现不同数学概念之间逻辑联系的能力。

数学记忆能力在任何时候都是数学学习和数学创新获得成功的重要因素之一。教育实践表明,数学能力强的学生把推理或论证的模式记得很牢,但并不是去强记一些事实和具体数据,不是机械的记忆,而是在理解的基础上,对语义结构的记忆和对证明方案和基本思路的记忆。因此,数学记忆能力的本质在于对典型的推理和运算模式概括的记忆能力。根据布鲁姆对知识的分类,按被回忆的材料将数学记忆能力分为如下成分:对具体数学事实、术语的记忆能力;对数学概念、算法的记忆能力;对数学原理、法则的记忆能力;对数学问题类型标志、解题模式的记忆能力;对数学解题方法、思想的记忆能力。

(二) 数学特殊能力

1. 运算能力

运算能力是逻辑思维能力与运算技能的结合,是指在运算定律的指导下,对具体式子进行变形的演绎过程。运算能力包括:进行精确运算的能力,近似计算的能力,手算、心算、使用计算器和计算机进行数值计算的能力,估算能力,求近似解的能力,风险估计和对不确定情况进行推断的能力,选择适当算法的能力,解释和评价运算结果的能力,其中选择适当算法的能力对运算具有决定性意义。

运算能力具体表现在:不仅会根据法则正确地进行运算,而且能理解运算的算理,能根据题目条件探求解题途径,寻求简捷合理的算法。中学数学课程中涉及的运算主要有:数与式的各种代数运算,初等超越运算,微积分中的求导、求积分的初步运算,集合运算,逻辑运算，概率、统计运算，等等。

2. 抽象概括能力

抽象与概括是在对事物的属性作比较、分析、综合的基础上进行的，并借助判断、推理的形式表达出来。抽象和概括紧密联系，抽象是概括的基础，概括是抽象的目的，概括能够使抽象达到更高的层次。通过抽象与概括，人们就能认识事物的本质，实现感性认识向理性认识的转化、形象思维向抽象思维的飞跃。数学中的概念、性质、法则、公式、数量关系等都是抽象概括的产物。抽象概括能力，是指从具体对象中抽取出其中蕴涵的数学关系或结构，并将其共同属性和本质特征进行推广的能力。抽象概括能力是数学思维能力，也是数学特殊能力的核心。

抽象概括能力具体表现为：能发现普遍现象中存在着差异；能在各类现象间建立联系，分离出问题的核心和实质；能由特殊推广到一般；能从非本质的细节中使自己摆脱出来，把本质的与非本质的东西区分开来；善于把具体问题抽象为数学模型；等等。

3. 推理能力

数学推理有两种：逻辑推理和合情推理。逻辑推理也叫作演绎推理或论证推理，是根据已有的事实和正确的结论（包括定义、定理、公理等）按照严格的逻辑法则得到新结论的推理过程，表现形式是逻辑运演。主要运演手段有：分析、综合、抽象、概括、完全归纳等。逻辑运演是科学论证的基本形式，更是数学严谨性的有力保证。合情推理是人们根据已有的知识经验（即原有的认知结构），在某种情境和过程中，运用观察、实验、归纳、类比、联想、直觉等非演绎（或非完全演绎）的思维方式，推出关于客体的合乎情理的认知过程。在解决问题的过程中，合情推理具有猜测和发现结论、探索和提供思路的作用，有利于创新意识的培养。逻辑推理和合情推理是数学思维的双翼，是既不相同又相辅相成的两种推理形式，科学结论（包括数学的定理、法则、公式等）的发现往往发端于对事物的观察、比较、归纳、类比，即先通过合情推理提出猜想，再通过逻辑推理证明猜想正确或错误。正如波利亚所说：我们靠逻辑推理来肯定我们的数学知识，而靠合情推理来为我们的猜想提供依据。

推理能力具体表现在：能掌握逻辑推理的基本方法，并能运用它们进行一些简单推理；能利用归纳、类比等合情推理的方法及一般的科学探究方法，如特殊化与一般化、观察、实验、猜想、联想、直觉等，探索学习新知识，解决新问题。

4. 空间想象能力

空间想象能力，是指人对大脑中所形成的空间表象进行加工、改组，从而创立新思想、新表象的能力，是数学地处理空间形式，探明其关系、结构特征的一种想象能力，是形成几何结构的表象及对表象加工的能力。这种能力的特点是在大脑中构成研究对象的空间形状和简明的结构，并能将对事物所进行的一些操作，在大脑中作相应的思考。空间想象能力可分为三个不同层次的成分：空间观念，建构表象能力，表象操作能力。空间观念包含三层意思：第一层意思就是空间感，即能在大脑中建立二维映像，能对二维平面图形三维视觉化；第二层意思就是实物的几何化；第三层意思就是空间几何结构的二维表示及由二维图形表示想象出基本元素间的空间结构关系。建构表象能力，是指在文字、语言刺激指导下构想几何形状的能力。表象操作能力，是指对大脑中建立的表象进行加工或操作，以便建构新表象的能力。

空间想象能力具体表现为：能根据条件画出正确的图形，根据图形想象出直观形象；能正确地分析出图形中基本元素及相互关系；能对图形进行分解、组合与变形；能运用图形语言进行交流。

5. 数据处理能力

数据处理能力，是指合理收集、整理、分析数据以及从所获得的数据中提取有价值的信息，做出判断并合理决策的能力。

数据处理能力具体表现在：能结合具体问题选取合适的调查方式收集数据；具有良好的统计意识，能准确理解统计图表；能从多个统计图表中合理获取数据信息；会整理、描述数据并计算相关统计量；能借助加工信息和计算所获得的统计量，科学合理地进行统计推断；能应用概率统计的知识、方法去解决实际问题；等等。

（三）数学实践能力

数学实践能力包括数学问题解决能力、数学应用能力、数学探究能力和数学交流能力等。数学应用能力、数学探究能力体现在数学问题解决能力中，因此这里只讨论数学问题解决能力和数学交流能力。

1. 数学问题解决能力

关于数学问题解决，由于人们认识角度的不同，到目前还没有一个统一的界定，归纳起来主要有以下几种观点：第一，认为数学问题解决是一种心理活动，就是一种探究新问题的心理活动；第二，认为数学问题解决是一种过程，就是将学到的知识运用到新的问题情境中的过程；第三，认为数学问题解决是一种教学模式，是一种组织学生开展数学学习活动的形式，因此数学问题解决也就可以看作数学课程的一个重要组成部分；第四，认为数学问题解决是一种教学目的，就是学习数学的一个主要目的；第五，认为数学问题解决是一种能力，就是一种将数学运用于各种不同问题情境中的能力。上述五种解说，虽然各有侧重，且形式上也大有差异，但对数学问题解决目的的认识都是明确的、一致的，那就是数学问题解决过程是一个创新性的认知过程，在于提高学生数学应用的能力，培养学生的主体意识和创新意识，从而促进学生的全面发展。

在数学学习心理学中，数学问题解决一般理解为一种操作过程或心理过程。所谓数学问题解决，是一系列有目的指向的认识操作过程，是以思考为内涵，以问题目标为定向的心理活动过程。具体来说，数学问题解决是指人们面临新的问题情境时，由于缺少现成对策和解决方法而引起的解决问题的思考和探索过程。数学问题解决是一种带有创新性的高级心理活动，其核心是思考和探索。

数学问题解决能力具体表现为：能对问题情境进行分析和综合，从而提出问题；能把问题数学化，将数学问题变换化归；能灵活运用各种数学思想方法；能进行数学运算和数学证明；能对数学结果进行检验评价；等等。由此可见，数学问题解决能力是多种基本数学能力综合作用的结果，是一种综合能力。

2. 数学交流能力

数学交流能力，是指运用数学语言进行知识信息、情绪感受、思想观念的交流的能力。数学交流，既包括对数学语言表达方式的选择，又包括对大脑中的思维成果进一步澄清、组织、巩固等一系列再加工的过程。因此，数学交流是主体数学思维活动的延续，是思维活动社会化的重要环节。

按照交流的内容，数学交流大致可分为：知识的交流、体验的交流和解决问题的交流。知识的交流，是指以口头或书面的方式把自己对某一数学知识的理解向他人表述，并试图去理解别人的观点；体验的交流，是指交流数学学习过程中的感受、情绪、认识、观点等种种认知和情感体验，包括认知过程中对某一现象的概括性认识，对他人或自己学习过程及结果的评价，对学习活动的喜厌程度，等等；解决问题的交流，是指学习者在思考问题、整理思路的基础上，选择适当的表述方式，将解决问题的思路、解法和结果予以表述的过程。按主体的活动方式，数学交流可分为：数学思想方法的接受、数学思想的表达和数学思想载体的转换。数学思想方法的接受，是指通过听、视、触等知觉，以交谈、阅读、活动、游戏等方式接受他人的数学思想方法；数学思想的表达，是指把自己的数学认知用口头或书面的、直观或非直观的、日常语言或数学语言的形式表达出来；数学思想载体的转换，是指把自己对数学的认识由图表、文字、符号以及实物、动作中的一种载体转换成另一种载体，以发展对数学及问题的全面认识。

数学交流能力具体表现为：能够阅读、倾听、讨论、描述和写作数学。具体来说，就是会用口头或书面的、实物或图表的、自然语言或符号的方式来表达、演示和模拟数学问题与情境；通过主体的操作活动和内心体验，能领悟与建构起图表及实物材料与数学概念之间，自然语言及直觉观念与抽象的数学语言之间的联系；从数学交流中能反映和理清自己关于数学概念与问题的思考，获得和提出令人信服的数学观点及论证；能自如地运用数学语言和数学思维进行讨论。

(四) 独立获取数学知识的能力

独立获取数学知识的能力在这里主要指数学自学能力，它是在具有一定数学能力的基础上，通过自学数学材料等发展起来的一种独立获取数学知识、技能的能力。它是多种能力的有机结合，是一种综合的能力。这种能力是在教师的指导下，通过学生自己阅读数学课本或有关的参考书、资料，深入理解和领会其精神实质，解答相应的练习题或问题等实践逐步形成的。数学自学能力由数学阅读能力、数学特殊能力、元认知能力和独立思考能力等四个子能力组成，它们有机结合在一起，相互影响、相互制约，构成一个整体。

第三节 中学生数学能力的培养

一、数学一般能力的培养

(一)数学观察能力的培养

1. 引导学生掌握科学的观察方法

引导学生在观察数学问题时要由整体到部分,再由部分到整体。也就是说,要先对问题有一个整体的认识,从宏观上对数学问题进行整体分析,抓住问题的框架结构和本质关系,提高学生的整体意识,再从微观上对其中的部分进行观察分析,并注意各部分之间的联系以及各部分与整体的关系。

2. 注意培养学生的观察品质

培养学生的观察品质主要从以下几点考虑:第一,培养学生观察的目的性,这样才能提高观察效率;第二,要注意观察的准确性,观察的结果应与客观事物相符;第三,引导学生从多角度审视问题,培养观察的全面性;第四,培养观察的深刻性,这样才能发现问题的隐含条件,才能根据事物的特征概括出事物的发展变化规律。

(二)数学注意能力的培养

1. 拓展注意的广度

注意的广度是指注意范围的大小。注意的广度大,就能较快地阅读学习材料,提高学习效率,而且能较快地把握数学问题的本质。在数学教学中,要引导学生从整体上注意分析材料的结构,养成整体把握材料的习惯。

2. 提高注意的稳定性

注意的稳定性是指注意能在较长时间内集中于某种事物或所从事的某种活动上。一般说来,活动内容丰富、多变,就会引起学生的兴趣,注意就能稳定和持久。不同年龄段学生的注意的稳定性也存在差异,初中生注意的稳定性比高中生注意的稳定性要差些。因此,教师要根据不同的教学对象采用灵活多变的教学方式,激发学生兴趣,调动学生多种感官,吸引学生注意。

3. 改善注意的分配和转移

注意的分配是指多种注意之间的相互协调、相互配合、共同活动。在数学教学中,要培养学生边看书边记录,边听课边记录,边思考边记录的习惯,这样就可以提高学生在几种活动同时进行时注意的分配的能力。注意的转移是指注意从一个对象主动迅速转向另一个对象。在一定条件下,能使注意迅速发生转移,才能获得较高的效率。在数学教学中,教师可采用多角度提问、多变化提问、多解答提问来训练学生注意的转移及注意的分配的能力。

（三）数学记忆能力的培养

1. 使学生明确识记目标

心理学研究表明，识记目标明确时，记忆是在有意识的状态下进行，留在大脑皮质的暂时神经联系的痕迹深刻，记忆的效果好。因此，教师要依据数学新课程标准的要求，使学生明确识记的内容和要求，即应该识记哪些材料，识记到什么程度，并且要在教学过程中经常检查学生是否按所提要求去进行识记。

2. 利用记忆规律，提高记忆效率

心理学研究表明，具有逻辑意义的材料易于记忆。因此，要让学生在理解的基础上，对所要识记的数学材料概括化、系统化，使之成为一个具有逻辑联系的意义结构。而且，系统的材料便于在记忆中形成知识组块，既可增加短时记忆的容量，又适合储存于长时记忆，从而提高记忆的效率。另外，机械记忆也有一定的作用，必要时，在意义记忆的基础上辅之以机械记忆，以强化意义记忆的效果和准确性。机械记忆时要尽量意义化，对一些公式、定理，可以人为地赋予某种意义，使记忆内容形象化或读来朗朗上口，以提高记忆的效率。

3. 遵循遗忘规律，合理安排复习

遗忘就是对识记过的事物在一定条件下不能恢复记忆，或表现为错误的再认和回忆。心理学研究表明，遗忘的规律是先快后慢，先多后少。因此，必须及时组织复习，要有重点地复习那些难于记忆和容易遗忘的材料。随着记忆巩固程度的提高，复习的间隔要先密后疏，做好平时复习、阶段复习，并注意适当变换复习方式，从不同的角度提出新的理解要求，从而提高记忆效果，降低遗忘率。

二、数学特殊能力的培养

（一）运算能力的培养

运算能力是一种集算理、算法、计算、推理、转化等多种数学思想方法于一体的综合性能力，是解决问题的一种必备能力，在数学教学中必须加强运算能力的培养。

1. 理解和掌握基本的运算规则和方法

数学中的定义、公理、定理、公式、法则和定律等是进行运算的依据，只有准确、深刻地理解概念，熟练地掌握运算法则和定律，才能使运算顺利地进行。在运用公式、法则和定律进行运算时，要特别注意它们成立的前提条件。另外，要注意公式、法则的逆用和公式的变形应用等，以提高运算技能。

2. 重视算法多样化，选择合理算法

学生数学能力的发展有差异是普遍存在的，教学改革提倡算法多样化，就是鼓励学生发展适合自己思维习惯和文化背景的计算方法，以关注学生发展的差异性，促进每一个学生的发展。

　　算法多样化要求提供的教学内容不只是标准的、最优的、严格的算法，还要有丰富多彩的问题求解过程，每一内容的表述、问题的解答都尽可能地从多方面、多角度予以表现。这样的要求，不仅能适应较低发展水平的学生，还能使较高发展水平的学生充分发挥其所有潜能，而且能给学生能力的充分发展留有足够的自由空间。同时，因为学生的思维活动思路不是预先完全确定的，学生以自己的经验为基础，以自己的方式来解释现实，建立对事物的理解，不同的学生可能看到事物的不同方面，所以不存在人人都适用的唯一的标准算法。只有通过算法多样化的学习，才能使学生更深刻地理解最优化的算法，以结合具体问题选择合理算法。另外，现今人们计算的方式已经多样化了，不仅仅使用纸和笔，还可以使用计算器、计算机来执行一系列的算法（心算、笔算、机器算等）；而且对答案的要求也不仅仅是追求精确解，还可以有近似解，即计算的结果也是多样的（精算、估算）。对同一问题多种算法的学习，不仅可以使学生更牢固地掌握所学的基础知识与基本技能，而且通过对不同算法的对比，使学生学会怎样去寻找最简捷的解决问题思路，使学生所学的知识融会贯通，在更高层次上有更深刻的认识。因此，算法多样化教学更有利于发展学生的数学能力。

　　3. 培养学生的运算品质

　　运算品质是指运算的准确性、运算的熟练性、运算的灵活性和运算的简捷性。

　　运算的准确性是运算能力的基本要求，它是指在运算过程中使用的概念准确无误，使用的公式准确无误，使用的方法准确无误，最终才能保证运算结果的准确无误。在运算的教学中要对学生严格训练，要求做到步步有理、步步准确。运算的熟练性主要表现在：能迅速、合理地进行运算；熟练掌握一些口算、速算、估算的方法，并熟记一些常用的数据，如平方数、勾股数、阶乘数、特殊角的三角函数值等；能熟练地运用一些变形手段。运算的灵活性是指能多侧面、多角度、多方位观察思考问题，能摆脱习惯算法的束缚，善于转换运算方法。一题多解是培养运算的灵活性的有效方法。运算的简捷性是指运算过程中所选择的运算路径短、步骤少、时间省。运算的简捷性是运算合理的标志，是运算速度的要求。恰当的数学思想方法，可以简化运算，提高速度，其中数形结合、函数与方程、等价转化、换元法等数学思想方法在简化运算中都有重要的作用。因此，在数学教学中必须加强数学思想方法的教学。

　　（二）抽象概括能力的培养

　　1. 注重数学概念形成的教学

　　数学概念是用数学语言反映一类事物本质属性的思维方式。概念本身就是抽象概括的结果，因此注重数学概念形成的教学是培养学生抽象概括能力的有效方法。概念形成，是指在教学条件下，从大量的例子出发，在学生实际经验的肯定例证中，用归纳的方式抽象概括出一类事物的本质属性。数学教学中要使学生经历如下概念形成的具体过程：① 辨别一类事物的不同例子，抽象概括出各例子的共同属性；② 提出它们的共同本质属性的假设，并加以检验；③ 把本质属性与原有认知结构中适当的知识联系起来，使新概念与已知的有关概念区别开来；④ 把新概念的本质属性推广到一切同类事物中去，以明确它的外延。

2．注重实际问题数学化的训练

加强实际问题数学化的训练，就是训练学生经历将实际问题的具体背景信息舍去，抽象出其中的数量关系和空间形式而概括为一个数学问题的过程。在这样的过程中，不仅促使学生学会抽象概括的方法，还培养了学生数学应用的意识。

（三）推理能力的培养

1．掌握推理的方法

逻辑推理是以某类事物一般判断为前提，做出对这类事物的个别特殊事物判断的思维方式。逻辑推理是从一般到特殊的推理，其主要形式就是由大前提、小前提推出结论的三段论式推理。三段论推理的格式可以用以下公式来表示：

$$M\text{——}P \quad (M\text{是}P),$$
$$S\text{——}M \quad (S\text{是}M),$$
$$S\text{——}P \quad (S\text{是}P).$$

逻辑推理是一种必然性推理，逻辑推理的前提与结论之间有蕴涵关系，只要大前提、小前提都是真实的，推理是合乎逻辑的，那么结论就一定是真实的。因此，逻辑推理可以作为数学中严格证明的工具。

合情推理的主要方法是归纳和类比，这里的归纳指不完全归纳。不完全归纳是根据所考查的一类事物的部分对象具有某一属性，而做出该类事物都具有这一属性的一般结论的推理，也称为不完全归纳推理。由于不完全归纳推理是从部分推广到全体，结论判断范围超出了前提判断范围，因此结论不一定可靠，是似真的。比如，由一些例题的解法总结出这类问题的一般解法或公式，由一些具体数据的计算结果推出一般数学规律，等等。类比也称为类比推理，是根据两个或两类事物在某些属性上都相同或相似，而推出它们在其他属性上也相同或相似的推理方法。进行类比时，是把在某些方面彼此一致的相似对象的这些相似之处明确归纳出来，并以此为依据，构建其他一致之处。例如，由"在直角三角形中，斜边的平方等于两条直角边的平方和"，类比联想到"在长方体中，体对角线的平方等于长、宽、高的平方和"。由于类比的过程中重视事物间的相似性，而忽略了事物间的差异性，所以类比的结论是似真的。合情推理是进行数学发现的重要方法，所以在数学教学中应加强合情推理的教学，使学生充分经历知识的产生、发展过程。

2．掌握证明的规则和方法

数学证明的规则是正确进行证明的保证。数学证明的规则有：论题要明确；论题应当始终如一；论据要真实；论据不能靠论题来证明；论据必须能推出论题。证明的方法主要有：综合法、分析法、反证法、同一法、数学归纳法等。数学教学中必须使学生理解和掌握这些证明的规则和方法。

3．加强数学推理与证明的训练

数学教师在传授知识的过程中，应有意识地揭示逻辑思维过程，使学生掌握必要的推理证明方法,熟悉各种证明规则。训练中要使学生养成严谨地进行推理证明的习惯,做到步步有据。教学中除了加强正面训练之外,还可以随时利用学生在推理中存在的错误或容易出现的漏洞,从反面提出问题,让学生去识别、判断,发现错误并加以改正。这样做往往可以收到更好的效果,对于促进学生的逻辑思维能力的发展有着重要的作用。

（四）空间想象能力的培养

空间想象能力是在掌握有关空间图形的基础知识和基本技能的过程中获得和发展的。只有通过对图形的观察、分析,识图和画图,对图形的分解、组合,数形结合解决问题等一系列活动,才能逐步形成和完善空间想象能力。

1. 重视空间想象能力的逐级形成

空间想象能力是随着学生年龄的增长、知识的增多、认知结构的不断完善而逐渐形成的,因此教学中应采取逐级提高的方法来培养空间想象力。通过直观感知、操作确认、思辨论证、度量计算等过程,可以培养和发展学生的空间想象能力。开始时应借助于实物、模型,以形象直观的方式进行教学,使学生有初步的感性知识。鼓励、指导学生在课前、课后利用各种材料,如橡皮泥、硬纸片等,自己动手制作一些立体图形的模型,让学生在制作的过程中形成正确的空间图形概念。通过动手操作,学生可以对自己的想象加以验证,分析比较实物与图形之间的对应关系,逐步脱离模型;进而用作图的方法使学生大脑中形成抽象化的模型,然后过渡到研究图形中各元素的位置关系及图形的性质。数学教学中要引导学生多观察、多画图、多演示,使学生的空间想象能力得到逐步的发展。

空间想象能力的逐级培养还应重视从整体的角度出发来设计数学教学。例如,在立体几何的教学中,应让学生从对空间几何体的整体观察入手,认识整体图形,再以长方体为载体,直观认识空间点、线、面的位置关系,抽象出有关概念,并用数学语言表述有关性质和判定。在立体几何的教学中,异面直线和异面直线之间的距离是比较难理解的两个概念,如果让学生先学平行平面,那么异面直线就是两个平行平面中的两条不平行的直线,而异面直线之间的距离问题,也会因为平行平面间距离的确定性而变得容易理解了。

2. 重视识图、画图的学习

加强识图和画图的训练,可以促进学生对于几何图形的理解和操作。

1）重视识图的学习

图形识别是培养空间想象能力的基础。在数学学习过程中,经常遇到这样的情形,说明或揭示一个类似于由圆、切线、弦、角等所组成的复杂图形中所存在的逻辑关系,这就需要学生能对图形进行分解和改组,能从一个复杂图形中识别出所要研究的部分图形。在分析、利用图形时,应教会学生从图形的形状、大小和空间排列等三方面来考虑问题。在教学中,可对学生进行以下训练:从图形的构成成分中找出所要的图形;从几个图形找出共同的部分;确定图形间的相同点与差别;确定图形中有关成分的相互关系;在大脑中作图形转位,再与其他图形比较;在比较客体的不同图形的基础上判定客体;根据已知图形在头脑中构想图形；在解决文字的问题时，想象图形，并画出图形来匹配文字信息。

2）重视画图的学习

（1）重视画图的基本训练：一是要让学生正确、熟练地使用圆规、三角板等绘图工具；二是要让学生按题设条件正确、独立地画出图形。比如，给出一个例题或练习题后，教师要让学生先画图，再分析，以培养学生的审题能力、画图能力。

（2）重视画图的基本方法。在立体几何的教学中，介绍了斜二测和正等测两种画图方法，如棱锥、棱台常采用斜二测画法，圆柱、圆锥、圆台常采用正等测画法。应该注意的是，在画多面体与旋转体的组合体的直观图时，应统一用一种画法。教师应在课堂上进行经常性的画图示范，使学生掌握画图程序。

3. 重视数形结合

空间想象能力的培养不限于平面几何与立体几何的教学，三角、代数、解析几何的教学也同样能培养空间想象能力。数形结合的方法其本质就是要求将表达空间形状、大小、位置关系的语言或式子与具体的形状、位置关系结合起来，建立形与数之间的对应关系。数形结合将"数"概括、抽象的特点和"形"的形象、直观的特点结合起来，可以有效地培养空间想象能力。教学中要充分重视数形结合，对学生进行数学语言、数学表达式与图形之间的转换训练。例如，用数轴来表示不等式的解，用图像来表示函数的特征与函数之间的关系，用解析法证明几何问题，用图像法解方程或方程组，等等。

4. 借助多媒体演示

现代多媒体计算机具有很强的模拟功能，能轻松模拟出现实世界的很多事物，能直观地展示出各种几何图形，所以能帮助数学教师培养学生的空间想象能力。教学中可以结合相关教学内容尽可能多地给学生展示具体实物的图像或几何图形，并在展示过程中根据教学需要尽可能地从多个角度和方位进行；可以结合教学要求给学生展示几何图形的抽象过程（在给学生呈现客观实物图像或模拟图形时，现代计算机一般能利用其独特的技术逐渐地淡化其中的一些内容，如图像的侧面和内部等，保留其上的关键点、关键线等一些重要元素，从而形成比较纯粹的几何图形，这个过程即是几何图形的抽象过程）；精心设计教学程序和选择教学软件，使学生亲自参与几何图形的操作，特别是图形的拆分、整合、翻转和缩放等。

（五）数据处理能力的培养

在现今信息化社会中，人们经常需要与数字打交道。例如，要获得产品的合格率、商品的销售量、电视台的收视率、就业状况、能源状况等信息，都需要我们具有收集数据、处理数据，从数据中提取信息并做出判断的能力，进而具有对一堆数据的感觉能力。这种数据处理能力是现代社会公民应具备的一种基本素养。因此，数学教学应重视培养学生的数据处理能力。

1. 掌握数据收集、数据处理的方法

现实生活中蕴涵着丰富的数学学习资源，如报纸、杂志、影视、广播及互联网等，教师应充分利用这些资源，培养学生用数学的眼光观察世界，结合数学学习内容从多种渠道收集信息的能力。

在教学过程中，教师应结合具体问题，使学生理解和掌握全面调查和抽样调查的方法，学会用简单随机抽样、系统抽样调查、分层抽样方法从总体中抽取样本，体会样本估计整体的思想；为学生提供不同形式的统计图和统计表，如条形统计图、扇形统计图、折线统计图等，教会学生从统计图表中获取数据的方法；让学生体会不确定事件和事件发生的可能性，并掌握概率的计算；使学生理解和掌握各种统计量的意义和计算方法，如平均数、中位数、众数、频数、极差、标准差、方差等统计量。

2. 使学生经历较为系统的数据处理过程

要培养学生的数据处理能力，最有效的方法是让学生真正投入到统计活动的过程中，经历较为系统的数据处理过程：提出问题，收集数据，整理数据，分析数据，做出决策，进行交流、评价与改进等，并根据学生的身心发展规律提出不同程度的要求，从"有所体验""经历"到"从事"。如下面的例子可以使学生主动经历数据处理的全过程：最近本班与隔壁班要进行拔河比赛，在比赛之前我们想对两班学生的实力进行对比。首先，通过讨论，确定衡量标准，如握力、体重等，设计收集数据的方法；其次，依据收集的数据，运用适当的统计图表和统计量来展示两个班的情况；通过比较两个班的不同，制定合理的决策，如给出每班有多少人参加对我们班有利，我们班需要在哪方面加强锻炼，等等。这样的活动不仅可以使学生在活动的全过程中学会数据处理的方法，提高数据处理的能力，还进一步培养了学生的统计意识和观念。

三、数学实践能力的培养

（一）数学问题解决能力的培养

1. 创设问题情境，引导学生发现问题、提出问题

现代思维科学认为，问题是思维的起点，任何思维过程都指向某一具体问题。问题又是发明创造的前提，一切发明创造都是从问题开始的。问题情境是数学课堂教学的一种"气氛"，它能促使学生积极主动、自由地去想象、思考、探索，去发现问题，并让学生经过一种积极的情感体验。

2. 理解和掌握问题解决的基本策略

问题解决策略是对问题解决途径的概括性认识，源于解决问题的实际，而又区别于具体的方法和技巧。教师要引导学生善于总结数学问题解决的策略，并能结合具体的问题情境灵活地应用它们。数学问题解决的策略主要有以下几个：

（1）目标策略。这一策略要求根据问题已知情境和目标情境的特点，让每一步变形都带有明确的目的性；抓住问题的关键及难点所在，将其转化为已经解决或容易解决的问题形式。这要求对已知情境和目标情境都有一定的了解，能够把已知情境和相关的数学知识结

合起来。这样才能找到适当的转化方法和方式,少走弯路。

(2)知觉策略。这是一种外部刺激指向的策略,在问题解决过程中,主体往往需要根据问题的情境、状态及最终目标,不断调整、控制下一步的方法。这要求大脑中的策略具有一定的灵活性,并有一定的解决数学问题的经验积累,知道不同条件下用不同的变通方式。

(3)模式识别策略。这是一种内部指向的策略,只要按照一定的模式执行就可以逐步使问题解决。同样,实施这种策略的前提是学生有一定的识别经验,能正确判断面临的问题适应哪一种模式。

(4)问题转化策略。转化即"化归",是指当问题难以入手时,通过某种转化方式,将其归结为另一个比较熟悉、容易解决的问题,以达到解决原问题的目的。这是解决问题时常用的策略。

(5)特殊化策略。对于某些数学问题的解决,往往需要从特殊情况或者极限情况入手。通过对具体问题、特殊情况的求解,悟出规律性,有利于指导一般问题的解决。

(6)正难则反策略。在解决问题的过程中,当从正面思考难以解决或较为复杂时,可转而考虑问题的反面;当一个问题直接解决较为困难时,可以考虑间接解决的方法。

(7)整体化策略。这一策略要求从整体上对数学问题进行观察、分析、处理,从全局把握条件和结论间的联系,抓住问题的本质,使问题变得简洁、明晰,从中发现解决问题的办法。

3. 加强数学建模的训练

用数学方法解决任何一个实际问题,首先都要用数学的语言和方法,通过抽象和简化,建立近似描述这个问题的数学模型,然后运用数学的理论和方法导出数学模型的解,最后返回实际问题实现实际问题的解决。因此,数学模型是利用数学知识解决实际问题的关键所在。中学数学教学中应加强数学建模的训练,可先让学生接触一些"解决了"的实际问题,熟悉方法、掌握规律;再要求学生自己能根据实际问题抽象出数学模型,亲自动手,完成建模过程。同时,创造合适的机会,让学生更多地接触工人、农民、技术员、工程师等,与他们真正合作,将学生引入工作环境,将工作环境引入课堂。

(二)数学交流能力的培养

1. 重视数学语言的学习

重视数学语言的学习主要从以下两个方面考虑:

(1)帮助学生掌握数学符号语言的语法结构与语义。数学语言中普遍使用变元、运算和逻辑符号。从某种意义上讲,数学语言可以称为符号语言。任何一个符号表达式都有两方面内容:语义内容与语法结构。所谓语义内容,是指符号表达式所表达的内在数学含义。例如,$a+b=b+a$ 这一表达式的语义内容是:对于"+"这种运算来说,元素的先后次序不同并不影响运算结果。所谓语法结构,是指符号表达式的形式结构。日常教学中,必须让学生在熟悉记忆语法结构的基础上，重视对语义内容的理解与掌握，二者缺一不可。

（2）重视不同数学语言形式的相互转换。数学语言包括符号语言、图形语言和文字语言等三种形式。不同形式的数学语言，各有自己的特点。符号语言简洁、形式化强，有利于推理、运算；图形语言直观，有利于问题的具体化和揭示知识的内在联系，有利于学生理解数学问题；文字语言通俗易懂，能较好地融合数学概念、数学符号、数学关系等，有利于数学问题含义的叙述。数学语言在表达方式上有口头表达与书面表达两种方式。当学生通过数学语言把数学知识与数学思想以一定的方式表达出来时，学生的思维会更加明晰，学生对知识的理解和掌握会更深刻。教师要鼓励学生用不同的数学语言形式进行数学表达，并实现不同语言形式之间的沟通与转换。另外，应进行基本数学语言和句式的规范训练，对表达容易出错的地方应注意强化。例如，"$3x$ 平方"是 $3x^2$，而不是 $(3x)^2$；"$3x$ 的平方"是 $(3x)^2$，而不是 $3x^2$；3^x 应说成 3 的 x 次方，而不应说成 $3x$ 次方。

2．重视口头交流数学的训练

要对学生进行"说数学"的训练，包括个人发言、数学对话、分组讨论、倾听等方式。在教学中，可以通过全班分组讨论、数学对话及个人发言等方式创设口头交流的机会；通过开展提出问题、讨论概念、交流各自的思路解法、提出改进意见、学习和倾听他人的思想见解、概括总结经验、评价数学思想方法这些口头交流活动，帮助学生逐渐认识和理解数学语言的价值与功能，并构建起个体的数学认知结构。

3．重视数学写作的训练

要为学生创设"写数学"的机会。在数学交流过程中，应提供适当的情境，要求学生把自己学习数学的心得体会、反思和研究成果用文字形式表达出来，并进行交流。例如，让学生通过书面形式，将问题的分析、解答过程复述出来；在进行单元复习时，让学生概括地写出知识间的纵横联系，形成知识网络；让学生结合数学课外活动中某一课题的研究写小论文、数学日记、调查报告；等等。

此外，需要特别指出的是，自我交流也是数学交流的形式之一。自我交流的过程是学生对自己数学学习活动的反省和思考的过程。通过概括和整理、反省和思考、撰写数学学习日记等方式，可以培养学生自我交流的能力。

四、数学自学能力的培养

数学自学能力是多种能力的有机结合，是一种综合能力。首先，自学体现在独立阅读上，它的效率就反映在阅读的技能与学生在这方面的个性心理特征上，即反映在阅读能力上；其次，自学是一个数学认知过程，有感知、记忆、思维等，这涉及多种数学能力；再次，这个独立的数学认知过程，很大程度地脱离了教师的组织、督促与调控，需要学生自己组织、制订计划、做出估计、判断正误、评价效果、自我监督和调节等；最后，在自学过程中，需要独立对阅读的内容进行概括和整理，弄清知识的来龙去脉、重点、关键点，并抓住数学思想方法，进而能提出问题、分析问题、解决问题,大胆对阅读的材料提出疑问,甚至指出存在的问题与不当之处等,这反映的是独立思考能力(包括批判能力),而这种能力无疑更接近创新能力。

由以上的分析可知,数学自学能力的培养涉即多种能力的培养。关于数学一般能力、特殊能力、问题解决能力的培养,前已详述,此处不再赘述。下面谈阅读能力和独立思考能力的培养。

(一) 阅读能力的培养

要教给学生阅读的方法。阅读分为粗读、细读和精读。粗读就是把阅读材料浏览一遍,知其大意,一般为制订自学计划之用。细读就是对阅读材料从头至尾仔细钻研,特别要读懂其中的概念、定理、公式、法则和例题,务求理解。精读就是领会阅读材料中的数学思想方法,分清主要的和次要的,掌握重点和关键,进而概括所阅读的内容。这是在细读基础上的深入,它达到了对内容深刻理解和牢固掌握的要求。在阅读的过程中,注意培养学生的眼、口、手、脑并用的读书习惯,要求读书时要笔不离手,以便在课本上画横线、做注释、做眉批。教师应适时地提出一些阅读思考题,让学生带着问题进行阅读、思考,进而讨论解答,并提出疑问,最后教师做总结。待学生掌握了一定的阅读技能,养成了数学阅读习惯后,就可放手让学生独立阅读,并使数学阅读向更高的阶段发展。对于学习程度好的同学,可以指导他们查阅课外书刊中适宜的内容,进行研究性阅读,进一步提高自学能力。

(二) 独立思考能力的培养

培养独立思考能力,首先要使学生对自己的学习有较高的要求,对知识刻意追求,不断深入,并具有实事求是、勇于创新的精神;其次,在阅读、练习、解决问题的过程中要让学生多开动脑筋,多想想,多问几个为什么,使思考不断深化,并养成多思考的习惯;再次,要培养学生的分析、批判能力。对书本上的东西,抱实事求是的态度,学习正确有用的东西,抛弃错误无用的东西,不迷信书本,有分析、有鉴别,批判地吸收。

培养自学能力有多种途径和形式,但都要有意识、有目的、有计划地进行。除了教师要加强课内外学生自学的指导外,学生也要自觉地进行训练和培养。而自学能力是一种综合能力,所以需要各个子能力相互配合、协调发展,全面提高,并且需要通过较长时间的努力,才可以达到培养的目的。

第四节　数学能力的个性差异

数学能力的发展既服从于一定的共同规律,又表现出人与人之间的个性差异。正是由于存在一定的共同规律,才使得在数学教育中可以对数学能力进行培养。而数学能力作为一种个性心理特征,总是因人而异的,因此我们应该了解数学能力的个性差异,以便因材施教。数学能力的个性差异不仅有水平上的差异,也表现出类型的特点。这些差异与特点来自年龄和性别,也取决于气质类型的不同。

一、数学能力的年龄特点

从思维特点来看,三岁以前主要是直观行动思维;幼儿期(或称学前期)主要是具体形象思维;学龄初期或小学期主要是形象抽象思维,即处于从具体形象思维向抽象逻辑思维的过渡阶段;少年期(初中)主要是以经验型为主的抽象逻辑思维;青年初期(高中)主要是以理论型为主的抽象逻辑思维。数学能力的年龄特点正是由以上的心理年龄特征所决定的。

林崇德以三种基本数学能力(运算能力、空间想象能力、逻辑思维能力)为主线,对中学生数学能力发展进行了研究,得到了中学生数学能力发展的特点,叙述如下:

(1)中学生运算能力发展的特点。中学生的运算能力由低到高分为三个层次水平,它的发展具有由低水平到高水平顺序发展的特征:从了解与理解各种运算的较低水平,到掌握运用运算的基本技能,最后达到综合评价运算能力的较高水平。运算能力随着学生年级的升高而呈上升发展趋势,初二年级是关键期,初三年级则快速发展。初中学生的抽象逻辑日益占有主导地位,但具体形象逻辑仍然起着重要作用。初一年级学生与小学高年级学生相近,运算能力从概括运算向形象抽象概括运算发展。初二年级是第一个转折点,是逻辑抽象概括的起点,从平面几何学习开始,学生的数学成绩明显出现分化。初二年级是运算能力发展的关键期,应该提高初二年级学生运算能力培养的质量和速度,以使初三年级学生的运算能力获得一个质的飞跃。

(2)中学生空间想象能力发展的特点。中学生的空间想象能力可分为四级水平:第一级是用数字计算体积与面积,处于三维空间的算术运算阶段(初一年级);第二级是掌握平面几何运算阶段(初二、初三年级);第三级是掌握多面体运算阶段;第四级是理解旋转体运算阶段,掌握了全部立体几何的运算。后两级水平主要体现在高中阶段。初二年级是空间想象力发展的质变时期,高一、高二年级则是空间想象力初步趋于成熟的时期。

(3)中学生逻辑思维能力发展的特点。数学逻辑思维能力可分为三级水平:① 具体逻辑思维;② 形式逻辑思维;③ 辩证逻辑思维。在小学阶段以培养具体逻辑思维为主,而到了中学阶段,辩证逻辑思维的培养是融合在形式逻辑思维的培养之中的。根据对立统一规律,在概念形成、获得猜想和规律发现的过程中,都充分展示了辩证的因素。因此,中学生的逻辑思维能力发展的主流是形式逻辑思维的发展。林崇德研究了如下三个方面内容:中学生数学概念形成水平、数学命题运演水平和数学推理水平的发展。我们以数学推理中的逻辑推理能力为例做介绍。中学生的逻辑推理能力包括以下四级水平:① 直接推理水平,是指依据公式、条件直接推出结论;② 间接推理水平,是指不能直接套公式,需要变化条件,寻找依据,多步骤推出结论;③ 迂回推理水平,是指分析前提,做出假设后进行反复验证才导出结论;④ 按照一定的数理逻辑格式,进行综合性推理的水平,具有这级水平的学生,他们的推理过程趋于简练和合理化。正常教育教学条件下,数学推理水平随年级上升而提高,初二和高二年级是中学生数学推理能力发展的转折点,较完善的推理水平到高二年级方能具备。

中学生认知心理发展的年龄特征是教育工作的一个出发点。抓住年龄阶段的关键时期,加强基本能力的培养与发展,应该始终作为数学教学的重要目的加以重视。

二、数学能力的性别差异

数学能力性别差异研究对于教材、教法以及课程改革都有十分重要的指导意义。性别差异是一种群体差异,是指男、女两性由于生理因素不同而表现出来的心理差异。国内外众多学者对数学能力性别差异问题进行了大量的实证研究,研究的初步结论大致相同:男、女两性在智力、思维能力发展上是有差异的,这个差异主要表现在智力、思维能力优异发展的各自特色上,它不仅反映了男、女两性思维发展上各自的年龄特征,而且也反映了男、女两性的智力因素,特别是思维能力发展特色上的不平衡性。

(一)数学能力性别差异的国内外相关研究

20世纪初,美国的心理学家桑代克(E. L. Thomdike)的实验表明:女性的语言表达能力、短时记忆能力优于男性,而男性的空间知觉、分析综合能力以及观察、推理和历史知识的掌握方面优于女性。1974年,美国斯坦福大学心理学家埃利诺·麦可比(Eleanof Maeeoby)和卡罗尔·杰克林(Carol Jaeklin)研究和阐释了从1600多个研究中得到的数据,也得出了类似的结论:女孩在语言上的能力较优,而男孩则在视觉空间能力和数学能力上较佳。

乔治大学的心理学家贝勃拉等人对参加1972—1979年数学智能测验的10000人(其中女生占43%)的测验成绩进行了调查。在数学推理智力测验成绩优异的学生中,女生仅占2%~5%。根据1976年的调查结果,成绩在600分以上(满分为800分)的学生中,男生超过半数,而女生多数在600分以下,因此认为女生的数学能力逊于男生。

1990年,林崇德主持的科研项目"中小学能力发展与培养"的研究认为:男、女生的运算能力和空间想象能力的发展存在着差异。主要表现为:男生发展的快速期比女生来得快,结束得也快,且发展速度快于女生;从初二年级开始,男生的空间想象能力发展平均水平高于女生,但到高一年级以后,男、女生的空间想象能力的平均水平又趋于接近。另外,男、女中学生的逻辑思维能力平均水平差异不大,男生的发展速度高于女生,离散性大于女生;初中时女生的平均水平略高于男生,高中时男生平均水平略高于女生。

我国上海市数学特级教师唐盛强对"男、女生在数学学习中的差异"课题做了两年多的调查研究,提出:男生的空间想象能力强,但对数学学习成绩并无显著影响;初一年级女生学习占优势,初二、初三年级男生赶上来并超过女生,整个初中阶段无显著差异;高一、高二年级的男、女生有明显差异。他的分析认为,学习差异的产生原因是男、女两性记忆方式与思维方式的差异。

江苏常熟高等专科学校的田中、范叙保、汤炳兴做了有关数学能力性别差异的调查研究,认为能力与性别存在一定联系,但男、女生在不同的能力方面各有长短,总体上差异不大；男生在直观想象和联系实际能力方面占有一定优势；社会环境的变化、家庭结构的变化等都会对男、女生的差异产生影响。通过此项研究他们猜测：在常规性的、带有技艺演练性的能力方面，女生并不比男生差，有时还占相当的优势；而在创新思维上，随着认知水平和复杂程度的提高，男、女生差异则逐步显露出来，从而导致数学创新型人才性别的明显差异。

(二) 数学能力性别差异的归因分析

数学能力性别差异既有来自先天因素的影响，也有来自后天的环境因素，如社会环境、教育观念与方式的影响，但更多受后天环境的影响。这就为我们消除差异提供了可能，也为我们如何大面积提高学生数学能力提出了新的课题。

1. 心理差异的影响

男、女生在认知、情感、思维等方面存在着差异，这是数学能力差异存在的内因。现代心理学认为，男、女生的心理结构存在差异，决定了男、女生的认知风格、途径、认知水平也有明显的差异，因而使他们的认知结构必然有各自的特点。认知结构是个人将自己所认识的信息组织起来的心理系统。数学认知结构是学生大脑中获得的数学知识结构，是一种经过学生主观改造后的数学知识结构。由于个体心理结构的差异，同一知识结构作用于不同的学生会产生不同的认知结构，因此它在一定程度上体现了数学学习的能力。受观察、注意、感知、理解、记忆等心理因素的影响，男、女生的认知结构决定所形成的数学认知结构的质量。在学习情感态度上，男生一般有较强的自信心和独立性，自主学习性强；女生做事一般多思索性、少自发性，有较强的依赖性，喜欢与别人交流。在记忆方式上，女生一般偏重于机械记忆，记忆面较广、量较大，短时记忆较优，但因此也影响了长期记忆的效果；男生则倾向于理解记忆，在广度上虽不如女生，但比较深入，记住的信息能保持比较长的时间。在思维方式上，女生倾向于模仿，处理问题时注意部分与细节，但对全局和各部分之间的联系把握较差；男生独立思考较多，分析综合能力较优，处理问题时较为重视全局与各部分之间的联系，但对细节注意不够。在数学运算时，一般女生较为仔细，而男生比较粗心，这就是两种思维方式差异在数学上的具体表现。

2. 社会环境的影响

从出生之时起男、女就被区别对待，他们受到各种社会作用力的影响，以保证成年以后能在他们所担任的性别角色中合乎身份地行事。女生从小玩布娃娃等，活动的范围较小，多涉及语言和个人情感交流，发展了较窄的技能和动机，参与的活动大多是被定向的、组织好的，独立解决问题的能力比较欠缺；反之，男生看球赛、操纵模型等，活动面广，自然促成男生在分类、组合、想象等方法和能力方面的爱好和特长。在许多家庭和学校中，成年人给女生更多的保护和限制，很少在其独立、竞争方面给予鼓励；男生的创新性常常能够得到赞赏，从而鼓励他们超越已有的法则去做创新性思考。

3. 教育因素的影响

与遗传因素和社会环境相比，教育尤其是学校教育，在人的身心发展中起着主导作用。

教育可以控制和利用各种环境,发挥一切积极因素的作用,排除和限制一切消极因素的干扰。因此,教育对数学能力性别差异的影响是很大的。具体表现在:

(1)数学课堂教学过程中,忽视男、女生的性别差异。部分教师对男、女生在生理、心理、认知结构上的差异认识不足,片面强调认知教育,追求升学率。在初中,女生利用言语发展的优势,以偏重记忆背诵的方法获取知识,取得好成绩。教师认为学生背会了就掌握了,不去探究学生理解能力和思维能力的发展水平。

(2)教师性别角色的影响。教师的认知、思维方式以及表现出来的倾向,带有自身的性别特征,不可避免地影响到学生。从这个意义上来讲,教师的性别意识具有一种"源"的作用和地位,因此应努力使教师队伍的性别比例保持平衡。

(3)教材内容的影响。传统的中学数学教材主要是按"概念—定理—例题"的模式来编排的,不利于启发式教学,助长了学生机械记忆和单向思维的能力。而且,教材编写忽视了性别差异,内容过于抽象,缺乏审美和情感因素,使女生倍感枯燥,应用简单模仿、套用模式解答问题,但对于无模式可循的问题,女生则显得有点束手无策。新课程改革以来,数学教材的编写较大程度上考虑到了不同学生的认知特点,编写模式有重大改进,注重知识的发生、主动学习、独立思考、问题解决、探究交流、数学应用等,试图缩小男、女生的差异。

三、数学气质类型的差异

许多数学家与心理学家(如庞加莱、克鲁捷茨基等)都认为存在不同的数学气质类型。克鲁捷茨基认为,"学校式"的数学气质类型的存在,与学生心理活动中的言语-逻辑和视觉-形象成分的相对作用有关。他依据以下指标对学生进行了研究:① 受试者解题时在多大程度上依靠视觉意向,他是否努力把数学关系视觉化,甚至对最抽象的数学系统做出形象的解释;② 受试者的空间几何概念是如何完善地发展起来的——对于空间几何体的位置及各部分的相互关系,以及立体、图形、平面、线段的相互关系,他进行视觉化的能力(即几何想象力)达到何种水平。研究得出了三种以不同方式使数学活动能顺利进行的数学气质类型:分析型、几何型和调和型。这些类型(极端例子除外)之间的界限并不十分清楚,其间存在过渡性的(混合)变式。分析型的特点是:高度发展的语言逻辑成分比微弱的视觉形象成分明显地占优势;很容易运用抽象模式进行运算,在问题解答中不需要形象化的东西或模型来支持,即使是在问题的已知数量关系中已经暗示出视觉概念时,也是如此。几何型的特点是:发展得非常好的视觉形象成分比语言逻辑成分占优势;常感觉需要形象地解释抽象的数量关系,并表现出很强的独创性;常用图形表示取代逻辑;当以形象化方式解答问题失败时,用抽象的方案进行运算就有困难;总是坚持用视觉的图式、表象和具体的概念进行运算,甚至当问题依靠推理很容易解决,使用形象的方法显得多余或困难时,也是如此。调和型的特点是:在语言逻辑成分的主导下,语言逻辑成分和视觉形象成分发展得相对平衡。我们以函数概念的学习为例来看看不同数学气质类型的表现。几何型学生善于使用形象表示(图像、表格），能理解形象化方式的函数关系，且当函数关系或解析式能给予几何图形上的解释时，才感到它是清楚、可信的；当进行纯粹解析表示运算时，感觉困难。分析型学生虽也能作简单函数的图像，但常把图像置于函数本身之外，不把它看作函数的一部分；在函数问题解答中，只靠解析法处理信息，不善于依靠已有图像去理解函数，解释与理解图像的能力差。调和型学生则努力实现数与形的有机结合。

思 考 题 五

1. 什么是能力？什么是数学能力？
2. 数学知识、数学技能和数学能力有怎样的关系？
3. 你认为数学能力应包含哪些要素？
4. 如何培养学生的数学一般能力？
5. 结合实例谈谈如何培养学生的运算能力、空间想象能力。
6. 如何在数学教学中培养学生的逻辑思维能力与非逻辑思维能力？
7. 数学新课程标准在学生数学能力培养方面有什么新理念？
8. 如何在数学教学中培养学生的数学实践能力？

本章参考文献

[1] 曹才翰. 中学数学教学概论[M]. 北京：北京师范大学出版社，1990.

[2] 林崇德. 教育的智慧——写给中小学教师[M]. 北京：开明出版社，1999.

[3] 郭秀艳. 内隐学习[M]. 上海：华东师范大学出版社，2003.

[4] 曹才翰，章建跃. 数学教育心理学[M]. 北京：北京师范大学出版社，2006.

[5] 克鲁捷茨基. 中小学生数学能力心理学[M]. 赵裕春，等，译. 北京：教育科学出版社，1984.

[6] 喻平，孙杰远，汤服成，等. 数学教育学导引[M]. 桂林：广西师范大学出版社，1998.

[7] 林崇德. 中学生能力发展与培养[M]. 北京：北京教育出版社，1992.

[8] 喻平. 数学能力的成分与结构[J]. 课程、教材、教法，1997，11：26-28.

[9] 朱文芳. 对数学教学中提倡"算法多样化"的几点认识[J]. 数学通报，2003，4：18-20.

[10] 卢仲衡. 中学数学自学辅导教学实验文选（第一集）[M]. 北京：地质出版社，1983.

[11] 胡中锋. 中小学生数学能力结构研究述评[J]. 课程、教材、教法，2001，6：45-48.

[12] 傅安球. 男女心理差异与教育[M]. 郑州：河南教育出版社，1987.

[13] 朱文芳. 函数概念学习的心理分析[J]. 数学教育学报，1999，8(4)：23-25.

[14] 胡炯涛. 数学教学论[M]. 南宁：广西教育出版社，1996.

[15] 郑君文，张恩华. 数学学习论[M]. 南宁：广西教育出版社，1991.

第六章

中学数学学习

本章通过对什么是学习的回答,介绍了奥苏伯尔(D. P. Ausubel)、加涅(R. M. Gagne)、布鲁姆对学习的分类。针对学生学习的特点,分析了中学数学学习的心理过程;讨论了学习迁移理论与数学教学以及现代信息技术辅助教学与中学数学学习等的相关问题。

第一节　学习的基本理论

一、学习的特点

什么是学习?从字面上讲,学习就是学、思、习、行的总结,通常有广义学习和狭义学习两种解释。广义上讲,学习是人类和动物所共有的一种心理活动,是指经验的获得以及比较持久的行为变化过程。也就是说,并非所有的行为变化都是学习,只有在知识经验积累基础上的行为变化才是学习,而且学习是一个渐进提高的过程。学习的行为变化既有外显的变化,如动作技能,也有内隐的变化,如观念认识和心智技能等;既包括实际操作上的行为变化,也包括态度、情绪、智力上的行为变化。狭义上讲,学习仅指人类的学习。人类在各种社会实践中,通过人际交往、观察分析、思维训练、实验操作等各种方式,以语言为媒介,自觉、主动地掌握人类社会发展历史过程中所积累起来的知识和技能,并形成一定的行为和情感的过程都是学习。

(一)学生学习的特点

学生学习是人类学习的一种特殊形式,是教育教学研究的重点。它主要是指在教育情境中,以掌握一定的系统科学知识技能、社会活动规范和行为准则等为基本任务,有目标、有计划,在一定组织形式下进行的比较持久的行为变化过程。在现代社会中,学生的学习不仅指在学校中的学习,而且还包括利用电脑、电视、广播、自学辅导材料等获得知识的学习。

学生学习的特点主要有：以系统掌握间接经验为主，是在人类发现基础上的再发现；是在教师指导下依据一定的教材进行的；主要目的是为今后进一步学习或参加社会工作、生产劳动奠定基础；受规定学制时间限制。

（二）中学数学学习的特点

中学数学学习，是指学生通过获得数学知识经验而引起行为、能力和倾向变化的全过程。具体地说，它是指依据数学课程标准，按照一定的目的、内容、要求，在教师的指导下，系统地掌握数学基础知识与基本技能，逐步地发展各种能力，尤其是数学能力，养成良好的个性品质和辩证唯物主义观点的过程。数学学习是对数学学科的学习，由于中学数学学科具有与其他学科明显不同的突出特点，所以中学数学学习除了具有一般学生学习的特点之外，还呈现出下述显著特征：

（1）中学数学学习是一种科学的公共语言学习。由数学符号以及它们的各种有机组合所构成的数学，可以反映存在于现实世界中的一些关系和形式，因此数学是一种语言。数学语言被广泛运用于各门科学，并且也是世界上使用最为广泛的语言，以至于人们试图把勾股定理"$a^2+b^2=c^2$"作为星际生物间通信的语言。

（2）中学数学学习必须具备较强的抽象概括能力。数学的抽象在对象上、程度上都不同于自然科学和社会科学的抽象。首先，数学的抽象撇开对象的具体内容，仅仅保留空间形式或数量关系；其次，数学的抽象是逐步发展的，它达到的抽象程度大大超过了自然科学中的一般抽象。数学这种高度抽象性的特点，决定了中学数学学习必须具备较强的抽象概括能力。

（3）中学数学学习有利于学生推理能力的发展。数学是一门建立在公理体系基础上，一切结论都必须加以严格证明的科学。数学证明中所采用的最基本、最主要的逻辑形式就是三段论。在数学学习中，需要学生反复学习使用三段论来解答各种数学问题，并且还要求他们能够达到熟练掌握的程度。这对于学生推理能力的发展无疑是极其有利的。

二、学习的分类

通过对学习进行分类，一方面，能使我们认识不同类型学习的特点与规律，揭示出学习者在同类学习活动中的心理机制；另一方面，有利于教师根据不同的学习类型，分别采用与之相适应的教学方法和课堂活动形式，促进学生的学习。关于学习，在学习心理学上存在着各种各样的分类方法。下面简单介绍如下：

（1）美国教育心理学家奥苏伯尔从认知过程出发，提出了有意义学习理论。有意义学习分为三类：表征学习、概念学习、命题学习。

① 表征学习，是指学习单个符号或一组符号的意义，或者学习它们代表什么。表征学习的主要内容是词汇学习。

② 概念学习，是指学习同类事物共同的关键特征，它是有意义学习的另一类较高级的形式。

③ 命题学习,是指学习若干概念之间的关系,或者学习由几个概念联合所成的复合意义。学习命题必须先获得组成命题的有关概念的意义。命题学习必须以概念学习为前提,以表征学习为基础。

(2)美国教育心理学家加涅根据学习水平的高低和学习内容的复杂程度把学习分成八类:信号学习、刺激-反应学习、连锁学习、词语联想学习、辨别学习、概念学习、法则学习、问题解决学习。

① 信号学习,是指由单个事例或一种刺激的若干次重复所引起的一种无意识的行为变化,它属于情绪的反应。其后果可能愉快,也可能不愉快。例如,数学教师对一个学生的不适当的批评(如讽刺、挖苦等),也许决定了该学生对数学的厌恶情绪。这里教师的言语是一种刺激,唤起了学生厌恶数学的反应。信号学习是不随意的学习,不易由学习者控制,但可以对学习者的行为有相当大的影响。因此,作为一名数学教师,应当努力提供无条件刺激或提供积极的、意料之外的刺激,以唤起学生的愉快情绪。

② 刺激-反应学习也是一种对信号做出反应的学习。与信号学习不同的是,它是随意的学习,伴随着身体上的外显动作,而且常常需要强化刺激来实现。有关人的纯粹刺激-反应学习,主要发生在年幼儿童中。

③ 连锁学习,是指两个或两个以上非词语刺激-反应学习的一个有序结合,其中每个刺激-反应称为一个链环,各个链环的有序结合称为一条链。这样,连锁学习又可以称作运动链学习。连锁学习的出现,要求学习者拥有这条链所需要的每个刺激-反应的链环。例如,数学中的尺规作图,就需要学生具有使用直尺画线和圆规画弧的能力以及对几何模型的理解。教师对要求的行为提供奖赏和加以强化,能促进刺激-反应学习和连锁学习。

④ 词语联想学习是词语刺激形成的链,也就是先前学会的两个或两个以上词语刺激-反应行为的有序联系。最简单的词语联想就是把一个事物的外表和它的特征联系起来。数学学习中词语联想学习是丰富的,在问题具体化的过程和把实际问题数学化的复杂心理过程中,都要求学生有丰富的数学词语的储备及联想能力。对话(交互、交流、交际)是词语联想学习最重要的应用。数学概念的表达、命题证明过程的叙述以及运算过程合理性的说明,都需要学习者拥有大量已学会的词语联想链。因此,作为数学教师,应当鼓励学生正确而简明地表达数学事实、概念和原理;积极参与学生的讨论;要求学生多进行合作交流。

⑤ 辨别学习就是学会对不同的刺激,包括对那些貌似相同但实质不同的刺激做出不同的识别反应。辨别学习的困难在于:一是形式相同而实质不同的两个对象;二是形式不同而实质相同的两个对象。教师在教学中应注意合理地运用辨别学习,使学生在不断辨析过程中真正掌握各种技能和方法。

⑥ 概念学习,是指学习认识具体对象或者具体事件的共同性质,并且把这些对象和事件作为一类进行反映。从这一意义上看,概念学习是辨别学习的反面。辨别学习需要根据对象的不同特性去区分它们,而概念学习则要把具有某一共同性质的对象归为一类,并且对

这个共同性质进行反映。任何具体概念的获得,必须伴随着需要预先具备的刺激-反应链、适当的词语联想链以及特性区分的多重辨别。

⑦ 法则学习是以一系列的行动(反应)对一系列条件(刺激)做出反应的能力,它是促进人类进行既有效又连贯的活动的一种突出学习类型。数学学习中的大部分内容就是法则学习。

⑧ 问题解决学习是加涅的学习分类体系中层次最高的一类学习,它含有发明创造的意思。所谓问题解决,就是以独特的方式去选择多组法则,综合运用它们,最终建立起一个或一组新的、更高级的、学习者先前未曾遇到过的法则(数学家所进行的研究工作一般来说都属于问题解决学习之列)。它与法则学习不同,在数学学习中解答一般的常规性问题不能算作问题解决学习,这只不过是法则的运用。

(3) 美国教育家、心理学家布鲁姆按学习目标将学习分成六类：知识学习、理解学习、应用学习、分析学习、综合学习和评价学习。

三、学习的方法

(1) 模仿：按照一定的模式进行学习。模仿是学习的基本方法,它直接依赖于教师的示范。如学习符号的读写、工具的操作、画图技法、解题表达、方法运用等都属于模仿学习。

(2) 练习：可以对学习的效果产生影响并能促成强化作用的学习行为。练习是数学学习中一种最主要的操作形式,它对于学生掌握基础知识和基本技能,培养和提高他们的能力都是不可少的。

(3) 发现：人们运用自己的智慧去获得前人从未获得过的知识的过程。数学学习中的发现,是指学生对自己大脑中已有的数学信息进行操作、组织和转化,从而亲自获得新信息所进行的学习。数学学习中的发现不是数学家所进行的发现工作,而只能是一种在教材内容范围内进行的再发现学习。其过程是：掌握学习课题,提出猜想,进行验证。

第二节　数学学习过程分析

本节先介绍三种不同时期有代表性的基本学习观,然后对数学学习过程做较为深入的基本心理分析。

一、三种基本学习观

(一) 行为主义的学习观

行为主义的学习观是以巴甫洛夫(Иван Петрович Павлов 俄国生理学家、心理学家)、斯金纳(B. F. Skinner,美国心理学家)、桑代克(美国心理学家)等为代表的刺激-反应联结的学习观点。

巴甫洛夫通过一定声响与肉块的多次结合,引起狗的唾液分泌反应的实验,认为学习是一种暂时神经联系的形成,是一种经典的条件反射(简称条件反射说)。

斯金纳通过白鼠偶尔踏上操纵杆得到食丸,之后不断地按压操纵杆,直到吃饱为止的实验,认为学习是在奖赏下操作某种工具的条件反射,提出了"刺激—反应—强化"的学习模式。

桑代克通过大量的动物实验,认为学习即联结,是不断尝试错误,直至成功的过程,即试误说。

行为主义的基本主张之一是客观主义——分析人类行为的关键是对外部事件的考察。反映在教学上,行为主义认为学习就是通过强化建立刺激与反应之间的联系。教育者的目标在于传递客观知识,而学习者的目标是在这种传递过程中达到教育者所确定的目标,得到与教育者完全相同的理解。

(二) 认知论学习观

认知论学习观是以格式塔学派(心理学重要流派之一)、托尔曼(E. C. Tolman,美国心理学家)、布鲁纳等为代表的认知观点。20 世纪 60 年代以后,这种观点逐渐取代了行为主义的观点。认知是将感知到的信息在大脑中转换、消化、储存、恢复和应用的全过程。

格式塔学派通过观察黑猩猩由于一次抢起短棒打下高处香蕉,以后能产生类似行为的实验,认为学习是一种"领悟"的过程(简称顿悟说)。托尔曼通过老鼠走出迷宫的实验,认为学习是一种潜在的认知结构,既不在于奖赏,也不在于自身强化的过程。

布鲁纳和奥苏伯尔认为学习是认知结构的组织与重新组织,是通过原认知结构与新的认知对象发生联系而实现的。有内在逻辑结构的知识与学生原有认知结构相联结,新、旧知识相互作用,新知识在学生大脑中就获得了新的意义,这就是学习的实质。布鲁纳主张学生积极主动地学习,认为教学就是创设有利于学生发现、探究的学习情境,组织安排好一个良好的教学结构。而奥苏伯尔则强调有意义的接受学习,主张通过语言形式理解知识的意义,接受系统的知识,认为教学就是安排好教学结构,调动和准备好原有认知结构,并使两种结构能自然、合理地发生关系。

皮亚杰把研究的着眼点由如何获得可靠知识转向了认知的发生过程。他认为知识通过学生主动地建构才能获得,并指出两种不同的建构方式:同化与顺应。同化即通过改造新知识,使其能够纳入原有知识结构,而顺应则是通过改造原有知识结构,使其能够适应新知识的学习。同化与顺应是认知过程中学生原有数学认知结构与新学习的知识相互作用的两种不同形式,它们往往存在于同一学习过程中,只是侧重点不同而已。

认知论的学习观基本上还是采取客观主义的传统,与行为主义学习观的不同之处在于强调内部的认知过程。

(三) 建构主义学习观

建构主义学习观是当代教育心理学领域中的一场革命,是学习理论从行为主义发展到认知主义之后的进一步发展。建构主义认为人们对客体的认识是一个主动建构的过程，是在已有知识基础上的"生成"过程，而不是思维对于外部事物或现象的简单、被动的反映。学习者以自己的方式建构对事物的理解，从而不同人看到的是事物的不同方面，不存在唯一标准的理解。学习过程同时包含两个方面的建构：一方面，通过同化对新知识的意义的建构；另一方面，通过顺应对原有经验本身进行改造和重组。建构学习不能靠死记硬背、机械模仿，而要靠理解和思考。学生靠自己已有的知识经验对学习内容做出解释，使其对自己来说具有新的意义。

建构主义学习观强调合作学习和交互式教学，认为个人的建构往往是不完善的，应通过合作讨论，让大家相互了解彼此的不同见解，看到事物的不同侧面，从而形成更加丰富、更加深刻的理解。学生不断反思自己的思考过程，对多种观念加以组织和重新组织，这有利于学生建构能力的发展。同时，建构主义认为教师应是学生学习活动的促进者，要深入了解学生真实的思维活动。教师应根据原有的认知结构特征去进行教学，对学生错误的纠正方式也应促进学生对自己错误的"自我否定"。教师的主要任务是为学生的学习创设良好的环境，这包括提供必要的知识基础、思维材料以及民主、宽松、愉快的学习氛围（关于这部分内容，在第九章展开阐述）。

二、中学数学学习的过程

数学学习的过程实质上是在特定的学习情境中，在教师的主导下，学生主体对数学知识的认知活动过程。在这个过程中，学生的数学认知结构在学习数学的情感系统的参与和影响下，不断地对数学新知识进行认知操作，结果导致学生的数学认知结构和学习数学的情感系统不断地变化和发展，从而达到数学学习目标的要求。

（一）知识结构

数学知识结构是由数学概念、公理、定理、法则和方法形成的知识体系，是一种客观存在。它包含两个基本要素：一是最基本知识；二是其他知识与最基本知识的联系。所谓掌握知识结构，实质上就是掌握这两个基本要素。这里所说的最基本知识和其他知识是相对而言的。一般说来，章有章的最基本知识，节有节的最基本知识，课有课的最基本知识，因而在不同的范围，也就有不同的知识结构。

（二）认知结构

所谓数学认知结构，指的是学生大脑中的数学知识按照自己理解的深度、广度，结合着自己的感觉、知觉、记忆、思维、联想等认知特点，组合成的一个具有内部规律的整体结构。由于个体对数学知识感知、理解、选择和组织等方面存在明显的差异，因而数学认知结构具有浓厚的认知主体性和强烈个体主观色彩，表现出多方面的特点。主要有以下几点：

（1）数学认知结构是数学知识结构和学生心理结构相互作用的产物；

(2)数学认知结构按照数学知识的概括水平及抽象度的高低形成阶梯层次;

(3)数学认知结构既是一个内化了的知识经验系统,可以创造性地解决问题,又是一个认知操作系统,可以提供取得知识的策略和方法;

(4)数学认知结构随着认识的不断深入而更加分化和融会贯通。

(三)数学知识结构与数学认知结构的关系

数学知识结构是数学家研究的对象,数学认知结构是心理学家研究的对象,它们的区别表现为:

(1)数学知识结构是前人在实践中研究数学所积累的经验总结,是客观的,对学生是外在的东西;数学认知结构是学生学习数学时在自己大脑中逐步形成的认知模式,是主观的,对学生是内在的、心理的东西。

(2)数学知识结构是教材中按照一定顺序组织起来的,是学生通过学习能够掌握的;数学认知结构是学生认知这些数学内容的智能活动模式,它有正误、优劣之分,在一定程度上体现了学生学习数学的能力。

(3)同一数学知识结构的内容,可通过不同的数学认知结构去掌握。单纯的数学知识积累,不等于数学认知结构的形成。数学的认知结构有一个由简单到复杂,由低级到高级的发展过程。

当然,数学知识结构与数学认知结构之间也有着密切的联系。这是因为学习数学时的认知结构不能离开数学知识结构而产生,形成了一定模式的认知结构,也就相应地掌握了有关的知识结构。同时,在学习数学的过程中,如通过创造性的思维,发现了新认知模式,反过来可丰富数学内容,从而改组或发展数学知识结构。事实上,学习数学的过程,可以说是人类的数学知识结构转化为学习者的数学认知结构的过程,也是将前人解决问题中所形成的独特的数学认知结构转化为人类共同知识财富的过程。

(四)数学学习过程的一般模式

根据认知主义的学习理论,中学数学的学习过程是一个数学认知过程。数学学习过程的一般模式如图 6-1 所示。这个过程包括以下四个阶段:

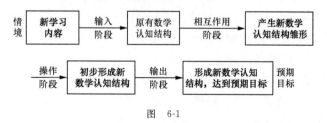

图 6-1

(1)输入阶段。学习起源于学习情境。输入阶段实际上就是给学生提供新学习内容,创设学习情境。在这一学习情境中,学生原有的数学认知结构和新学习内容之间发生冲突,在心理上产生学习新知识的需要,这是输入阶段的关键。因此,教师在此阶段所提供的新学习内容应当适合学生的能力、兴趣,激发其内部学习动机。

(2)相互作用阶段。当新学习内容输入后,学生的数学认知结构和新学习内容发生作用,并以同化和顺应两种基本形式,进入相互作用阶段。

(3)操作阶段。操作阶段实质上是在相互作用阶段产生的新数学认知结构雏形的基础上,通过练习等活动,使新学习的知识得到巩固,从而初步形成新数学认知结构的过程。通过这一阶段的学习,学生学到了一定的技能,使新学习的知识与原有认知结构之间建立联系。

(4)输出阶段。这一阶段在操作阶段的基础上,通过解决数学问题,使初步形成的新数学认知结构臻于完善,最终形成新的良好的数学认知结构,学生的能力得到发展,从而达到数学学习的预期目标。

在数学学习过程中,以上四个阶段是密切联系的,任何一个阶段的完成状况都会直接影响数学学习的效果,其中相互作用阶段是关键,无论是新知识的接收,还是纳入,都取决于学生原有数学认知结构。因此,为顺利完成以上四个阶段的任务,教师首先要考虑学生已有的基础,然后考虑数学教学内容的难易程度,确保学生原有数学认知结构与新数学知识的相互作用。此外,教师还应注意做好数学认知学习的决策分析,包括认知目标分析、认知起点测定、认知过程诊断和认知结果评定等。

三、学习迁移与数学教学

(一)学习迁移的概述

所谓学习迁移,指的是已经具有的知识、动作技能、情感态度等对新的学习的影响。也就是说,学习迁移是指一种学习对另一种学习的影响或习得的经验对其他活动的影响。这里需要提出的是,这种迁移不仅表现为先前学习对后续学习的影响,也表现为后续学习对先前学习的影响。迁移是数学学习中普遍存在的一种现象。例如,实数的学习会影响复数的学习,而复数的学习反过来又加深了对实数的理解;平面几何的学习会影响立体几何的学习,而立体几何的学习反过来又深化了对平面几何的理解。不仅如此,在数学知识、技能和能力之间也存在着迁移现象。例如,随着代数知识学习的深入,学生会逐渐把方程知识、不等式知识与函数知识有机地联系起来,形成合理的知识组块。在面临有关问题时,通过这些知识的合理转换,形成合理简捷的解决方法。诸如此类的数学知识之间的相互影响、相互渗透,都是数学学习的迁移现象。若一种学习对另一种学习起促进作用,则该种迁移叫作正迁移(或迁移);若一种学习对另一种学习起干扰或抑制作用,则该种迁移称为负迁移(或干扰)。在教学中,教师要有效地促进学生学习的正迁移,防止学习中产生负迁移。在数学学习中,如果先前学习对后续学习起促进作用,则称之为顺向正迁移;反过来,若是后续学习能巩固、促进先前学习,则称之为逆向正迁移。如果不是促进作用,而是消极作用,则相应地称为顺向负迁移和逆向负迁移。

(二) 数学学习迁移的作用

数学学习的迁移存在于整个数学学习系统中,它在数学学习中的作用主要表现在下面两个方面:

(1) 数学学习的迁移使学生习得的各种数学知识之间建立更加广泛而牢固的联系,使之概括化、系统化,形成具有稳定性、清晰性和可利用性的数学认知结构;能够有效地吸收数学新知识,并逐渐向自我生成数学新知识发展。学习数学的主要目的是:发展学生的思维能力,并能够应用所学知识解决问题。这些都要依靠数学学习迁移来实现。这是因为,无论是在数学知识的应用过程中,还是在解决当前问题时,都在迁移的作用下使已有数学认知结构得到组织和再组织,提高其抽象概括程度,使其更加完善和充实,形成一种稳定的调节机制。这种稳定的调节机制,会在今后的数学活动中发挥更好的作用。

(2) 数学学习的迁移是数学知识、技能转化为数学能力的关键。数学的"双基"是数学活动调节机制中不可缺少的因素,是数学能力的基本构成成分。数学能力作为一种个体心理特征,是一种稳定的、能有效调节数学活动进程和方式的心理结构,它的形成既依赖于数学知识和技能的掌握,更依赖于这些知识和技能的不断概括化、系统化。数学知识和技能的掌握是在新、旧知识和技能相互作用过程中实现的,因此必然存在着迁移,而且数学知识、技能的类化只有在迁移中才能实现。

(三) 影响数学学习迁移的因素

数学教学怎样最大限度地实现正迁移,降低负迁移,关键是弄清影响学习迁移的因素。下面仅简单分析讨论对迁移影响较为明显的几个方面因素:

(1) 数学学习材料的相似性。迁移需要通过对新、旧知识和经验进行分析、抽象,概括出其共同成分才能实现。心理学的研究表明,相似程度的大小决定着迁移范围和效果的大小。如果两个学习材料有共同的结构成分,则产生正迁移;否则,不能产生正迁移。学习材料之间的相似性是由共同因素决定的,共同因素越多,相似性越大。因此,在数学教学中,注重抓共同因素,通过共同因素来促进迁移,可以增强教学效果。

(2) 数学活动经验的概括水平。数学学习的迁移是一种学习中习得的数学活动经验对另一种学习的影响,也就是已有经验的具体化与新课题的类化过程或新、旧经验的协调过程。因此,已有数学活动经验的概括水平对迁移的效果有很大影响。一般来说,概括水平越低,迁移范围就越小,迁移效果也越差;反之,概括水平越高,迁移的可能性就越大,效果也越好。在数学学习中,重视基本概念、基本原理的理解,重视数学思想方法的掌握,其意义就在于这些知识的概括水平高,容易实现广泛的、效果良好的迁移。

(3) 数学学习定式。定式也叫作"心向",是先于一定的活动而指向这些活动的动力准备状态。定式本身是在一定活动基础上形成的,它实际上是关于活动方向选择方面的一种倾向性,这种倾向性本身是一种活动经验。由于定式是关于选择活动方向的一种倾向性,因此对迁移来说,定式的影响既可以起促进作用,也可以起阻碍作用。后续作业是先前作业的同类课题时,一般来说,定式对学习能够起促进作用。在数学教学中,我们往往利用定式的这一作用,循序渐进地安排一组具有一定变化性的问题来促使学生掌握某种数学思想方法。如果要学习的知识与先前的某些知识貌似相同但本质不同,或者虽然类似但需要进行变通,这时定式可能产生干扰作用,使思维僵化、解题方法固定化,从而阻碍迁移。因此,为了克服定式所造成的负迁移,应当使知识的学习与其使用条件的认知结合起来,加强根据具体条件灵活应用知识的训练。

（4）学习态度与方法。当对学习活动具有积极的态度时,便会形成有利于学习迁移的心境。将已知的知识与技能积极主动地运用到新的学习中去,学习迁移可能在不知不觉中发生;反之,学习态度消极,则不会积极主动地从已有的知识经验中寻找新知识的联结点,学习迁移就难以发生。学习方法也会影响学习迁移,掌握了灵活的学习方法就会有助于学习迁移。

（5）智力与年龄。智力对学习迁移的质与量都有重要的作用,智力较高的学生能比较容易地发现两种学习内容和情境之间的共同因素或关系,能够比较顺利地将以前习得的学习策略和方法灵活地运用到后续学习中。年龄也是影响学习迁移的一个因素,因为不同年龄段学生的思维发展水平不同,学习迁移产生的条件与机制也会不同。

（四）促进学习迁移的数学教学原则

真正有效的数学教学,能够帮助学生的数学学习从一个情境迁移到另一个情境,从一个问题迁移到另一个问题,从学校课堂迁移到社会生活,最大限度地促进学生的数学学习迁移。为了实现这个目标,我们在数学教学中应遵循以下教学原则:

（1）夯实基础知识和基本技能。知识之间、技能之间的共同因素是产生学习迁移的重要客观条件,只有学生掌握了扎实的基础知识和基本技能,才能为新知识和新技能的顺利学习提供有利的条件。

（2）注重数学思想方法。数学问题浩如烟海,千变万化,而且新问题层出不穷,教师不可能对所有问题一一作解。这就要求教师能交给学生解答数学问题的“钥匙”——数学思想方法。教师在讲授数学知识的同时,要有意识、有目的地挖掘出隐含于教学内容中的数学思想方法,引导学生积极参与概念的形成、结论的探索发现和推导、问题的探究解决等过程,从知识的发生过程中领悟、体验数学思想方法。只有这样,学生才能在解决问题时,游刃有余地进行知识迁移。

（3）教学内容的安排要突出知识的内在联系,突出已具备的知识与新知识的共同因素。

学习对象之间共同因素越多,正迁移发生的可能越大。教师对教学内容的安排合理,能突出新知识与已具备的知识的共同因素,使学生在心理上觉得新知识并不"陌生",甚至觉得有些是自己已掌握了的知识,就形成了诱发正迁移的良好条件。在教学中,可以采用类比的方法,使学生触类旁通。若学生在获取新知识和技能时觉得只是在原有的知识和技能基础上向前拓展一步,心理上便容易接受,迁移的效果就显著。

(4)努力创设与实际相似的情境。学习迁移常常发生在两个相似的学习情境之中,学习情境与日后应用知识的实际情境越相似,越有助于迁移。因此,教师在教学中应尽量为学生创设与实际相似的情境,这样就可以增强现实感,有效促进迁移。如果在数学教学中较多使用数学模具,将能增强现实感,增强形象感,有利于学习的迁移。

(5)注意启发学生对学习内容进行概括。如果学生具有独立分析、概括问题的能力,能觉察到事物之间的内在联系,善于掌握新、旧知识和技能的共同特点,就有利于知识和技能的迁移。学生的概括能力越强,越能反映同类事物间的共同特点和规律性联系,就越有利于迁移的产生。

(6)进行适当的心理诱导,形成有利于迁移的定式。在学习过程中,学生应用知识的准备状态,便是一种定式,它可以促进正迁移的发生,也可能促使负迁移的发生。如果定式与所要解决的问题相适应,则定式就发生积极作用,产生正迁移。因此,在数学教学中,应利用定式的积极作用,循序渐进地安排一些具有一定变化性的问题,通过对旧知识的复习,用启发、联想、提示等方法,把学生的注意力引导到新知识上来,进入有利于学习新知识的状态,形成正迁移的定式,以便学生掌握数学规律、形成数学方法。例如,在对数运算法则的学习过程中,多数学生理解法则 $\log_a x + \log_a y = \log_a xy$ 比较困难,因为受到了公式 $ax + ay = a(x+y)$ 的影响,产生了思维的"呆板",形成了思维定式,从而误把对数运算法则 $\log_a x + \log_a y = \log_a xy$ 定式为 $\log_a x + \log_a y = \log_a (x+y)$。为此,我们在教学中可先安排学生用计算器计算下列各题,并比较大小:

$$\lg 2 + \lg 5 \ \text{与} \ \lg(2 \times 5); \quad \lg 3 + \lg 2 \ \text{与} \ \lg(3 \times 2); \quad \lg 4 + \lg 8 \ \text{与} \ \lg(4 \times 8)。$$

通过这组练习,学生获得了感性认识,同时对原来定格的式子产生了怀疑。通过比较,适当地进行心理诱导,形成正确的思维定式,把正确的法则 $\log_a x + \log_a y = \log_a xy$ 定格下来,接着给出推导方法,再做巩固练习,从而帮助学生顺利地过渡到新知识的学习中去。

(7)构建民主、融洽的学习氛围。在课堂教学中,教师要根据教学要求和学生的特点创设活动情境,以学生讨论式、师生谈话式、学生独立探究式等多种教学模式为手段、活动为载体促使学生参与,让每个学生都能积极思考和自主学习,同时给予必要的学法指导;根据学生的各种表现进行灵活处理,给予鼓励,提出激励;由浅入深地设置问题,每个层次跨度不要太大,让学生获得解决问题的成功感,积累自信心。只有积极创设民主、融洽的学习氛围,让学生在教师的指导下进行自主性地学习,才能不断地提高学生的学习能力。

第三节　影响数学学习的因素分析

一、影响数学学习的内部因素

影响数学学习的内部因素主要包括：智力因素和非智力因素。智力因素直接承担着加工和处理信息的任务,而非智力因素不直接参与加工和处理信息的过程,它只是推动知识的加工和处理,发挥动力性作用。在数学学习过程中智力因素和非智力因素二者不可或缺,只有智力因素与非智力因素协同发展,才会产生好的学习效果。以下就影响数学学习的这两种内部因素分别予以介绍。

（一）智力因素

智力是保证人们成功地进行认知活动的各种稳定心理特点的综合。它主要是由观察能力、记忆能力、想象能力、思维能力和注意能力五种基本因素组成的,其中观察能力是基础,思维能力是核心。在数学学习过程中,思维能力和想象能力开始分化,逐步形成逻辑思维能力和空间想象能力,成为数学能力的组成部分(关于智力因素部分在第五章已有所论述,不再重述)。

（二）非智力因素

所谓非智力因素,是有利于人们进行各种活动的智力因素以外的全部心理因素的总称,它主要是由动机、兴趣、情感、意志、性格五个基本因素组成的。非智力因素中,对学习进程影响较为关键的是:

(1)学习动机。学习动机是直接推动学生学习的一种动力。动机产生于需要,人有了某种需要,就产生满足需要的愿望。当有了能够满足这种愿望的条件时,就产生了行动的动机和积极性。学习是人类社会和每个人的需要。中学生学习数学,既是国家、社会的需要,也是个人的需要。从需要出发,才能有效地培养与激发学生的学习动机。学生的学习动机一般有"追求成功的动机"和"避免失败的动机"两种。追求成功的动机,是指企图运用自己的才能,克服学习上的障碍,完成学习任务,取得优异成绩的学习动机。陈景润在读书时,听了关于哥德巴赫(Goldbach)猜想故事的讲解后,产生了学习数学的强烈愿望,这就是一种追求成功的动机。追求成功的动机是积极的动机。相对说来,避免失败的动机是消极的动机。同时,种种实验表明,追求成功的动机大于避免失败的动机时,往往容易取得好成绩;反之,就不容易取得好成绩。

(2)学习兴趣。兴趣是人们爱好某种活动或力求认识某种事物的心理倾向,它和一定的情感相联系。兴趣是在需要的基础上产生,在生活实践过程中逐步形成和发展起来的。学习数学的兴趣,是学生对数学对象和数学活动的一种力求趋近或认识的倾向。浓厚的兴趣,是学好数学的重要因素。正如爱因斯坦所指出的那样:"兴趣是最好的老师,它永远胜过责任感"。兴趣一般分为直接兴趣和间接兴趣两种。直接兴趣是对事物本身感到需要而引起的兴趣。间接兴趣只对这种事物或活动的未来结果感到重要,而对事物本身并没有兴趣。间接兴趣和直接兴趣是有可能转化的。我们在教学中,应尽可能通过多种途径有针对性地培养学生学习数学的兴趣。正如波利亚所说:教师有责任使学生信服数学是有趣的。

(3)学习意志。意志是人们为实现某个预定目的而进行自觉努力的一种心理活动过程。在学习数学的过程中,会遇到种种困难。怎样坚定信心,认真对待困难,继而战胜困难,从而获得知识、技能和能力,期间就经历了一个意志过程。不少后进生在学习中不是充满自信、自尊、自重,而是非常自疑、自卑、自弃;不是知难而上,而是见难就退。这是缺乏坚强意志的表现。所以,只有培养学生顽强的意志和坚韧的毅力,才能学好数学。良好的意志品质具有主动性、独立性、坚持性和果断性,它们是学好数学的必要条件。为培养学生学好数学的意志,就要经常结合教学,进行学习目的性的教育,激发学生学习责任心,帮助他们树立坚强的信念。同时,坚强的意志是在困难中形成的,教学中要有意识地创设一些困难情境,让学生磨炼自己的意志。教师要在学生学习中严格要求,在学生遇到困难时予以指导、鼓舞,以逐步提高他们的学习意志。

从上面的讨论可以看出,学习数学是一个十分复杂的心理过程,涉及学生自身的认知结构、智力因素和非智力因素等多个方面。

二、影响数学学习的外部因素

数学学习除了受学生智力因素和非智力因素等内部因素影响之外,还受教学方法、教育观念及文化传统等外部因素的影响。

(一)两个实例带给我们的启示

下面两个实例来自于美国特拉华大学蔡金法博士在2000年第九届国际数学教育大会上交流的研究报告。

(1)1987年,美国哈佛大学著名教授霍华德·加德纳(Howard Gardner)在南京进行访问研究。在他和他的家人下榻的金陵宾馆,房间的钥匙挂在一个塑料板上,他三岁多的儿子非常喜欢拿来玩。有一天,他儿子想学父亲把钥匙插进锁眼把门打开,但由于年纪较小,钥匙一直插不进去。经历多次尝试后,他终于如愿以偿地把钥匙插进去了。加德纳和他的太太继续让儿子尝试着将钥匙拧过来把门打开。因为他们的儿子似乎对这样的探索很感兴趣,就继续让他进行探索性的玩儿。但是,加德纳发现了一个很奇怪的现象,当宾馆服务员发现他儿子无法把门打开时,其中一个停了下来,手把手地教他儿子如何把钥匙插进锁眼里,如何拧,然后把门打开。服务员手把手地教完以后,对着他们笑一笑,似乎做了一件好事,就走了。然而,加德纳先生不但没有感谢那个服务员,反而怪她不礼貌地打断了他儿子津津有味的探索。这个小小的例子,从另外一个侧面反映了中国和美国在教育观念和方式上的不同。

(2) 1999 年,在对中国的 310 名小学六年级学生和美国的 232 名小学六年级学生进行的比较研究中,用既有过程受限题又有过程开放题的试卷进行测试。对测试结果进行的分析,反映出在计算题和简单文字题上中国学生的测试成绩要明显比美国学生的测试成绩好,特别是在计算题上,中、美学生的成绩差距最大。在过程受限题上中国学生的成绩要比美国学生的成绩好,但在过程开放题上,美国学生的平均成绩却比中国学生的平均成绩好。研究结果显示,不同的成绩模式似乎与题型有关。定量分析的结果也显示美国学生在过程开放题上的表现比他们在计算题、简单文字题和过程受限题上的表现要好;而中国学生在计算题上的表现最好,简单文字题和过程受限题次之,在过程开放题上表现最差。这一研究结果说明,学生在解决常规问题上的能力不一定等于他们在解决非常规问题上的能力。

从解题策略看,美国学生不仅用代数和算术的方法来解决问题,还很善于用图形、表格、试误等方法;中国学生往往倾向于使用代数和算术的方法,不善于使用图形、表格、试误的方法。

这次测试中有如下一个题目:有 7 个女孩、3 个男孩和 3 块同样大小的蛋糕。7 个女孩平分两块蛋糕,3 个男孩平分另外一块蛋糕。每个男孩和每个女孩是否得到同样多的蛋糕? 解释你的解答过程。在对这个问题的解答中,中国学生的平均分远远高于美国学生的平均分,但解题策略几乎千篇一律,90% 的学生通过分数或小数相减,比较大小获得解答,大多数在"理论"上表达如何切蛋糕的过程。美国学生的解题策略呈多样性和独创性,似乎比较"实用"。在他们使用的策略中,含有具体如何切蛋糕的成分。例如,3 个女孩和 3 个男孩各平分一块蛋糕,另外 4 个女孩平分一块蛋糕,这 4 个女孩分的蛋糕比男孩分的小,所以男孩子得的多(用图形表示这个结果)。又如,每个蛋糕切成 4 份,7 个女孩每人一份,还剩一份,男孩子每人一份,还剩一份,剩下的两份分别被 3 个男孩与 7 个女孩分,所以女孩得的少(用图形表示这个结果)。再如,每个蛋糕切成 21 份,每个女孩得 6 份,每个男孩得 7 份,所以男孩子得的多。

研究分析的结果认为:也许正是由于教学模式上的区别(一种是强调问题情境、鼓励学生积极探索、充分发挥学生能动性的教学;一种是强调基础知识、基本技能、以讲授为主的学生被动接受的教学)造成美国学生在过程开放题上的成绩比中国学生的成绩好,而中国学生在计算题、简单文字题、过程受限题上的成绩比美国学生的成绩好。

(二) 国内外学生数学学习比较带给我们的思考

上面的两个实例是中国学生与美国学生数学学习情况的缩影。事实上,许多关于中国学生与发达国家学生数学学习的比较研究都有类似的结果。

表 6-1 是中国与发达国家教学和学习方式的比较,这种状况与我们传统的教育观念、教学方法、文化背景等有着密切的关系。长期以来,我国中学数学课堂教学的模式基本上是"灌输-接受"式,忽视对学生主动获取数学知识的能力、态度、习惯、方式的培养。学生缺少自主探索、合作学习、独立获取知识的机会。教师注重的是如何把知识、结论准确地给学生讲清楚,学生只要全神贯注地听,把教师讲的记下来,考试时准确无误地写在卷子上,就算完

成了学习任务。因此,教师对学生的要求是倾听,"听"和"练"成为学生最重要的学习方法,从而造成我国学生强于基础、弱于创造,强于答卷、弱于动手,强于数学、弱于科学的局面。

表 6-1　中国与发达国家教学和学习方式的比较

中国	发达国家
听讲、接受	自主探索、合作交流
记忆、模仿	理解、创造
书本知识	实践活动
间接经验	直接经验

(三) 转变教育观念,促进数学学习

为了使学生有效地进行数学学习,真正把培养学生的创新精神和实践能力落到实处,广大数学教育工作者必须更新教育观念。更新教育观念主要涉及以下几方面:

(1) 人才观的转变。教育要以学生的发展为中心,必须让学生全面和谐发展,人人都可以成才。

(2) 教育观的转变。要从以教师为本,或以教材为本,转向以学生为本;要从为教而教转变为教是为了最终达到不需要教;要从为学生升学负责转变为学生的一生做规划;要从传统的师道尊严转变为教师是学生发展的促进者,师生是互动的合作关系、朋友关系;要教师由学生的管理者转化为学生全面发展的引导者。

(3) 评价观的转变。要由单纯的通过考试分数进行评价转变为方式多样的多元评价,注重结果,更注重过程的评价,定量与定性相结合的评价。

(4) 课程观的转变。要师生由课程与教材的忠实执行者转化为以教材为知识载体的师生课程文化的共建者。教学中要做到师生共同开发教材、丰富教材。

第四节　数学教师与中学数学学习

一、中学数学的学习目的

中学数学的学习目的,概括起来主要有三个方面内容:一是切实学好数学的基础知识和基本技能;二是培养、发展学生的能力;三是培养学生的辩证唯物主义观点和良好的个性品质。

(一) 切实学好数学的基础知识和基本技能

1. 数学的基础知识

中学数学的基础知识,是指中学数学中的基本概念、公式、定理、法则以及基本的数学思想方法。学好数学的基础知识是数学教学的首要任务。任何削弱基础知识系统的做法都会导致严重的后果。数学的基础知识的教学任务不仅要使学生明确数学的基本概念,掌握教

材中的各种公式、定理、法则及应用，更重要的是使学生掌握好隐含在教材内容中的数学思想方法。当前，在中学数学教学中忽略数学思想方法的问题是比较突出的。

2. 数学的基本技能

所谓数学的基本技能，是在熟练运用数学基础知识的过程中形成的技能。中学数学中，要培养的基本技能主要表现为能运算、会绘图、会推理。例如，按照一定的程序与步骤进行运算就是运算技能；按照一定的步骤和程序熟练地完成作图就是绘图技能；按照一定的步骤和程序进行推理就是推理技能；按照一定的步骤和程序处理数据就是处理数据技能。技能是通过操作训练的方式才能掌握的。数学课中的练习与习题所发挥的作用之一正是培养和训练技能。技能训练时如何掌握一定的"度"，这需要教师在教学中认真仔细地研究，要讲究练习科学化。教师还要知道，技能形成到一定程度后，即使增加训练量也不会再有什么提高。

（二）培养、发展学生的能力

数学学习要达到培养能力的目的，这里的能力常常被分为一般能力与数学能力两个方面。一般能力包括观察能力、记忆能力、注意能力、想象能力、提出问题的能力等。数学能力主要指思维能力、运算能力、空间想象能力以及实践能力和创新能力。这些能力及其培养，我们在第五章已经介绍过了，这里不再做过多的说明。

（三）培养学生的辩证唯物主义观点

数学有助于人们领会辩证的规律和观点，培养辩证的思维，养成辩证地分析问题、认识问题的习惯。数学的内容和方法中充满了辩证思想，如有限与无限、直与曲的对立、矛盾的转化、形与数的结合和统一、特殊与一般、常量与变量、变中的不变量、相互联系的观点、否定之否定的观点等。数学的这一特点使得可通过数学的学习，对学生进行生动的辩证唯物主义教育，进而培养学生的辩证唯物主义观点。培养学生的辩证唯物主义观点主要有如下两个方面的要求：

（1）培养数学来源于实践又作用于实践的唯物主义观点；

（2）培养事物普遍联系、对立统一和运动变化的辩证观点。

（四）培养学生良好的个性品质

良好的个性品质主要包括追求成功的学习动机、浓厚的学习兴趣、乐观向上的性格、坚强的意志、实事求是的科学态度、勇于探索的创新精神等。这些个性品质都属于非智力因素的范畴，是学生不可缺少的素质，也是学生数学学习内在动力的巨大源泉，对于促进学习和发展智力有着不可低估的作用。从这个意义上说，数学教学中培养学生良好的个性品质是十分重要的。

二、教师在中学数学学习活动中的主要工作

数学学习的过程是师生交往、共同发展的互动过程。传统意义上的教师教和学生学，应

让位于师生互教互学,彼此形成一个真正的"学习共同体"。教学过程不只是忠实地执行课程计划(方案)的过程,而且是师生共同发展课程、丰富课程的过程。课程变成动态的、发展的,教学才能真正成为师生富有个性化的创造过程。

教师在中学数学学习活动中的主要工作是:

(1)创设适宜的问题情境,激发学生的学习兴趣,启发学生主动学习。兴趣是学生学习活动中的强大动因。没有兴趣的学习无异是一种苦役,只有对数学产生浓厚的兴趣,才能孜孜不倦、全神贯注地沉浸于求知的愉快境界之中。而要使学生对数学学习产生浓厚的兴趣,自觉、主动地学习,最好的做法是:在数学学习活动中,为学生创设适宜的问题情境,通过设计有趣味、富有挑战性的数学问题,使学生形成认识冲突,产生解决问题的心向和驱动性,促使学生主动学习,而不是将问题及结论和盘托出。

(2)鼓励学生争论数学问题,引导学生积极思考,帮助学生解决疑难。在解决数学问题的学习过程中,教师应引导学生积极思考,开展思维活动,鼓励学生争论问题并勇于提出自己的看法和猜想。对于学生难于解决的疑难问题,教师要给予必要的启发或点拨,但不要直接给出问题的答案,要让学生在教师的引导下自己去探索、发现。

(3)组织学生小组活动,发展学生合作学习的互动意识。教师要努力设计适当的数学任务,促进学生小组互动式合作学习。好的数学任务应该具有这些特点:以一种生动的线索吸引学生的兴趣;有足够的难度与复杂性,从而挑战学生的兴趣;难度适宜,不会让学生望而生畏;可以有多个解决办法。

(4)帮助学生建构数学知识结构,掌握科学的思维方式。在数学学习活动中,教师要适时引导学生归纳、整理所学的数学知识和方法,纳入知识系统,形成鲜活的、可以"检索"、灵活运用的知识结构体系,并帮助学生归纳总结科学的思维方式。

(5)指导学生应用数学,增强学生对数学的体验和感受。数学学习的目标之一是促进学生运用数学知识去认识和影响周围的世界,在运用中体会数学的价值。所以,在数学学习活动中,教师需要注意培养学生不断用数学观点分析、探索周围的世界,把学数学与用数学结合起来的习惯,形成自觉的数学应用意识。

(6)对学生进行学习方法指导。教师的"教"与学生的"学"是密不可分的。教师怎样教,直接影响学生怎样学;而学生怎样学,又在一定程度上制约着教师怎样教。多少年来,在传统的课堂教学中,由于注重书本知识的传授,往往只单方面强调教师如何把书教好,而对学生如何更好地学习很少过问。在教师的教研活动中,一般只重视教师教学方法的研究和改进,而忽视学生学习方法的研究和改进。这使学生的学习常处于一种被动接受的困难境地,造成学生学习数学时死板、思维不灵活、动手能力差、创新意识和应用意识弱等现象,严重影响着学习的效果。实际上,教师只有重视学生学,教才有针对性。教师在向学生传授知识的同时,也注重教给他们科学的学习方法,就能使学生更灵活、更轻松地获得更多数学知识,从而有效地发展他们的各种能力。

（7）对学生的数学学习进行评价。对学生数学学习的评价，要关注学生学习的结果，更要关注他们在学习过程中的变化和发展；要关注学生数学学习的水平，更要关注他们在数学实践活动中所表现出来的情感态度。评价的方法应该多样化，可以将考试、课题活动、撰写论文、小组活动、自我评价及日常观察等各种方法结合起来，形成一种科学、合理的评价机制。

第五节　现代信息技术与中学数学学习

一、运用现代信息技术的优越性

以计算机多媒体技术和网络技术为核心的现代信息技术，不仅给我们的社会生活带来了广泛、深刻的影响，也冲击着现代教育。由于数学具有很强的抽象性、逻辑性，特别是几何，还要求学习者具备一定的空间想象能力，所以计算机多媒体技术在数学教学中的运用和推广为数学教学带来了一场革命。在中学数学教学中，应用计算机多媒体技术辅助教学深受广大数学教师的青睐。MathCAD、数理平台、几何画板等数学软件的开发使计算机多媒体技术在中学数学教学中的应用更加广泛。

与传统教学相比，在中学数学教学中应用计算机多媒体技术的优越性主要表现在以下几个方面：

（1）生动直观，有助于激发学生的学习兴趣，引导学生积极思考。多媒体教学可以利用计算机技术集文字、图形、动画、音频、视频、投影于一体，直观形象、新颖生动；能够直接作用于学生的多种感官，激发学生的学习兴趣，促进他们积极思考。如对圆柱、圆锥、圆台及它们的侧面积这些内容进行教学时，可用几何画板制作分别以矩形的一边、直角三角形的直角边、直角梯形垂直于底边的腰所在的直线为旋转轴，其余各边旋转一周的动态过程，让学生观察这一过程以及这样旋转一周而成的面所围成的几何体，从中抽象出圆柱、圆锥、圆台的本质属性，形成概念；还可利用几何画板将几何体的切割、移动、重叠、翻转等生动形象地展示给学生，并辅之以必要的解说，帮助学生形成立体空间感。通过生动直观的动画模拟，解除了传统教学中学生凭空想象、难以理解之苦，同时又大大激发了学生的学习兴趣，增强了学生学习的主动性。

（2）变抽象为形象，有利于突破教学难点、突出教学重点。生动的计算机辅助教学课件（简称 CAI 课件）能使静态信息动态化，抽象知识具体化。在数学教学中利用计算机特有的表现力和感染力，有利于学生建立深刻的表象，灵活、扎实地掌握所学知识；有利于突破教学难点、突出教学重点，尤其是关于定理和抽象概念的教学。运用多媒体二维、三维动画技术和视频技术可使抽象、深奥的数学知识直观化、简单化；让学生主动地发现规律、掌握规律，以成功地突破教学的难点，同时培养学生的观察能力、分析能力。例如，在"三角形的内角和"的教学中，运用几何画在电脑上现场画出一个三角形，让学生用鼠标拖动三角形任意一个顶点,自己观察和发现:无论三角形的位置(横放、竖放、斜放)、形状(锐角三角形、直角三角形、钝角三角形)和大小怎么变,内角和不变。最后,学生自己得出三角形的内角和是180°的结论。这样既简化了传统教学过程中量、算、剪的步骤,而且由于是学生自己实验、观察得出的结论,学生对该定理的理解和掌握比传统教学要深刻得多,同时又综合训练了学生的思维。在立体几何教学中,异面直线的概念及其所成角、异面直线之间的距离、二面角及其平面角是教学中的难点;在代数教学中,函数概念、数列极限的"ε-N"定义等,更是教学中的传统难点。原因是它们非常抽象,难以观察和理解。但是,通过多媒体的动画演示便可化难为易,取得事半功倍的效果。

(3)简化教学环节,提高课堂教学效率。在数学教学过程中,经常要画图、解题板书、演示操作等,用到较多的小黑板、模型、投影仪等辅助设备,不仅占用了大量的时间,而且有些图形、演示操作并不直观明显。计算机多媒体技术改变了传统数学教学中教师主讲、学生被动接受的局面,集声、文、图、像、动画于一体,资源整合、操作简易、交互性强,最大限度地调动了学生的有意注意与无意注意,使授课方式变得方便、快捷,节省了教师授课时的板书时间,提高了课堂教学效率。

(4)利用现代信息技术,有利于师生的协作式学习、学生的个体化学习。在网络环境下,学生可以按照自己的认知水平主动参与学习,这是传统教学所不能比拟的。利用互联网和校园网,教师与学生可以做到真正意义上的交流。课堂中学生只要打开指定网页就可以自主操作课件、反复学习、反复练习,直至理解知识。在课外亦可上网学习。如果教师建立了自己的教学网站,开通网络技术的BBS,那么学生在学习中遇到问题时,就能及时与老师或其他同学进行交流。这对学习有很大的帮助。借助计算机反馈速度快,不厌其烦,能够很好地实现个体化学习。在个体化学习过程中,采用人机对话,交互性很强。这种学习模式中,学生感觉不到人为的学习压力,可在轻松自然的环境下学习,能够更好地发展自己的思维能力和创新能力。

二、使用现代信息技术辅助教学存在的问题

目前,使用现代信息技术辅助教学存在的问题主要表现在以下几个方面:

(1)使用现代信息技术教学意识较弱。大多数教师只有在搞公开课或学校要求时才使用现代信息技术,只有少数教师在教学内容需要或学生学习需要时使用它。也就是说,现代信息技术没有在日常教学中真正推广开来,它在中学教学中的地位并没有本质的变化。通常只有上公开课时,教师才费尽心机、苦战多日制作课件。所以,计算机辅助教学成了上公开课、示范课的专用道具。在平时的教学中,传统教学模式仍然以不可动摇的地位牢牢控制着中学课堂,现代教育技术的作用没有充分得以发挥。

(2)利用现代信息技术教学目标不明确。在教学实际中,有的教师对于利用现代信息技术上数学课的主要目的是什么,到底是为了突破教学难点,还是为了增大课堂容量,应何时使

用现代信息技术、使用多长时间,都不清楚,即没有明确目标。本来采用传统教学就能达到良好教学效果的一堂课,有的教师出于某些特殊原因,却花费了大量的时间和精力去制作课件,而取得的教学效果与传统教学基本一样,得不偿失,根本没有起到优化课堂教学效果的作用。

(3)课件内容华而不实,流于形式。有的教师在制作课件中,过分追求了声、色、文字等外在表现,即仅仅利用多媒体来显示一些文字、公式和静态的图片,将课堂变成了"电子板书"课堂,没有利用多媒体的特性,发挥其巨大的促进教学的功能;有的教师在制作课件时,一味地追求各个内容的动画及声音效果,甚至截取影片中的声音,而没有考虑怎么把学生的注意力吸引到教学内容上来,结果造成本末倒置、喧宾夺主,一堂课下来,学生只觉得好奇,而忘记了上课的内容。

(4)"多媒体"成了"一媒体"。有的教师在尝到计算机辅助教学的甜头后,就对此视若掌上明珠,于是在一些课堂上从头至尾都用计算机来教学,对其他常规媒体不屑一顾。甚至一些教师纯粹以多媒体课件替代小黑板、挂图、模型等教具,还自以为用了多媒体课件而颇为自得。这样的教师,其追求现代化的意识是好的,但是还必须认识到任何事物都有其所长,亦有其所短。总的来讲,计算机辅助教学固然有其他媒体所无法比拟的优越性,但其他常规媒体的许多特色功能也不容忽视。如投影的静态展示功能、幻灯的实景放大功能、教学模型的空间结构功能等,是计算机所不能完全替代的。所以,教师应根据教学需要选择合适的媒体,让计算机与其他常规媒体有机结合,"和平共处",而不要一味追赶时髦。

(5)课件的制作与使用仍然以"教师为中心",忽视学生的主体性。不少教师在课件的制作中,只重视了教师如何教学,但在发挥学生主体性,促进学生如何利用课件进行数学思考,如何提出、分析与解决问题,如何指导学生学习方面较为欠缺。具体表现为:

① 在使用计算机辅助教学时,常有一些教师为了方便,将课件设计成顺序式结构,上课时只需按一个键,课件便按顺序"播放"下去。课堂上教师几乎是一个劲地点击鼠标,师生之间、生生之间、学生与机器之间的交流少、交互性差。

② 教学信息量过大,节奏过快,导致学生无法跟上讲课的进度,无奈之下,学生只能是被动地接受授课内容,缺乏思维过程。

(6)教师现代信息技术应用技能、技巧程度参差不齐,总体水平较低。目前,绝大多数教师已经学习了现代信息技术的基本操作和一些信息处理软件的使用,如 PowerPoint,Word,Excel 等,但是其现代信息技术应用水平与现代信息技术和中学数学课堂教学整合的要求还有一定的距离。例如,对与数学密切相关的软件"几何画板""Z+Z 智能平台""Advanced Grapher""TI 图形计算器"等,能熟练掌握并能在教学过程中熟练使用的教师并不多。

总之,现代信息技术在中学数学教学中的应用是社会形势发展和教学改革的需要,它的运用对于提高学生数学学习兴趣、培养学生各方面素质都有极为重要的实践作用。但现代信息技术不是万能的,在运用中我们要注意其存在的问题并避免发生,使现代信息技术在中学数学教学中能更好地发挥作用。

三、运用现代信息技术辅助教学的策略

（一）课件的设计中应尽量加入人机交互练习

一个 CAI 课件的结构主要有顺序结构与交互结构两种。缺乏交互性的课件与一盒录像带没有什么区别。针对多媒体技术功能发挥不够、CAI 课件制作不当、设计中存在着形式主义的问题，在多媒体和超文本结构所组成的 CAI 课件设计中应尽量加入交互结构，以充分发挥多媒体的巨大功能，并使界面丰富，既方便教师操作，又可以使教师根据实际教学情况选择和组织教学内容。因此，在制作中应尽可能多地采用交互结构，实现教师与计算机、教师与学生、学生与计算机之间的双向交流，从而达到在教学中提高课堂教学效率，突破难点，提高学生素质与培养学生能力的目的。同时，设计 CAI 课件时，适当加入人机交互方式下的练习，以加强计算机与学生之间积极的信息交流，既可请学生上台操作回答，也可在学生回答后由教师操作。这样做能活跃课堂气氛，引导学生积极参与到教学活动中，真正提高多媒体技术的功能。

（二）注意效果的合理运用

CAI 课件仍然是一种辅助教学手段，它只能够起到辅助作用。各种技术效果的应用可以给课件增加感染力，但运用要适度，以不分散学生的注意力为原则。例如，色彩搭配要合理，画面的颜色不宜过多，渐变效果不宜过于复杂等，以克服课件制作与使用中的形式主义。在现阶段，CAI 课件主要利用多媒体手段对课堂教学中的某个片段、某个重点或某个训练内容进行辅助教学。我们要认真对 CAI 课件加以研究，充分发挥其在课堂教学中的作用，提高课堂教学效果。

（三）充分发挥教师的主导和学生的主体作用

教师不能只成为计算机的操作者，不能让课件限制了教师，更不能为了追求电教效果生搬硬套，不讲时机地演示。其实，好多数学课并不需要计算机辅助教学。值得注意的是：首先，教师的启发与引导作用是其他任何教学手段都不能代替的；其次，数学学科在培养学生的思维能力方面发挥着其他学科不能替代的作用。因此，数学课不能上成演示课，数学教师应当指导学生如何利用 CAI 课件进行数学思考，指导学生如何把现代信息技术作为学习数学和解决问题的强有力工具，使得学生可以借助它完成复杂的数值计算，处理更为现实的问题，有效地从事数学学习活动，最终使学生乐意并将更多的精力投入到现实的、探索性的数学活动中去，以真正发挥学生的主体作用。

（四）积极开发有利于学生主体性发挥的教学课件

目前教学课件的状况是：一是 CAI 课件缺乏；二是劣质多媒体课件较多；三是所制作的 CAI 课件通用性不强、适用性差；四是多数课件忽视学生的主体性。针对这些状况，积极开发与利用既适合于学生实际又有利于学生主体性发挥的教学课件显得十分必要和迫切。解

决课件和相关资源问题可以借助以下几个途径：

（1）努力搜集、整理和充分利用网站上的已有资源。只要是网站上有的并且确实对教学有用的，不管是国内的还是国外的，都可以下载为自己教学服务。当然对网站上的资源不能是不加改造地盲目使用，一定要符合我们的教学实际需要。

（2）与相关的数学资源库进行商业或友情合作。国内一些软件公司开发的多媒体素材资源库中，很多素材能被教师直接使用或稍加改造即可被使用。

（3）发挥教师主观能动性。在教学之余，时间许可的情况下，可以专门组建制作小组，进行自制课件并统一资源的配置与使用。教师自制开发的课件，具有实用性强、教学效果明显的特点。

思 考 题 六

1. 什么是学习？现当代有哪几种代表性的学习观？

2. 什么是迁移？影响数学学习迁移的因素有哪些？

3. 为了促进学习的迁移，我们在数学教学中应遵循怎样的教学原则？

4. 你认为在中学数学学习活动中教师主要应做好哪些工作？

5. 运用现代信息技术辅助教学有何优越性？在实施中应采取何种策略？

本章参考文献

[1] 曾峥，李劲.中学数学教育学概论[M].郑州：郑州大学出版社，2007.

[2] 陆书环，傅海伦.数学教学论[M].北京：科学出版社，2004.

[3] 赵振威.中学数学教材教法[M].上海：华东师范大学出版社，2003.

[4] 陈旭远.课程与教学论[M].长春：东北师范大学出版社，2002.

[5] 曹才翰，章建跃.数学教育心理学[M].北京：北京师范大学出版社，2006.

[6] 徐胜三.中学教育心理学[M].北京：人民教育出版社，2002.

[7] 张奠宙，宋乃庆.数学教育概论[M].北京：高等教育出版社，2004.

第 七 章

中学数学课程与教学

> 本章在介绍中学数学课程相关问题的基础上,详细阐述了启发式和合作学习教学模式;介绍了中学数学教学中的备课、上课、课外活动、教学研究工作等基本环节,其中系统论述了说课这一新的教研课题。

第一节 中学数学课程实施的原则

一、中学数学课程实施的含义

关于"课程实施"的含义,几位著名教育专家有如下几种具有代表性的观点。富兰(Fullan):使变革成为实践的过程;利思伍德(Leithwood):实践及缩短现存实践与创新所建立的实践之间的差异;劳克斯(Loucks)与利伯民(Lieberman):一个新的实践的实际使用情况;谢乐(Saylor)、亚历山大(Alexander)及刘易斯(Lewis):课程计划实施是教学的过程,这个过程通常(但不一定)涉及"教"——学校环境中教师与学生之间的互动;施良方:把新的课程计划付诸实践的过程。

综合上述观点,我们至少能从中介、手段与价值取向三个维度来考察课程实施。课程实施的中介一般定位于"课程计划"。课程计划,是指制定课程变革的目标及实现这一目标的具体方案。课程实施是将某项课程计划付诸实践的具体过程。课程计划与课程实施之间的关系是理想与现实、预期结果与实现结果的过程之间的关系。课程实施的手段以学校范围内的教学活动为主,但除此之外,还存在着借助社会上的各种资源而没有教师、学校直接参与的其他形式。课程实施的价值取向则在于创新、变革,因为课程计划付诸实践的过程,应是力图使现实发生预期的变化,从而迈向理想状态的过程。因此,我们不妨将课程实施定义为:通过教学等各种手段,创造性地将课程计划付诸实践,从而产生某种变革意义的过程。

教学是课程实施的基本途径。教学,是指教师以适当的方式促进学生学习的过程。教学是学校实现教育目的,使学生德、智、体、美等方面都得到发展的基本途径。教学活动是教师和学生以课程为中介而构成的。尽管课程实施还可以有其他途径,诸如学生自学、社会考察等方式,但教学无疑占据着课程实施的核心地位。从某种意义上说,只有在教师把课程计划作为自己选择教学策略的依据时,课程才开始得到实施。

课程实施与教学的区别主要表现在两个方面:一是课程实施在内涵上涉及的范围比教学更广。课程实施是执行一项或多项课程变革计划的过程,涉及整个教育系统的相应变化;而教学主要是指教师与学生在课堂中的互动行为,它与课程实施相比在范围上更狭窄。二是二者研究的侧重点有区别。课程实施研究主要探讨课程变革计划的实施程度、影响课程实施的因素、课程变革计划与实践情境的相互适应机制、教师与学生创设课程的过程等。教学研究则主要探讨教师的教学行为、学生的学习行为及二者之间的互动机制。

课程实施与教学又具有内在的统一性和联系性,主要包括两方面:第一,课程实施内在地整合了教学;而教学是课程实施的核心环节和基本途径。离开了教学,课程实施就无从谈起。因此,许多人把课程实施与教学视为同义语。第二,课程实施研究与教学研究具有内在的互补性。教学研究有助于理解课程实施过程的内在机制;而课程实施研究则有助于理解教学的本质,从而为教学设计提供新的视野。

因此,我们不妨把中学数学课程实施定义为:通过各种可能的教学资源,创造性地将中学数学课程计划付诸实践,力求实现中学数学教学各项目标的过程。

二、中学数学课程实施的基本原则

中学数学课程实施应该遵循以下几个基本原则:

(一) 全面性原则

社会的发展都是公平的、普遍的,它不是满足一部分人的需求,而是给每个人提供充分实现价值的机会,尽量挖掘人的潜能,促进人类的进步和发展。新课程标准实施的目的是提高全体学生素质,促进每个学生和谐地发展,并重视学生的发展需要,为学生提供自由表现、全面发展的机会。

新课程标准中包含的全面性原则有以下几个含义:一是从教育的对象是全体学生这一角度考虑,新课程标准的设计面向全体学生,以给每个学生提供平等发展的机会。例如,新课程的价值取向是:为了每个学生的发展,让每个学生的个性获得充分发展。二是从每个学生的角度考虑,新课程标准以提高每个学生的素质为目的,结合学生年龄特点和学科特征,课程内容落实习近平新时代中国特色社会主义思想,有机融入社会主义核心价值观,中华优秀传统文化、革命文化和社会主义先进文化教育内容,充实、丰富培养学生社会责任感、创新精神、实践能力相关内容。三是课程体系的全面性。新课程标准将课程类别调整为必修课程、选择性必修课程和选修课程。这样可以在保证共同基础的前提下,为不同发展方向的学生提供选择性的课程。

（二）整体性原则

新课程标准提倡"用一种整体的观点来全面把握学生的个性发展并将其视为课程的根本目标"，这里体现了整体性原则。

整体性原则主要包括两方面的含义：一指新课程标准具有整体性。课程是学习目标落实到学生身上的中介。通过课程的实施，应当使学生在德、智、体、美等方面都得到发展，把他们培养成为具有全面素质的人才。所以，应当完整、全面地实施这一标准。二是新课程标准改革本身具有整体性。中学数学课程是一个有诸多要素构成的复杂系统，是一个互相联系、互相作用的整体，新课程标准协调了中学数学课程各构成要素之间的关系，使各要素互相配合、有机协调，使教育具有整体作用。

新课程标准的整体性原则就是要求努力探索课程标准的整体结构及其各部分之间的关系，合理地组织教学内容，利用各种教育手段，使教育任务得到全面落实并取得整体效果。新课程标准的整体性原则对教师提出了三个方面的要求：一是将学生的发展作为个整体。学生的身心发展是受到身体、认知、行为、情感等各个方面的制约的，是一个整体。因此，教师应该具有促进学生整体发展的观念。二是将学生的认知作为一个整体过程。知识的互相联系使它变成了一个整体，因此只有整体地构思才能实现整体性的教育效果。三是要求发挥课程的综合作用。课程是由目标、内容、组织形式及评价等要素构成的，不能只注重课程各部分的教育作用而忽视了各个部分的相互联系、相互作用，因此要通过教育内容、教育手段、教育过程等发挥课程的综合作用。

（三）发展性原则

教育的目的是为了学生各方面更科学、更全面、更持久地发展。因此，新课程标准以发展性为原则，既要促进学生的全面发展，又要通过各方面的改革，实现课程本身的发展。新课程标准的发展性原则体现在：首先，课程注意了面向未来的可持续发展。可持续发展实质是使学生更科学、更全面、更持久地发展。因此，课程的目标是培养学生普遍适应的、有无限张力和发展可能性的、可以持续创造新知识的技能。其次，新课程本身具有发展性。课程是一种社会现象，是社会要求的必然反映，而社会是不断地发展变化的。课程只有根据社会的需要和学生发展的实际做出相应的调整，才能成为有价值的课程。也就是说，课程在本质上是一个动态的发展过程。新课程的发展性还包括学生学习方法的发展性。再次，学生本身具有发展性。不管是从生理方面还是从心理方面来看，学生本身是从低级向高级逐步发展的。新课程以促进学生的全面发展为目的，通过对课程内容计划的调整、对科学的教学方法和评价方式的选择，促进学生全面发展。

（四）前瞻性原则

教育是面向未来的事业，中学教育作为基础教育的重要组成部分，担负着为未来培养高素质人才的任务。根据这一特征，中学数学课程的内容也要不断地适应时代的特征。新课程标准坚持以前瞻性为原则,即从未来社会的特征出发,以超前的、长远的、面向未来的眼光设计课程内容。一方面,明确了学习内容要反映现代及未来,学生的学习是为了以后的发展。另一方面,确定了未来公民应具有的基础知识、基本技能,使他们不仅具有丰富的知识,更具备获取知识、探索发展的能力;不仅具有较强的人际交往能力,更具有合作、宽容、承受挫折等健康的心理品质。

第二节　中学数学课程的教学模式

数学课程教学模式是在一定思想指导下建立的,具有系统性、典型性和相对稳定性。它是理论与实践相结合的产物,既具有理论性,又具有可操作性。它不是简单的教学经验汇编,也不是一种空洞理论与教学经验的混合,而是一种中介理论,是教学经验的升华。它反映了数学教学结构中教师、学生、教材三要素之间的组合关系,揭示了数学教学结构中各阶段、环节、步骤之间的纵向关系以及构成现实教学的教学内容、教学目标、教学手段、教学方法等因素之间的横向关系,是对数学课堂教学过程的粗略反映和再现。

数学课程教学模式的选择,是决定学生在数学课堂教学中能否很好地获取知识、形成能力的关键因素。数学课程教学模式是具有开放性的。教师不仅要学习和掌握各种类型的数学课程教学模式,还要在实践中不断加以创新,这样才能针对当前课程及教学内容选用恰当模式,并调控和综合运用最优组合模式,从而达到最佳教学效果。没有一种教学模式是适应于各种情况的,只有适应于一定的社会条件、教学环境、教学目的、教学内容、学生年龄特征和发展水平等具体情况的最佳教学方式和方法,所以教师在考虑选择教学模式时,首先要考虑教什么、教谁等诸多因素,然后才按这个目标来选择相应的教学模式。

中学数学课程教学模式的研究在我国是方兴未艾。数学课程教学模式数量不下百种,比较常见的有:启发式教学模式、合作学习教学模式、讲授式教学模式、讨论式教学模式、探究式教学模式等。下面我们主要就前两种做较详细的介绍。

一、启发式教学模式

(一)启发式教学模式的含义

所谓启发式教学模式,就是教师在教学过程中根据教学目的、教学内容、学生的知识水平和知识规律,运用各种教学手段,采用启发诱导方法传授知识、培养能力,使学生积极主动地学习,促进学生身心发展的教学模式。这种教学模式是在对传统的注入式教学深刻批判的背景下产生的,它在教学研究和实践中取得了许多成果。在实际应用中,积极实行启发式教学,激发学生独立思考和创新意识,切实提高教学质量,是素质教育对各科教学提出的一项新要求。启发式教学模式也充分体现了发展性原则,它是使学生在数学教学过程中发挥主动性、创造性的基本模式之一。

(二)启发式教学模式的流程

一般来说,对于一堂数学课,设计完整的启发式教学模式的基本程序为:温故导新,提出问题—讨论分析,阅读探究—交流比较,总结概括—练习巩固,反馈强化。

1. 温故导新,提出问题

上课之初,教师首先应根据学生已学过的内容提出几个问题,让学生回答。通过这种一问一答的方式,教师便用较短的时间带领学生复习了旧课。紧接着,教师可提出一个新的问题,将学生的思维从温故导入新知。提出问题,即创设问题情境,是指提出一些用学生现有的知识和习惯的方法不能马上解决的问题,从而在已有知识和学生求知心理之间制造一种不协调,把学生引到与问题有关的情境之中,激发学生求知的欲望和思维参与的积极性。创设问题情境绝不能流于师生间一问一答的形式。教师提出一个又一个的简单问题,学生不假思索便脱口而出现成的答案,这样看起来问题提了不少,但对学生的思维没有触动,而且教师在课堂中始终是牵着学生走,控制着学生的思路,没有放开。良好问题情境的创设应该是:

(1)问题要明确、具体,不能过于笼统、一般化。

(2)问题要新颖、有趣,富有启发性,不能过于平淡。比如,在学习相似三角形之前,教师可以提出这样的问题:不上树想测量树高,不过河想测量河宽,怎么办?

(3)问题要针对学生的知识基础,具有适当的难度梯级,不能过于简单。

(4)问题要有一定的灵活性,不能定得过死。教师在备课时应事先设计好若干问题,在实际面对学生时,既要能收得住,即教师对问题能加以适当控制,又要能放得开,即允许学生提出教师预先没有考虑的问题,甚至可能是教师一时难以回答的问题。面对后者这样的问题,教师不应回避,而应热情鼓励,进而随机应变,因势利导,师生共同深入探讨解决问题的方法。

2. 讨论分析,阅读探究

问题呈现给学生之后,教师要组织学生对问题做一番讨论和分析,而不是立即寻找问题答案。例如,教师可以进一步向学生提出:如何理解这个问题的含义?能否将这个问题分解成几个更小的问题?学生针对这样的问题进行简短的讨论分析,对问题本身有了更明确、更深刻的印象。与此同时,教师也允许学生就不清楚的问题向教师质疑。当所有的学生对问题本身有了清晰的印象之后,教师再布置学生阅读教材上相应部分内容。学生根据教师的布置,带着前一阶段提出的问题,反复阅读教材上的有关内容,独立寻找和探索问题的答案,并将探究的结果写出来。这时,学生以自学教材为主,教师在学生座位间巡视,对学生进行自学阅读方法指导,对学习困难的学生进行个别辅导,同时监控学生的阅读进展情况。

3. 交流比较,总结概括

当多数学生根据对教材的阅读写出探究出的答案时,教师宣布停止阅读,让学生回答对问题的探究结果,进行相互交流,并比较答案的异同。可以采取分组和不分组两种方式交流答案。分组交流,即将全班学生按座位相邻划分若干小组,每小组 4～6 名学生,在小组内比较各自写好的答案,进行面对面的讨论,每个学生在小组内都有发言的机会,都可以充分表达自己对问题的见解。不分组交流,即全班学生一起来交流答案,由教师点名叫一些学生面对全班学生回答自己写好的答案,其他学生可以进行辩论和补充。后一种方式受时间所限,不可能使每个学生都能得到发言交流的机会,因此应以分组交流的方式为主。学生对问题的回答既可能基本一致,也可能大相径庭。无论是哪一种情况,学生都等待教师的最后裁定。因此,学生回答之后,教师要进行总结概括。首先,教师要明确阐述问题的答案,并对某些学生的错误答案进行分析,提出其错误的原因;其次,教师要以精练的语言归纳本节课的知识要点,分析新、旧知识之间的联系,使学生所学知识在大脑中形成完整系统的知识网络。教师的总结概括不是对知识的简单讲解和重复。在学生已经进行了自学阅读的基础上,教师最后的总结概括要能起到画龙点睛的作用。

4. 练习巩固,反馈强化

通过前面三个阶段的学习,学生初步获得了新知识,但这些新知识在学生的认知结构中还未达到预定的状态,易于和其他知识混淆,易于遗忘。因此,在课堂学习的最后阶段还要进一步促进学生知识的转化。知识转化的最佳方式便是做练习。这时,教师应向学生提供多种形式的练习题,让学生通过做练习巩固所学的新知识,并尽可能地使学生理解和掌握所学的知识在现实生活中的实际应用。做练习的方式可以灵活多样,如请学生到黑板上演算,请学生站起来面向全班学生口头回答,或者在练习本上各自完成。教师可以利用学生做练习的时间,再次巡视并对学生进行个别辅导。另外,教师要在一堂课的最后提供练习答案,使学生得到及时的反馈信息。根据教师给出的答案,学生可以自己评定练习结果,也可以是同学之间交换答案,相互评定。教师对学生的练习进行抽查式评定,对学生在练习中出现的典型问题及时指出并纠正,对学生优良的练习成绩要给予表扬和肯定。这样,既评定了学生的学习结果,又使学生的学习积极性得到及时强化。因此,最后阶段的练习和反馈是整个课堂教学不可缺少的一个重要环节。

(三) 启发式教学模式的关键是合理设置课堂提问

提问是教学过程中师生交流思想的重要方式之一。教师教学的最高艺术是激发学生自己探索知识的欲望,引导学生自己解惑、释疑。能否有效地进行启发式教学,很重要的一点,就是看教师课堂教学提问艺术水平的高低。提问艺术水平高的教师,容易触发学生的心智,激活学生的思维,获得举一反三、触类旁通的教学效果。

在数学教学中,课堂提问应注意以下问题:

(1) 提问要紧扣教材的重点。教材的重点是课堂教学的"课眼"之所在。只要正确把握"课眼",巧妙设置提问,就能把学生的注意力吸引到教材的重点上,从而使学生围绕"课眼"理解、掌握全课内容,顺利完成教学任务。提问要把着眼点集中在教材的难点上。对教材的难点,学生一般不容易理解,这就要求教师在阐明教材重点的基础上,进一步向学生以提问的方式交代清楚攻克难点的突破口，进而循循诱导、步步为营，引导学生集中精力攻克难点。

（2）提问要从学生的实际出发。提问不能忽视学生的年龄心理特征、理解水平和知识基础，要引导学生从已知出发去探索未知，最终化未知为已知，使学生既获得了新知识，又锻炼了发现问题、分析问题和解决问题的能力。

（3）提问要巧妙创设提问的情境。提问的目的在于引起学生认识上的矛盾，从而激发学生的探究兴趣。提问可采用"矛盾"法，在提问中直接引入对立意见，这样更能增强激发疑问的效果，使学生产生选择的困难，从而引起学生认识上的争论，促使学生深入思考，最终获得正确的结论。

（4）提问力求新颖、有趣。新颖、有趣的问题，更能激发学生探讨问题的兴趣，也更能有效地激发学生智慧的火花。要做到提问新颖、有趣，必须注意三点：一是提问视角新；二是提问语言巧妙；三是提问方式独特。

（5）提问方式要恰当。提问方式很多，既可直问，也可曲问；既可正问，也可反问；既可明问，也可暗问；既可宽问，也可窄问；既可单问，也可重问；既可追问，也可联问；既可对照比较地问，也可铺路搭桥地问。总之，只要运用恰当，学生就会获得"一番觉悟，一番长进"，既能增长知识，又能开发智力，而且还会产生其乐无穷、知难不难的独特体验。

课堂提问是激发"愤、悱"情境和实现"启、发"目的的有效途径，但提问必须讲究技巧、讲究艺术。不论进行哪一种类型、哪一种方式的提问，提问前对问什么、怎样问、问哪些学生这几个问题心中都一定要有数，切忌盲目、随意地发问。

（四）启发式教学模式的教学策略

启发式教学模式实施的根本要求是组织好学生，也就是充分调动学生参与启发活动的积极性，通过预先评价的方法将学生从事发现时所需要的知识在其脑子里组织起来，并使学生按引导的方向进行脑力活动和思维操作。

启发式教学模式在具体实施时有不同的启发方式。

1. 归纳启发式

归纳启发式是以归纳过程为支配地位的一种启发方式，其显著特点是从具体到概括或者从特殊到一般。在归纳启发作用下，学生运用直观法（和一些逻辑方法）把他所观察到的一些具体事例、有关条件、技巧或者解题方法的共同性质加以概括，形成新知。归纳启发式是一种应用比较广泛的方法，如概念、原理、公式、法则都可以通过若干个具体例子来启发发现。在运用归纳启发式教学时，教师应当让学生了解所有必要的具体情况，使他们能有所发现并进行恰当的概括；应当给每个概括提供多个不同的例子，使这种概括得到充分说明。同时，为了避免不恰当的概括，还应有反面的例子。

2. 演绎启发式

演绎启发式是以演绎过程为支配地位的一种启发方式，其特点是从概括到具体或者从一般到特殊。在演绎启发式的作用下,学生运用逻辑方法(和一些直观方式)去构成一个以抽象概念和其他概括为基础的概括。在运用演绎启发式教学时,首先要指明欲解决或必须解决的问题,使学生产生自己的问题空间;然后运用预先评价的方法确定学生是否具备进行演绎启发所必要的技能、知识、概念及原理,这可以通过全班讨论等方式进行;最后着手引导演绎。演绎启发式比较适合于从定义、公理和定理推导出新定理或组织新定理的证明,对学生要求也比较高,因为演绎需要运用数学逻辑和抽象概括。演绎启发比归纳启发需要更多的时间,更易于陷入困境,这时教师应给予适当提示(引导性提问或其他暗示)。

3. 类比启发式

类比启发式是借助类比思维进行启发的一种启发方式,其特点是学生的认知活动是以确定各种对象或现象之间在某些特征或关系上的相似性为基础的。它既不是从概括到具体,也不是从具体到概括,而是从相似的一方到另一方,是从具体到具体,从特殊到特殊。类比启发式是一种很重要的启发方式,它要求教师首先给学生引导出所要研究的数学对象的类比物(依据某类相似性),进而设置问题情境,激发并组织学生运用类比进行探索活动,引导他们寻找相似的现象、属性和性质,查明结构的相似性,进而进行类比推理,建立假设,并加以检验。类比启发式可用于很多教学内容,如分式的性质可由分数的性质类比出来,等比数列的性质可由等差数列的性质类比出来,立体几何中许多定理可由平面几何中的定理类比出来,等等。

4. 实验启发式

数学虽非实验科学,但观察和实验同样可以用来说明研究对象的某一数学性质或者对象本身,可以用来判断所研究的性质是否正确。从这个意义上说,观察和实验对于数学教学具有重要的意义。1986 年,国际数学教育委员会就提出:有必要去选择那些鼓励和促进实验方法的数学课题或领域。的确,有些课题从实验入手引导学生发现结论是很有效的,如等腰三角形的性质(折纸、猜想或论证)。学生可以通过数学实验研究问题,如探索概念、定理、公式、法则等。在运用实验启发式教学时,教师需做以下准备工作:第一,布置或准备实验材料。若是学生自己动手的实验,应事先安排好学生按要求准备实验材料。第二,制订课堂上组织和使用的计划以及监督学生实验活动的计划。第三,教给学生们如何有效地操作。如有必要,可提供给学生如下活动程序:第一步,确定问题,决定准备做什么;第二步,思考解决问题的方法;第三步,通过实验,找出典型关系并进行概括:陈述自己的收获;第四步,分析和评价自己的方法和过程。

不论采取何种启发方式,教师应当引导与协同学生把启发所得到的结果组织成一个可理解的、有用的结论,并通过应用把它与有关信息结合起来,纳入到学生的原认知结构中,而且让学生体会到获得成功的喜悦感。启发式教学模式在教学实践中常常表现为启发式谈话的教学方法。启发式教学模式可以影响学生对待学习活动的态度。当学生因启发而产生兴趣时,他们就不会把学习数学看成乏味和枯燥的事情。

二、合作学习教学模式

合作学习是 20 世纪 70 年代初兴起于美国,并在 70 年代中期至 80 年代中期取得实质性进展的一种教学理论与策略。它旨在促进学生在异质小组中互助合作,达成共同的学习目标。它是以小组的总体成绩为奖励依据的教学策略体系。目前,合作学习已被广泛应用于许多国家的中小学教学。它对于改善课堂内的学习气氛,大面积提高学生的学习成绩,促进学生良好的非认知品质的发展起到积极作用。

(一)合作学习的含义

纵观世界各国教育专家对于合作学习概念的认识,合作学习的内涵至少应涉及以下几个层面:合作学习是以小组活动为主体进行的一种教学活动;合作学习是一种同伴之间的合作互助活动;合作学习是一种目标导向活动,是为达成一定的教学目标而展开的;合作学习是以小组在达成目标过程中的总体成绩为奖励依据的;合作学习是由教师分配学习任务和控制教学进程的。

根据上述认识,我们将其概念表述为:合作学习是以合作学习小组为基本形式,系统利用教学中动态因素之间的互动促进学生的学习,以团体成绩为评价标准,共同达成教学目标的教学活动。

合作学习教学模式的基本程序为:创设情境,明确目标—独立思考,自主尝试—小组研讨,集体交流—教师总结,反馈评价。

(二)合作学习教学模式的原则

1. 问题中心原则

教师要引导学生以疑为轴、解疑为线,合作地探究问题的实质和解决问题的方案。在问题的激发下,学生以小组为单位合作地研究问题的解决途径。合作学习要获得成功,取决于所涉及的问题。开放式、答案不唯一的问题,更能引发学生深层次的沟通与合作交流。所以,教师设计的问题要能适当地留给学生思考的余地和创造的空间。

2. 开放性原则

教师应把教学目标、教学方法及教学手段置于一个广阔的社会生活背景中,让学生敞开思想,主动确立结合,进行互动交流,开放合作,提出自己的独特见解和解决问题的方案。

3. 实践性原则

只有在实践中,学生的思维才能得到活化,他们的情绪才能高昂,进而积极地进行探究与互动合作,并有所收获和提高。所以,教师不应总是把学生集中在固定的教学场所,进行固定、传统式的教学;也不应只讲理论,要适当创设实践性强的环节和情境,让学生亲自动手操作和体验。

问题情境要有模糊性、宽广性和不完整性,只有这样才能使不同层面的学生,根据自我情况选择不同的合作对象,在不同程度和不同层面上互动促进,合作认知,达到共同进步的目的。这就要求教师所创设的互动与合作的问题和对象,要有分层的功能和层次分明的阶梯,以促使学生最大限度地利用自己的最近发展区,与互补型的学生或教师进行友好互动与合作。在具体的教学操作层面上,教师应清楚地认识到,并不是任何内容、任何环节都能采用合作学习教学模式的,因而教师必须探讨哪些情况适宜采用合作学习教学模式。

(三) 合作学习教学模式的意义

合作学习教学模式主要具有以下意义:

(1) 有助于合作能力的提高。学会合作是现代教育的重要价值取向之一,合作学习正是培养学生学会合作的重要途径。合作学习教学模式有助于学生合作精神和团体意识的培养,有助于合作能力的提高。

(2) 有助于提高学习效益。合作学习有助于智力开发,思维共振,提高学习效益。合作中能各抒己见、集思广益、克服片面、互相启发、互相评价、互相激励、取长补短;还可以进行信息交流,实现资源共享。

(3) 有利于因材施教。合作学习有利于因材施教。学生之间客观上存在着差异,在合作学习教学模式下,教师可以由泛泛地关注整个班级到关注每个小组,进而深入关注到小组中的个体。

(4) 有利于学生个人发展。合作学习扩大了学生的参与面,有利于促进每个学生的发展。小组合作学习教学模式,扩大了学生参与的机会,小组中每个学生都有更多发言、表现、相互交流及评价的机会,从而弥补了班级教学制下教学的局限性。

(5) 有利于提高交往能力。合作学习也是提高学生交往能力的一种较好形式。

(四) 合作学习教学模式的教学策略

1. 营造合作学习的环境,合理组建合作学习小组

合作学习理论认为,学习是满足个体内部需要的过程,只有愿意学,才能学得好。教师的任务是要营造一个互相尊重、心理相容、关系和谐的学习环境,使每个学生不论学业成绩好坏都能平等地参与到学习活动中,从而提高学生的学习兴趣和主动性,让学生消除种种顾虑,敢于回答问题,乐于讨论问题,勤于探究问题,实现师生、生生多向交流,多边互动,使学生在轻松愉快的学习气氛中获取知识、增长才干,学会与他人交往。合作学习的形式是多种多样的,如同桌合作学习(2 人)、小组合作学习(4～6 人)和全班性合作学习等,其中小组合作学习是最常用的一种形式。合理组建学习小组是保证合作学习得以顺利进行的前提。编组的基本原则为"组间同质、组内异质"。编组时应根据学生的学业成绩差异、性别差异、能力差异以及家庭背景不同分成互补型学习小组,每组以 4～6 人为宜。学习小组组建之后,教师还应致力于改善组内关系,明确个人责任,建立积极的目标互赖。教师还要对小组长进行培训,使之有工作方法,能组织大家共同进行有序的讨论。小组长的确定,可以采取自主

承担的方式,也可以采取轮流负责的方式,使更多的学生参与进来,获得学习、指挥、管理的机会。合作小组还要定期重组。

2. 培养学生的合作意识与合作技能

合作学习得以有效进行的前提是学生之间的有效合作,所以要培养学生的合作意识,使学生乐于合作;培养学生的合作技能,使学生学会合作。在实施合作学习教学模式的过程中,教师要让学生认识到合作学习绝不只是学习形式上的简单转换,有些问题仅靠独立的、个体化的学习是难以解决的,只有依靠集体的智慧才可以创造性地解决,从而使学生积极地参与到合作学习中来。学生虽然喜欢合作,但合作的效果不好,原因之一在于缺乏合作方法、技能。在新课程实施过程中,广大教师越来越意识到,并不是说只要让学生围坐在一起,学生就能自觉进入合作学习,合作技能是需要培养的。教师应让学生掌握必要的合作技能,如倾听、表达、交流、建议、说服等,让学生明白合作技能的基本内容,弄清每种技能的作用,并结合课堂教学,让学生清楚应该怎样进行有效合作,如"交流时,组长指定轮流发言""认真听同学的发言,说出你的看法、意见"等,以使学生学会倾听、学会表达、学会质疑、学会保留意见、学会主持,提高合作学习的效果。

3. 善于组织有价值的内容来开展合作学习

合作学习是学习的重要方式,但不是唯一方式。一些教师认为只要进行合作学习,就能调动学生的积极性,就是把学生放在主人翁的位置上了。有的教师为了让学生广泛参与,一有问题,不管合适与否,难易如何,甚至一些毫无讨论价值的问题都要在小组里讨论,造成合作学习高耗低效。要提高合作学习的实效性,教师必须科学设计合作学习的内容。从学习的职能来说,独立学习解决现有发展区的问题,合作学习解决最近发展区的问题,这是对合作学习内容的基本要求。合作学习的任务应有一定的难度,问题应具有一定的挑战性,应处在学生的最近发展区,是个体独立学习解决不了的问题;应具有一定的现实意义,要与现实生活、生产、科技有密切联系,有利于激发学生的主动性与小组活动的激情,以发挥共同体的创造性;应具有开放性,使学生在学习过程中形成积极探索和创造的心理态势;应具有一定的探究性,让学生的思维在探究、合作的过程中产生激烈的冲突、碰撞,从而能够取长补短,加深对问题的认识。

4. 精心设计,有效组织讨论

合作研讨是合作学习教学模式的中心环节。在分小组讨论中会出现各种问题,如小组讨论组织无序,少数优秀生垄断课堂,等等。教师要充分发挥主导作用,加强对合作学习的监控。在学生进行小组活动时,教师要通过观察了解学生在干什么,有什么不理解,他们在合作过程中遇到了什么困难,发现问题后适时地介入小组活动并加以指导。如果小组对合作任务不清楚,教师要耐心向学生说明任务及操作程序;应注意小组研讨的民主性,让每个学生都积极参与进来,充分尊重与众不同的思路和独到见解,吸纳与众不同的观点,防止个别优秀生的"话语独霸"现象;当小组讨论无法进行下去的时候,教师可提出一些启发性的问题,使小组讨论顺利开展;当小组讨论有了一定的结果时,要注意开展集体交流,真正实现相互沟通、相互补充,达到共识、共享、共进的目的。

5. 合理评价,促进发展

合作学习的评价与传统教学的评价有很大不同,它将常模参照评价改为标准参照评价,把个人之间的竞争改为小组之间的竞争,把个人计分改为小组计分,把小组总体成绩作为奖励或认可的依据,形成了"组内成员合作,组间成员竞争"的新格局,使得整个评价由鼓励个人竞争达标转向鼓励大家合作达标。这种评价以小组成绩作为奖励依据,学生能否得到奖励不仅取决于个体成员的成绩,而且取决于其所在小组成员的总体成绩。这样就会使学生认识到小组是一个学习的共同体,个人目标的实现必须依赖于集体目标的实现,让学生认识到小组成员的共同参与才是合作学习所需要实现的目标。这种评价可以激发小组成员互相帮助,鼓励合作竞争,以实现"不求人人成功,但求人人进步"的教学评价目标。

教学有法,但无定法;因材施教,贵在得法。就数学课堂教学而言,不可能存在一种放之四海而皆准的教学模式。教师要善于充分挖掘每个模式的教学功能,避免陷入教学模式单一僵化的误区。另外,从教学改革角度看,教学模式的综合、灵活运用,本身就是创新和发展。作为一名研究型的教师,要在继承和发扬每种教学模式传统优势基础上,注重计算机辅助教学与其他教学模式的有机结合,不断整合与创建新的、更有效的教学模式,形成个人独特的教学风格。

第三节　中学数学教学工作的基本环节

中学数学教师的日常教学工作,主要包括备课、上课、批改作业、辅导、学生成绩考核、组织数学课外活动及教学研究等。

一、中学数学教学的备课——制订教学方案

(一) 备课的意义和作用

为了完成教学任务,提高教学质量,教师上课前所进行的钻研教材、了解学生、制订教学计划、确定教学目的要求、选择教学方式、制作教具、编写教案等一系列准备工作统称为备课。备课是教师形成教学能力的过程。这具体表现在三个转化上:第一个转化是把教材中的知识转化为教师的知识;第二个转化是把对教学工作的安排转化为教师教学活动的指导思想;第三个转化是把教师掌握的教材内容转化为学生的知识。备课是课堂教学过程的基础,是提高教学质量的先决条件。备课的关键是"理解课程标准理念"和"掌握学生情况"。前者是备课的依据;后者使备课做到有的放矢。每位教师都要认真备课,深刻理解备课的实质,掌握备课工作的程序。

（二）备课的程序

备课的工作内容是多方面的，主要有备教材、备习题、备学生、备教法、制订教学计划、编写教案等。

1. 备教材

教材是教师教学的依据，必须对教材反复钻研、反复推敲，才能弄清教材的知识结构，各部分教材在整体中的地位和作用，才能弄清知识间的联系和分清主次，以便于准确地突出重点、合理分类、掌握规律和加强实践。教师的备教材过程主要包括：

（1）钻研课程标准。课程标准是根据党的教育方针和培养目标制定的。课程标准里规定了中学数学的教学目标、要求。因此，课程标准是教学的依据，是教师备教材的指导性文件。只有透彻地领会课程标准的精神，才能弄清中学数学的教学要求、教学体系和基本内容。

（2）熟悉教材内容。教材是教学的依据，课堂教学质量很大程度上取决于教师对教材钻研的深度和广度。通读教材通常应有"粗读""细读""精读"三个过程。由粗到细再到精是指钻研教材的深度和广度的程度。也就是说，对教材的钻研，在整个备课过程中至少要进行三次：第一次是开学前对整个教材的通读，相对于后两次可以粗些；第二次是对单元教材的通读，这时应读得细一些；第三次是精读一节或一堂课的教材，钻研得应更加深入。从要求上讲，粗读教材主要是通览全学期教材，目的是了解本学期教材与前后学期的联系，了解各部分内容的来龙去脉，把握教材内容的体系。而细读、精读教材，则要求细致、深入地钻研教材，把教材弄通、弄懂。也就是说，对教材中的定义、公理、定理、公式与法则要逐字、逐句、逐步地推敲，抓住揭示其本质属性的关键字句，搞清其间的逻辑结构，把握教材的科学性；明确章节之间的衔接关系，搞清知识之间的因果关系，把握教材的系统性；揣摩每个例题的作用，搞清概念的引入、知识的应用与实际问题的关系，把握教材的实践性；探讨与挖掘教材的教育因素，把握教材的思想性；分清知识的本末主次，估计知识的难易程度，把握教材的可接受性。

（3）阅读参考书。教学参考书是教材的补充和说明，它对整个教材进行了分析，列举了每章的教学目的、重点、难点、关键以及教学时间的分配，为教师备教材提供了重要依据。教师要仔细阅读和认真研究参考书，要善于吸取好的教学经验，提高自己的教学水平，不要盲目地照抄资料，漫无边际地旁征博引，以免削弱淡化自己的教学风格。

2. 备习题

练习是使学生掌握系统的数学基础知识、基本技能和技巧的重要手段，也是数学教学过程中教学活动的主要形式，还是培养学生的数学能力、发展学生智力的手段。教师要特别强调解题过程中的思想方法训练。苏联奥加涅相（B. A. Oganessian）在《中学数学教学法》一书中写道：一位有创见的教师比教科书的作者看得远多了，在解某道题的过程中，他能实现的功能要比预想的宽广得多。因此，在设计练习、例题、作业题及指导解题的过程中，要注意每道题的功能和思维训练，既要有一定的数量，也要注意质量和效果。这就需要对习题进行认真地研究。

选择习题要由浅入深,逐步提高要求,要包括适当数量的复习题和综合题。习题分量和难易要适当,以免造成学生负担过重。也就是说,选题必须从练习目的、内容、分量以及学生接受能力等方面考虑,才能练得适当,练得有效果。为了精选习题,教师在备教材时必须认真地将教材中全部习题演算一遍。演算不能只停留在"会解"的水平上,而要细心研究每一道习题的目的、作用和要求,探讨每一道习题的背景和最优解法。在研究习题时,要重点解决以下几个问题:

(1) 研究习题的目的、要求。概括地说,有以下类型的习题:填空题、选择题、改错题、判断题、证明题、作图题、封闭性习题、开放性习题等。教材上的习题一般分为三部分:第一部分是安排在各小节后的练习,它们是围绕新课内容用以说明新概念的实质和直接运用新知识进行直接解答的基本题目,目的是让学生切实理解与掌握数学基础知识,初步获得运用这些知识的基本技能。第二部分是各章后或每一大段教学内容之后的习题,是在进行了若干基本练习的基础上安排的,目的在于使学生巩固所学的基础知识,能熟练地运用这些知识进行解题并形成一定的技能和技巧。它们比第一部分的习题要复杂些,能更深一层地体现基础知识、基本方法的运用。第三部分是各章后的复习题,它们比前两部分习题涉及的知识面更广,更富于变化,带有一定的灵活性、技巧性、综合性。安排这部分习题的目的在于,使学生进一步巩固所学知识,发展学生的运算能力、逻辑思维能力和空间想象能力,培养学生灵活运用知识的能力。教师在研究这些习题时,要注意体会每一道题的具体要求、解题关键、解题技巧以及解答方式,还要估计学生做题时可能出现的问题,做到心中有数。

(2) 研究习题的重点。习题同数学基础知识一样也有主次、难易之分。要让学生集中精力围绕有利于理解、掌握基础知识,形成基本技能的习题去练习。教师要找出重点习题,要制订反复练习的计划。

(3) 研究习题的解答方式。为了提高学生解题兴趣和多角度培养学生的解题能力,应该让学生用各种不同的方式解答习题。因此,教师在演算习题时,要研究各题的结构特点、难易和繁简程度,以便分别采用口答、板演、复习提问、书面作业、思考讨论等方式让学生进行练习。

(4) 把握习题的分量。习题的分量适当与否,会直接影响教学质量的高低。题目太简单、分量太轻,学生就可以轻而易举地完成任务,这不仅达不到练习的目的,而且容易助长学生的自满情绪;题目太复杂、分量过重,大多数学生在规定的时间内完不成,这不仅会使学生丧失信心,而且会加重学生负担,影响学生的全面发展。因此,必须根据题目的难易和学生解题能力的强弱来确定适当的习题分量。

教师要善于借鉴、自编、改编一些题目作为补充习题。总之,认真地研究习题是钻研教材的一项十分重要的工作,它对教学质量提高有着重要意义。

3. 备学生

教学是教与学的双边活动,学生是教学的对象,而教学效果最终将落实到学生掌握知识

和发展能力上。要使教学收到好的效果,必须根据学生的实际水平去备课。通常备学生的途径有以下几个:

(1)向原任课教师了解学生。在初任一个班的数学课教师时,如果这个班是在校生,则可以向原任课教师和班主任了解该班学生的接受能力、思维活动、作业完成情况、学习风气、对数学的兴趣及数学基础等;如果这个班是新生,要到学生原在的学校去了解,从入学成绩去分析。

(2)向学生家长了解学生。主要向家长了解学生在家庭中的表现、自学的情况以及对数学是否感兴趣,听取家长对学校及教师的要求和意见。

(3)向学生了解学生。通过学生了解学生是行之有效的方法。这需要和学生建立起深厚的感情,使学生能向教师说实话。

(4)了解学生接受能力。在讲授某个内容之前,要了解学生对这部分知识的认知。在时间允许的情况下,最好在课前把所要讲的内容向部分学生介绍,看看他们对内容理解的程度,听他们对教学的意见和建议,以便准确地了解学生的接受能力,合理地选取教学方案。

(5)为了便于全面地了解学生,最好是为每个学生都建立卡片,记录他们的学习态度、接受能力、思维能力、学习成绩、作业完成情况。这样,经过一段时间,对学生学习的情况就会了解得比较清楚,进而教学的起点和教学方法的选择就有了依据,讲课也就有了针对性。

4. 备教法

教师课前备好了教材,如果教学方法不恰当,也是难以收到好的教学效果的。为此,必须认真研究教学方法,选择适当的教学方法,这是提高教学质量的重要环节。备教学方法,首先要明确内容决定方法,方法是为内容服务的;要考虑教学目的、学生年龄特征、班级特点等因素。譬如,要考虑如何提出问题,以创造情境、激发疑问、引启动机、启发思考,达到调动学生的学习积极性;如何利用直观教具为学生感知新知识创造条件;如何利用学生已有的知识启发学生自己推导新结论、获取新知识;等等。不论采取哪一种教学方法,都必须贯彻启发式教学原则,都要从实际效果出发。

5. 制订教学计划

教师在钻研教材和了解学生的基础上,应从全局出发,制订切实可行的教学计划。这种教学计划既要符合课程标准规定,又要切合学生的实际。教学计划包括具有一定灵活性的教学进度和合理的课时教案。从要求上,它又分为学期教学进度计划、单元教学计划和课时教学计划。学期教学进度表可按下面的式样写:

周次	日期	教学内容	执行情况	备注

在教学内容这一栏,尽量详细填写,列出每一节(包括复习、考试、讲评等)的课题,指明

教材的章节及页码。学期教学进度表应张贴在适当的地方,便于随时检查教学进度完成的情况,督促指导教学工作。在不影响大纲上规定的学期进度的前提下,可根据学生的实际情况进行适当调整。在执行情况一栏中填写课后的精练分析,分出优劣,查出原因,对未达到要求的及时给予补救。在备注一栏,应指出哪些地方与计划不一致,并查明原因。

6. 编写教案

编写教案是上好数学课最重要的环节之一,也是备课信息经过思维加工后输出的过程。编写教案的过程需要教师的创造性劳动,一份优秀的数学教案是教师的数学教育思想、数学基本素质、智慧、经验、动机、个性以及教学艺术的集中体现。

教案的编写原则:

(1) 科学性原则。对教材相关知识准确理解,避免出现知识上的错误。

(2) 创造性原则。根据个人经验和能力,编写适合教师自己的教案。

(3) 操作性原则。做到易于实施、具体明确。

(4) 变通性原则。可以根据课堂出现的实际情况做相应的调整。

(5) 探究性原则。一要根据教学内容设计相关的探究学习情境和展开程序;二要留出学生自主探究的时间,并注明需要引导和注意的地方。

详案的格式:

(1) 课题。课题是指本节课的题目或本节课的主要内容,要把章、节、页码都写上,便于查找。

(2) 明确教学目标(三维目标):知识与技能目标,过程与方法目标,情感态度和价值观目标。知识与技能强调的是学科的基础知识与基本技能;过程与方法强调的是了解和体验问题探究的过程和方法,并初步掌握发现问题、思考问题和解决问题的基本方法,真正学会学习;情感态度和价值观关注的则是"形成积极的学习态度、健康向上的人生态度,具有科学精神和正确的世界观、人生观、价值观,成为有责任感和使命感的社会公民等"。

(3) 学生分析。清楚本班学生的知识基础、学习特点、性格特征以及家庭情况等。

(4) 教材分析。要分析教材的重点、难点和关键。所谓重点,就是教材中贯穿全局,带动全面,起核心作用之点,它是由教材本身所处的地位和作用确定的。通常教材的定义、定理、公式、法则以及它们的推导和重要应用,各种技能和技巧的培养和训练,解题的要领和方法,图的制作和描绘等,都可确定为重点。例如,从整体上看,函数与函数思想是中学数学的重点。在中学数学教材中,代数的基本内容是数、式、方程和函数,其中函数处于核心地位。判断某一知识是否是教学重点,可以考虑相对于教材的有关部分知识来说,它是不是核心,是否是后续学习的基础,有无广泛的应用性等。所谓难点,就是教材中理解、掌握或运用上的困难之点。难点具有相对性,且是针对学生而言的。它是由学生的认识能力和知识要求之间的差距决定的。一般来说,教材中知识比较抽象、结构比较复杂、本质属性比较隐蔽、需要应用新观点和新方法来处理或学生缺乏必要的感性认识的内容,均可确定为难点。例如,去绝对值符号、参数的讨论、函数概念等均是难点。纵观中学数学的整体,学生在认识上有五大难关:一是算术到代数的过渡;二是代数到集合的过渡;三是常量数学到变量数学的过渡;四是有限到无限的过渡;五是必然到或然的过渡。只要认真钻研教材,全面了解学生,就能准确确定教学的难点,从而掌握突破难点的关键。所谓关键,就是理解、掌握某一部分知识或解决某一问题的突破口。它还是攻克难点、突出重点之所在,往往起转折点的作用。一旦掌握好关键,其他部分的学习就迎刃而解了。

(5)教学方法。它可根据学生的年龄特征、班级学生的特点、教材内容、教学目的来确定。总的要求是贯彻启发式教学原则,调动学生学习的自觉性和积极性。

(6)教具。

(7)教学过程:① 新课导入(创设问题情境,引入新课);② 层层推进,探究新知;③ 变式练习,巩固新知;④ 小结;⑤ 布置作业。

(8)板书计划。

(9)教学后记(反思)。

公开课教案格式还要增加:教学时间、地点、班级、执教者。实习课教案要附有时间分配。

二、中学数学教学的上课——实施教学方案

教师传授知识和学生获取知识的主要手段是课堂教学。提高课堂教学质量,首要问题是不断改进课堂教学,确保教学目的、方法、效果的最佳统一。

(一)恰当处理好课堂教学中的几种关系

在课堂教学中应恰当处理好以下几种关系:

(1)新与旧的关系。数学是一门系统性很强的学科,如果没有前面学过的基础知识为前提,就很难学好后面的新知识。新知识是从旧知识发展来的。这就要求我们在讲课中以旧引新、讲新带旧、新旧结合、承上启下,运用对比、类比等方法使学生在掌握旧知识的基础上获取新知识。

(2)深与浅的关系。在课堂教学中,先讲什么,后讲什么,讲哪些,不讲哪些,讲解得深度与广度如何,都是关系到课堂教学质量的大问题。在传播知识时宜由浅入深、深入浅出。要掌握教学规律,因为适合学生思维层次的教学才是合理的。那种揠苗助长的做法会适得其反,久而久之,将使学生深的难入、浅的飘浮、华而不实、玉外絮中。

(3)多与少的关系。目前,由于升学率的压力,教师和学生往往一头钻进题海中不能自拔,在课堂教学中"韩信点兵,多多益善;以讲代练,面面俱到",教师"用心良苦",而学生却不能"心有灵犀"。教师只有抓住少而精,让学生多想想为什么,让他们自己学,教学效果才能提高。

(4)"死"与"活"的关系。对数学中的基本概念、定律、定理、公式及法则等,只有将它们放在一起环环相扣、相依为命才能"活"。如果将它们孤立起来,讲得死板,知识信息在学生

思维过程中就活不起来。教师只有"教活",学生才能"学活"。教师在教学中还要"活中有死",在灵活的解题中注意总结规律,这样学生才能"死中求活",把规律灵活运用。这就要求在课堂教学中采用多变、规范、实用等手段正确处理好教学中的"死"与"活"的关系。

(5) 宽与严的关系。为了进一步实施教学计划,教师要有一定的组织课堂教学的能力,使学生听课聚精会神、开动脑筋,真正做到课堂教学中"管而不死,活而不乱",宽严适度,严而有格,宽而有法。要在教学规律上讨时间,在教学方法上讨效率,把课堂教学质量真正提高到一个新的层次。

(二) 数学课的基本类型与结构

中学数学教学的基本形式是课堂教学。根据每节课的教学目的和任务,数学课可分为绪论课、新授课、习题课、综合课、复习课、测验课、讲评课、课题学习课、讨论课、活动课及实习作业课等。下面仅就几类基本数学课做介绍:

(1) 新授课(或称新知课)。新授课的主要任务是:组织、引导学生学习新知识,在传授基础知识的过程中促进学生思维的发展,培养学生的能力。新授课的课时结构有五个环节:创设情境—引入新课—探究讲解—巩固小结—布置作业。

(2) 习题课。习题课是学生在某一阶段的教学基础上,根据知识系统要求和学生学习的实际,教师通过例题讲解对学生所学知识进行巩固、提高,或者是在教师指导下,由学生在课堂上独立完成作业的课型。习题课的主要任务是:巩固、运用所学知识,形成一定的解题技能、技巧,发展思维,初步培养学生的数学基本能力。习题课上,学生必须先阅读教材,复习有关的知识;教师要做必要的提示、归纳;在练习后学生完成一定的作业。习题课的基本结构是:变式练习—应用建构—归纳提炼—完善建构。

(3) 复习课。复习课的主要任务是:在教师的指导下,通过归纳、整理,学生对所学知识加深理解和记忆,并使之系统化,同时达到查漏补缺、解决疑难的目的。复习课一般有单元复习课、期末复习课和学科总复习课三种。复习课的授课方式是多种多样的,可以采用复述旧知识方式,利用复习题讲解法进行;采用事前准备好的复习提纲,用提问的方式进行,让学生在回答按知识系统编排的题目过程中巩固知识;用演算或证明习题的方式来复习知识。一般情况下,复习课的基本结构是:复习提炼—重点讲解—总结—布置作业。

(4) 讲评课。讲评课的主要任务是:对某一阶段的作业情况进行总结,或对某一次考试结果进行分析。其目的在于:总结情况,指出问题和不足,纠正缺点和错误;同时,介绍优秀解题方法,帮助学生积累解题经验,调整学习方法。讲评课的基本结构是:情况介绍—重点讲解—总结—布置作业。

三、中学数学教学的课外工作——完善教学方案

(一) 学生作业的处理

学生完成作业是整个教学过程的重要一环,学生通过自己的实践活动巩固基础知识和

掌握基本技能,并逐步形成能力。批改作业是教师了解学生学习情况和检查教学效果的一个有力手段。所以,正确对待作业是教师和学生都面临的一个重要课题。而随着注意各种能力的培养,对作业的要求也就越来越受到重视。

1. 作业的布置

作业一般分为课堂练习和课外作业两种,它们的要求在前面有所阐述,现将有关形式简介如下:

(1)练习本形式作业。这种作业是每次教师布置作业后,由学生按先后顺序独立完成,按时提交。这种作业是最常见的形式。它的目的是使学生深刻地理解和完整地掌握课堂上所学的知识,系统地训练学生应用数学知识的技能、技巧和发展学生的思维能力。通过作业,教师可以全面地了解学生在学习中对某个环节掌握的情况,以便对症下药,及时纠正。所以,这种传统的作业形式仍深受广大师生的欢迎,是学生作业的主要形式。

(2)活页式作业。这种作业是由作业纸单张组成,每次由教师根据教学内容事先编写刻印好,让学生课后像考试一样独立完成并交回。这种作业的好处是作业规范、书写清楚、便于保留、便于复习,让学生养成保留资料的良好习惯。另外,这种作业容量可大可小,学生不抄题,无监考,可养成良好的自学习惯。同时,教师批改较作业本方便,也便于携带。所以,这种作业法越来越受到师生的喜爱。

(3)自检式作业。除上述形式作业外,有时还会布置一些自检式作业,它们是不需收回的,只公布答案让学生自我检查。这种作业可给学生一定机会接触大量习题,也可使学生对综合题的了解更全面。但这种作业不宜太多,否则将流于形式,效果不佳。

2. 作业的批改

对作业的批改是教师全面了解学生的主要途径。教师对作业的批改一般有以下几种形式:

(1)全批全改形式。这是一种学生和家长普遍欢迎的形式。对于数学作业,学生每天交,教师每天改,这可以经常了解学生完成作业与作业质量情况,可督促学生每天按教师要求去完成学习任务。但是,采用这种批改形式,教师必须做到对作业进行登记,定期公布,并列为成绩考核的一部分。

(2)轮流批改形式。它是指将学生分成几组,每一次批改一部分,对发现的问题及时在课堂上总结纠正,对原则性错误和普遍性错误着重强调和提出解决办法。

(3)公布答案形式。这种批改形式是指教师不直接改作业,而只公布答案,让学生自检。

(4)课堂讲解形式。它是指将上次布置的作业在开始上课时加以讲评。这种形式全班学生都可通过教师讲解而详细了解自己作业的对错,但占用新课时间,不宜普遍应用,而只能对普遍存在严重错误的作业或者有益于引进新课的作业题采取这种方式。

作业批改评分可鼓励先进、督促后进,起到调动学生学习积极性的作用。

（二）课外辅导工作

1. 课外辅导的方式

数学教学工作是一种多层次、多因素的比较复杂的工作。虽然它与其他学科的教学工作有许多共同之处，但数学教学还具有自己独特的教学规律和理论体系。数学课外辅导方式一般有以下两种：

（1）作业批改辅导法。批改作业辅导要因人而异，对待数学成绩优秀的学生要鼓励他们一题多解，寻求最佳解题途径，启发他们对问题进行变式，尝试写出解题心得体会。特别地，当面批改作业辅导能有的放矢，更容易为学生所接受，它比笼统辅导和空泛的讲解效果要好得多。

（2）个别辅导法。个别辅导法是数学教师最常用的方法之一。现代教育理论研究表明，学生的学习动机、学习习惯、学习方式和学生素质都是有差异的，对数学知识的理解和掌握程度也必定是参差不齐的，这就要求数学教师在课外辅导中也要贯彻因材施教的原则。

对于数学成绩较好的学生，以点拨的方式内化他们的数学知识结构，优化他们的思维能力、拓展他们的数学知识、强化他们对数学的兴趣与爱好，引导他们向深一层次的数学问题发起冲击。比如，可以向他们介绍一些新兴的数学分支，如模糊数学、简易逻辑、图论等；也可以给他们介绍一些经典数学问题的背景与研究概况等，以开阔他们的眼界，激发他们的求知欲。对于在数学方面有特长的学生，可以通过个别辅导，有目的、有计划地培养他们的逻辑思维能力和数学综合解题能力。例如，可以组织他们解答数学竞赛题、阅读各种初等数学杂志上的短文、撰写小论文、给数学问题制作实际模型等；组织他们成立数学课外活动小组，进一步提高他们的数学素养。

对于数学成绩较差的学生，通过个别辅导，可以增强他们学好数学的信心，提高他们学习数学的兴趣。对于他们提出的问题，教师要耐心细致地给予解答，并与他们一起分析问题的症结所在，是属于知识方面的问题，还是技能、技巧方面的问题，并对不同能力层次的学生做出不同的解答。通过辅导，帮助他们制订出可行的学习计划，并监督他们执行。制订计划要求做到"跳一跳，能摘到果子"。如果"跳一跳"后仍"摘不到果子"，那就会更加挫伤他们学习数学的积极性。

2. 课外辅导的要求

（1）态度和蔼，诲人不倦。课外辅导并非教学计划的硬性要求，只是教师利用课外时间对学生进行的一种教学活动的延伸。但教师不应该认为这是一种额外负担，而应看成自己本职工作的一部分。在课外辅导中，教师应循循善诱，耐心细致地解答学生提出的问题，特别是对反应慢、理解能力弱的学生，应付出更多的热情，多方位、多角度地分析问题，不能流露出不耐烦的情绪。如果教师一时解答不出学生所提出的问题，应做好记录，研究后再为学生解答。课外辅导中的态度如何，也是衡量一个教师能否为人师表的重要依据。在课外辅导中，教师应具备较强的综合分析问题的能力和灵活的应变能力，这也是对教师的基本功和专业知识水平的一个考验。

（2）注重个性差异，注重整体学生的素质提高。课外辅导不能只照顾优等生而冷落了后进生。通常后进生因成绩不佳而对数学学习产生了畏难情绪。在课外辅导中，教师要帮助后进生提高学习数学的兴趣。

（3）做好记录，认真分析，总结经验。教学中的一条重要规律就是"教学相长"。在从事教学工作和进行课外辅导的同时，教师本人也提高了自己的业务水平。所以，教师在课外辅导中应做好记录，一方面可以积累资料，便于以后分析、研究、总结经验；另一方面也可以从中考查学生的知识掌握情况，进而真正提高自身的教学水平。

（三）中学数学的教学研究活动

中学数学的教学研究活动，主要研究中学数学的教学规律，它对于提高教师素质，改进教学工作，进一步提高教学质量具有重要的指导意义。中学数学教学研究形式很多，比如公开课、示范课、竞赛课，教学研究论文，课题，说课等。下面主要就说课这一新的教学研究活动形式作介绍。

1. 说课的含义

什么是说课？关于什么是说课，目前至少有以下几种解释。解释一：所谓说课，就是授课教师在备课的基础上，面对同行、专家或领导，系统而概括地解说自己对具体课程的解释、所做的教学设计及其理论依据，然后由大家进行评说。解释二：说课就是授课教师运用系统论的观点和方法，在一定场合说说某一教学课题，打算怎样授课的教学分析。也就是说，说课是授课教师对教学课题的设计和分析。解释三：说课就是授课教师针对某一观点、问题或具体课题，口头表述其教学设想与理论依据，也就是说说自己是怎样教的，为什么这样教。

综合以上观点，说课就是授课教师以语言为主要表述工具，在备课的基础上，面对同行、专家，系统而概括地解说对具体课程的理解，阐述教学观点，表述教学设想、方法、策略以及组织教学的理论依据等，然后由大家进行评说。可见，说课是对课程的理解、备课的解说、上课的反思。

2. 说课的内容

说课的基本内容包括以下几个方面：

（1）说课标。说课标就是要把课程标准中的课程目标（三维目标）作为本课题教学的指导思想和教学依据，从课程论的高度驾驭教材和指导教学设计。要重点说明有关课题的教学目标、教学内容及教学操作等在课程标准中的原则性要求，从而为教学设计寻找到有力的依据。说课标可以结合到说教材中进行。

（2）说教材。教材是课程的载体。能否准确而深刻地理解教材，高屋建瓴地驾驭教材，合乎实际地处理教材，科学合理地组织教材，是备好课、上好课的前提，也是说课的首要环节。说教材的要求有：

① 说清楚本节教材在本单元乃至本册教材中的地位和作用,即弄清教材的编排意图或知识结构体系。

② 说明如何依据教材内容(并结合课程标准和学生)来确定本节课的教学目标(即课时目标)。课时目标是备课时所规划的课时结束时要达到的教学效果。课时目标越明确、越具体,反映教师的备课认识越充分,教法的设计安排越合理。分析教学目标要从知识与技能、过程与方法、情感态度和价值观三个方面加以说明。

③ 说明如何精选教材内容,合理地扩展或加深教材内容,并通过一定的加工将其转化为教学内容,即搞清各个知识点及其相互之间的联系。

④ 说明如何确定教学重点和教学难点。

⑤ 说明教材处理上值得注意和探讨的问题。

(3) 说学法。现代教育对受教育者的要求,不仅是学到了什么,更主要的是学会怎样学习。实施新课程标准后,要求教师转换角色。基于这一转变,说课时要说明如何根据教学内容、围绕教学目标指导学生学习,教给学生什么样的学习方法,培养学生哪些能力,如何调动学生的积极思维,怎样激发学生的学习兴趣等。说课活动中,虽然没有学生,看不到师生之间和学生之间的多边活动,但授课教师的说课中要体现以学生为主体,充分发挥学生在学习活动中的作用,调动学生的学习积极性;要在最大限度上体现教师是课堂教学的组织者、引导者、参与者、启发者。具体要说清以下问题:

① 针对本节课教学内容特点及教学目的,学生宜采用怎样的学习方法来学习它,这种学习方法的特点怎样,如何在课堂上操作;

② 在本节课中,教师要做怎样的学法指导,怎样使学生在学习过程中达到会学,怎样在教学过程中恰到好处地融进学法指导。

(4) 说教法。说教法应说明怎么教的办法以及为什么这样教的根据。具体要做到以下几个方面:

① 说明本节课所采用的最基本或最主要的教法及其所依据的教学原理或原则。

② 说明本节课所选择的一组教学方法、手段,对它们的优化组合及其依据。无论以哪种教法为主,都是结合学生实际、学校的设备条件以及教师本人的特长而定的。要注意实效,不要生搬硬套某一种教学方法;要注意多种方法的有机结合,提倡教学方法的百花齐放。

③ 说明教师的教法与学生应采用的学法之间的联系。

④ 重点说明如何突出重点、突破难点的方法。

(5) 说教学过程。说教学过程是说课的重点部分,因为通过这一过程才能看到授课教师独具匠心的教学安排,反映出授课教师的教学思想、教学个性与风格,也只有通过对教学过程设计的阐述,才能看到授课教师的教学安排是否合理、科学,是否具有艺术性。说教学过程要求做到以下几点:

① 说明教学全程的总体结构设计,即起始—过程—结束的内容安排。说教学过程要把

教学过程所设计的基本环节说清楚。但具体内容只需概括介绍，只要听课者能听清楚教的是什么、是怎样教的就行。另外，要注意的是，在介绍教学过程时不仅要说明教学内容的安排，还要讲清为什么这样教的理论依据（包括大纲依据、课程标准依据、教学法依据、教育学和心理学依据等）。

②　重点说明教材展开的逻辑顺序、主要环节、过渡衔接及时间安排。

③　说明如何针对课型特点及教学法要求，在不同教学阶段、师与生、教与学、讲与练等是怎样协调统一的。

④　要对教学过程做出动态性预测，考虑到可能发生的变化及其调整对策。

以上几个方面，只是为说课内容提供一个大致的范围，并不意味着具体说课时都要面面俱到，逐项说来，应该突出重点，抓住关键，以便在有限的时间内进行有效的陈述，该展开的内容充分展开，该说透的道理尽量说透。

3. 说课的要求

（1）突出"说"字。说课不等于备课，不能照教案读；说课不等于讲课，不能视听课者为学生去说；说课不等于背课，不能按教案只字不漏地背；说课不等于读课，不能拿事先写好的说课稿去读。说课时，要抓住一节课的基本环节去说，说思路、说方法、说过程、说内容、说学生，紧紧围绕一个"说"字，突出说课特点。

（2）把握"说"的方法。说课的方法很多，应该因人制宜，因教材施说，可以说物、说理、说实验、说演变、说本质、说事实、说规律，但一定要沿着教学法思路这一主线说。

（3）语言得体、简练准确。说课时，不但要精神饱满，而且要充满激情。要使听课者首先从表象上感受到说课者说好课的自信和能力，从而感染听课者，引起听课者的共鸣。说课的语言应具有较强的针对性——针对教师同行。语言表达应十分简练干脆，避免拘谨，力求有声有色、灵活多变。前后整体要连贯紧凑，过渡要流畅自然。

（4）说出特点、说出风格。说课的对象不是学生，而是教师同行。所以，说课时不宜把每个过程说得过于详细，应重点说明如何实施教学过程，如何引导学生理解概念、掌握规律；说明培养学生学习能力与提高教学效果的途径。

把握说课最主要的一点是因人制宜，灵活选择说法，把课说活，说出本节课的特色，把课说得有条有理、有理有法、有法有效，说得生动有趣；其次是发挥个人的特长，说出个人的风格。

4. 在说课中要注意的几个问题

（1）说课整体要流畅，不要作报告式，几个环节过渡要自然。比如，分析教材后，要确定目标时，可以这样说：基于对教材的理解和分析，本人将这节课的教学目标定位为……下面侧重谈谈对这节课重难点的处理。

（2）说课要有层次感，不要面面俱到，不要说得很细。我们要说的都是一些教学预案，所以要多谈谈学生学习中可能碰到的困难和教师的教学策略。这里的层次，针对某一教学环节来说也是如此。比如，谈谈在重点、难点处理上，你设计了哪些问题；如果第一套方案不行,第二套方案有怎样的安排。再如,在练习中,你安排了哪些练习,有没有体现出层次性。

（3）可将你的整体设计框架进行板书,使听课者看到清晰的思路。

（四）课外活动

1. 课外活动的意义

学校的数学课外活动,是课堂教学的延续,是知识和技能转化为能力和素质的又一中介。它具有自主性、实践性、探索性等特点。数学课外活动可以凭学生个人的兴趣爱好去研究与生活实际紧密相连的内容,在探索中发现问题、发现规律、发现自我,在探索中增强自信心,提高数学学习能力。数学课外活动是巩固课内知识、拓展数学学科知识、提高综合实践能力的组织形式,是一种弹性大、开放性强的数学课程的辅助形式。只要我们利用得法,定能收到事半功倍的效果。

2. 数学课外活动的形式和内容

中学数学课外活动主要有三种形式:开设课外数学选修课,建立数学课外兴趣小组,创办学生的数学刊物。

开设课外数学选修课的主要活动方式和内容是:教师系统地讲授中学课本之外的某一数学分支或某一专题,以开阔学生眼界,也可以介绍数学新进展,介绍新学科分支及新的数学思想。例如,高一年级可结合函数的教学开设"函数方程初步"课程,结合集合基本知识的教学开设"逻辑学"和"初等集合论"课程,结合立体几何的教学开设"拓扑学初步"课程,等等。高二年级可结合数列的教学开设"循环数列"课程,介绍母函数的研究方法以及常微分方程与线性递推关系,结合解析几何的教学开设"三维解析几何"和"向量理论"课程,结合方程组的教学开设"线性代数"课程等,还可在适当时机开设"微积分"课程。选修课的参加人数可适当多些,除去在学习中确有困难,急需补课或个别辅导的学生外,都可参加选修课。选修课的主讲教师应当熟悉该选修课的知识,应当有系统的教案。

数学课外兴趣小组应由较少学生组成,这些学生一般应对数学有较浓厚兴趣,并且其他各门功课都比较好。这个小组成员的选取采用自己报名与数学教师推荐相结合的方式。数学课外兴趣小组的活动方式和内容主要有:听专题报告(学术报告)、访问著名数学家或数学研究机构(或大学)、开展数学竞赛、撰写数学小论文以及开展内部小型的学术研讨会等。若小组成员在各级数学竞赛中取得了较好成绩,要及时予以鼓励;若小组成员完成了一篇较好的数学论文,应推荐给相关适于中学生的数学刊物。

创办学生的数学刊物,包括班内的"数学墙报""数学角""数学信箱"等,刊物的编辑、作者全由学生担任。学生自己创办的数学刊物应当坚持长期性和延续性,要充分体现学生的"研究成果"。为了吸引更多学生,可设立"点将台""有奖征解"等。为了确保班级数学刊物的质量、长期性和延续性,最好组成以班内的学习委员、数学课代表及数学拔尖学生为核心的编写队伍。班内数学墙报的内容除了部分在公开发行的数学书刊中摘录之外,还应有相当部分针对性很强,且直接来自学生自己的文章,例如"谈谈记笔记""如何解决计算中容易出错的问题""我是怎样掌握××概念的""第×章数学课学习札记""读××(数学课外书)的体会"等。数学教师充当班内数学墙报的参谋或顾问,帮助学生出主意,想办法,给他们介绍好的资料,推荐好的参考书。

应当指出,开设数学课外选修课、建立数学课外兴趣小组、创办学生的数学刊物这三种课外活动形式中,教师所处的位置是不同的。开设数学课外选修课以教师讲述为主;建立数学课外兴趣小组以教师激发学生、引导学生为主;创办学生的数学刊物,教师则主要是处于幕后策划的地位。这三种活动方式的参加者也不同。数学课外选修课的参加者以数学学习的中上水平学生为主,人数可多些。数学课外兴趣小组则以在数学学习中有兴趣、有特长的少数拔尖学生为主。教师可以帮助他们利用课余时间到省、市级的数学集训队或数学奥林匹克学校中学习,形成校内外的交叉培训。学生的数学刊物的主要负责人应当是工作热心、有负责精神,而且数学成绩较好的学生。还应指出,为减轻学生负担,数学课外活动的密度不宜过大,每次活动要讲求质量,要贯彻少而精的原则。一般说来,每周进行一次活动,每次活动一至两个小时为宜。每个学生,一般不要参加两种或两种以上的数学课外活动。

3. 开展数学课外活动应注意的问题

开展数学课外活动的指导思想是激发学生的求知欲,帮助他们学习数学、整理资料、做学问。从长远的观点看,这是改善学生的数学思维品质,提高学生数学学习能力的根本大事。因此,数学课外活动必须以学生为主体。

各种数学课外活动都应有长计划、短安排,要讲求实效,要有知识性、趣味性,要适合青少年心理或知识水平的实际情况,还要注意尽量与当前学生数学课内的教学内容有一定联系。对参加各种数学课外活动的学生要逐一审查他们是否具备参加该项课外活动的条件。对于那些赶时髦,图热闹,但学习比较吃力的学生,则要以适当方式劝阻他们不参加数学课外活动,以保证他们的课内学习能达到基本要求。这就是说,对参加或不参加数学课外活动的每个学生都要负责任。除对学生进行数学培训外,还要注意参加数学课外活动的学生其他各方面的成长。有少数数学尖子,有一种优越感,他们有时组织纪律性不强,有的还可能会出现偏科现象。要针对这些情况多做思想教育工作,防止他们的骄傲情绪,克服他们的自由主义,鼓励他们多参加班集体活动,促进他们全面发展。

数学课外兴趣小组活动或选修课的内容应充实,有系统性,便于学生掌握,同时便于教师检查学习质量;还要有一定的针对数学竞赛的专项训练内容,不应当简单地把中学课本中以后将学的内容提前来讲,也不要讲成高等数学课;要在学生的实际知识基础和实际接受能力的基础上,以提高能力这个总目标作为选材的依据。

思 考 题 七

1. 中学数学课程实施的原则有哪些? 你是如何理解的?

2. 教学模式的含义是什么？你是如何理解合作教学模式的？

3. 备课在教学工作中有何意义？备课有哪些具体步骤,其要求如何？

4. 中学数学教学有哪些课外工作？其做法与具体要求是什么？

5. 分别选一节代数和几何内容,编写详细的上课教案,并拟订板书计划和课时分配计划。

6. 何谓说课？开展说课有何意义？如何开展说课活动？要注意哪些问题？说课的主要内容是什么？自选一节代数或几何内容,分别编写详细的说课教案。

本章参考文献

[1] 施良方. 课程理论[M]. 北京：教育科学出版社,1996.

[2] 刘兼,孙晓天. 全日制义务教育数学课程标准解读[M]. 北京：北京师范大学出版社,2002.

[3] 唐瑞芬. 数学教学理论选讲[M]. 上海：华东师范大学出版社,2001.

[4] 十三院校协编组. 中学数学教材教法：分论[M]. 北京：高等教育出版社,1981.

[5] 张奠宙,宋乃庆. 数学教育概论[M]. 北京：高等教育出版社,2004.

[6] 曹一鸣. 数学教学模式研究综述[J]. 中学数学教学参考,2000,1：30-32.

[7] 马向丽. 数学教学模式建构[J]. 焦作大学学报,2007,4：100-102.

[8] 曹一鸣. 中国数学课堂教学模式及其发展研究[M]. 北京：北京师范大学出版社,2007.

第八章

师范生的培养与综合素质优化

　　本章结合数学新课程改革的要求,分析师范生需要学习系统数学基础知识、数学哲学与数学史知识等的必要性,强调师范生应具有学习数学、研究数学、应用数学的意识,进而阐述了师范生如何养成自我教育意识,完善知识体系以及提高教师职业道德品质等相关内容。

第一节　师范生的数学知识结构与数学教师的数学专业素质

一、师范生的数学知识结构

　　数学教师专业化研究结果显示,数学专业知识结构是数学教师知识结构的核心,占有基础性的地位。通过对中学数学教师专业理论知识结构的研究,可以认为师范生应具有如下几个方面的数学专业理论知识:

　　(1)系统的数学基础知识。师范生要系统学习高等数学的基础知识,如数学分析、高等代数、解析几何、复变函数、常微分方程等,以及现代数学基础理论知识,如实变函数论、抽象代数、拓扑学等,还要掌握一些应用数学的知识,如概率论与数理统计、计算方法、离散数学、数学建模等,并学习掌握前述各学科的发展性的相关知识,如常微分方程稳定性理论、计算机代数等。

　　(2)现代数学与中学数学联系所必需的理论知识。新课程标准在课程内容方面做了重大调整,更新了教学内容。进一步精选了教学内容,重视以数学学科大概念为核心,使课程内容结构化,并以主题为引领,使课程内容情境化,促进数学学科核心素养的落实。新课程标准在客观上要求师范生不仅要掌握相关的现代数学理论背景,而且要在现代数学理论知识与中学数学教学内容的理论知识之间建立起实质性的联系。因此,要求师范生要掌握抽象代数、现代分析知识、集合理论与初等代数中的实数理论、数学归纳法、函数理论等的实质性联系,学会运用变换群理论、高等几何的思想观点理解初等几何理论,等等。特别地,师范生要在宏观上通晓中学数学课程的全部内容，了解中学数学课程的体系结构及其相互关系。

（3）数学哲学知识与数学史知识：

① 认识论知识。师范生要知道关于数学的本质，即数学是什么，以此建立起属于个人的正确的或者说恰当的数学观。

② 方法论知识。数学思想方法是解决数学问题所需的策略性知识，是数学"活"的灵魂。数学思想方法也是数学基础知识的重要组成部分。所以，掌握数学思想方法对于师范生更好地从事数学学习、研究及教学具有重要意义。这里所说的数学思想方法既包括数学各专业学科中伴随数学知识的学习所获得的相应的数学思想方法，也指在数学方法论层面从更为宏观、更具概括性的角度考查数学思想方法与具体的数学理论知识的联系所应具备的数学思想方法知识。

③ 数学史知识。师范生要掌握数学发展过程中重大数学理论、数学概念、数学命题、数学思想方法从形成到发展的时代背景、直接动机与具体过程的知识，理解并能欣赏数学家在创造数学理论时所表现出的卓越智慧。特别地，要注意将中学数学知识与该知识的历史发展脉络相结合，以获得更具数学教育教学实际意义的数学史知识，如数系扩充的历史，函数概念、圆锥曲线理论的形成与发展，解析几何思想、微积分理论的创立与发展，西方数学对一元高次方程公式解的探求和我国传统数学对数值解的研究及其与中学数学相应教学内容的联系，等等。通过数学史的学习，师范生在获得显性的数学史知识的同时获得隐性的数学文化的熏陶。

（4）与中学数学教学有关的基本逻辑知识。师范生应掌握与中学数学教学有关的逻辑知识，包括概念与定义、判断与命题、形式逻辑的基本规律、数学推理与数学证明等。

（5）学习数学、研究数学、应用数学的实践性知识。中学数学教学十分重视学生数学学习的过程性，强调主动探究学习的教育价值。作为未来的数学教师，师范生要注意积累从事数学学习、数学研究及数学应用等数学活动的体验性、实践性知识，如资料收集，数学理解，数学交流，数学建模，报告、论文的撰写，等等。

二、数学教师的数学专业素质

（一）数学教师的数学观

数学观就是对数学的基本看法的总和，包括对数学的哲学的认识，对数学的事实、内容、方法的认识，对数学的科学价值、社会价值和教育价值的认识与定位，以及对数学全方位的、多角度的透视。对数学本质的认识，历史上曾有许多不同的观点，有学者将其梳理为万物皆数说、哲学说、符号说、工具说、逻辑说、直觉说、集合说、结构说、模型说、活动说、审美说等。这些观点实际上是人们从不同侧面对数学做出的解释。从认识论的层面看，把数学视为绝对真理的绝对主义演化而成的静态数学观认为数学是由概念、命题依逻辑组织成的一个系统的、结构严谨的知识体系；把数学视为相对真理的可误主义演变而成的动态数学观认为数学真理不是绝对的,而是可误的,并将数学看成问题、语言、命题、理论和观念组成的复合体,看成动态的知识发展系统。数学教师所持有的数学观对其从事数学教学工作会产生很大的影响。

(二)数学教师的数学理论素养

1. 近现代数学理论素养

数学教师要能够运用近现代数学理论知识审视中学数学教学中遇到的初等数学问题。在数学的地位和作用日渐突出的今天,数学教师基本素质的构成中,坚实的数学基础理论知识和广博的数学专业知识显得越来越重要。因为数学教育的根本目的是使学生掌握数学基础知识、形成基本能力及领会数学思想方法,教会学生如何学习数学、研究与应用数学,所以数学教师对数学专业知识体系要有所研究。目前,我国许多数学教师都觉得大学里学的知识在中学数学教学中没有用。数学教师应积极主动运用近现代数学的理论、思想方法来理解中学数学,解决中学数学教学中遇到的实际问题。这就要求数学教师既要有较高的、扎实的近现代数学理论素养,又要有将近现代数学理论与中学数学理论知识之间建立起相应的实质性联系的能力。数学教师只有深刻理解了数系扩充理论、实数理论、复数理论,才能很好理解中学数学中实数的运算、复数的运算与复数不能比较大小关系等问题;只有深刻理解了 n 维线性空间中向量的长度和无穷维线性空间中向量的范数概念,才能很好地理解实数的绝对值概念;等等。新课程改革中高中数学课程体系较以往发生了很大变化,增添了很多新的教学内容,这在客观上对数学教师近现代数学的理论素养提出了更高的要求。

2. 数学思想方法素养

中学数学教学的目标之一就是让学生掌握数学思想方法。作为数学教师要从思想方法的高度审视中学数学的教与学的活动。特别地,要善于从数学方法论的高度分析中学数学教学内容,即从宏观、微观上掌握数学理论的形成与发展规律以及获得相应的数学概念、命题所运用的研究问题的方式、方法;掌握分析、解决中学数学问题常用的思维方式和解题策略。

例如,关于数列,教师通常要思考下面一些问题:为什么要学习数列? 如何研究数列? 为什么要先研究等差数列和等比数列? 如何刻画等差数列和等比数列? 相对于等差数列和等比数列的定义,为什么要研究通项公式? 获得通项公式的方法是什么? 等差数列和等比数列前 n 项和公式是如何推导的(二者之间有什么共性)? 如何将等差数列和等比数列的结果应用于其他类型数列的研究?

若教师能主动对上述问题进行思考,并能将研究的结果运用于数学教学中,表明教师具有良好的数学思想方法素养。

(三)数学教师的数学能力

数学能力对于数学教师的综合素质而言处于基础性地位。随着新课程的推广实施,对数学教师的数学能力又提出了新的更高的要求。

数学教师的数学能力,主要包括空间想象能力,抽象概括能力,推理能力,运算能力,数学地提出、分析和解决问题的能力及数学的认识能力,还包括数学表达和交流的能力、获取信息的能力、独立获取数学知识的能力等。

数学能力中的空间想象能力在数学研究、数学教学尤其是几何的研究和教学中是一种基本的能力。抽象概括能力不仅是数学本身与数学教学的需要,也是现代社会对未来公民基本素养的要求。推理能力既包括逻辑推理能力,也包括数学发现、创造过程中的合情推理能力。运算能力除了包括通常意义的运算能力,还包括估算能力、求近似解的能力等。提出问题是我国数学教育中的一个薄弱环节,数学新课程要求教师不仅会做、会讲现成的问题,还要能自己发现问题、提出问题,这是培养学生创造意识和创造能力的客观要求。

数学教学要求教师必须具备良好的数学表达和交流的能力,能用数学语言来传递信息、进行交流,这样才可以更好地理解、使用数学语言和符号,才可以组织、强化学生的数学思维。数学教师还要有获取信息的能力,具体包括对信息的判断、选择、整理、处理的能力,以及对新信息的创造和传递的能力、教学媒体和功能的选择能力。信息技术为数学教学提供了更丰富的教学媒体,但不同的媒体具有不同的教学特性,数学教师必须根据数学教学目标、教学对象、教学条件来选择和优化组合媒体、整合数学教学内容。特别是数学建模活动的开展,在客观上对数学教师运用信息技术的能力提出了更高的要求。独立获取数学知识的能力,是指教师要具备终身学习的能力,能够在不断发展的社会环境中,有意识地更新自己的知识体系和能力结构,以便保持自己职业能力的适应性。独立获取数学知识的能力包括数学学习的能力和数学研究的能力。数学教师在师范教育期间所学的数学理论知识,难以适应数学教育教学中课程体系的不断发展变化,只有具备独立获取数学知识的能力,在数学教学实践中不断学习,才能更好地适应教学工作。

第二节　师范生的自我教育意识与教师职业道德的形成

一、师范生的自我教育意识

(一) 师范生自我教育意识的内涵

师范生的自我教育意识,是指师范生为了适应教师职业的需要,获得自身专业发展而不断地自主学习和自觉调整,完善自身教育教学理念、专业素养与行为的意识。从根本上说,自我教育意识是师范生对自身所学知识和理论的总结反思,以及对今后从事教师职业的预见和规划意识,是师范生今后成为教师的一种积极的职业品质。师范生的自我教育意识是既要明确自己以前做过什么,又要知道今后朝什么方向发展,以及需要哪些努力的一种使自己始终处于完善自身的持续发展状态。

（二）师范生自我教育的意义

1. 师范生自我教育是持续发展的要求

师范生在以后的职业生涯中要想得到持续发展，就需要有强烈的主动性和自觉性。随着时代的发展，社会对人才的要求越来越高，这就对师范生的教育提出了更多、更高的要求。只有培养师范生的自我教育意识，激发其积极进行自我教育，才能使师范生不断地发展、完善自己，这是使其将来成为一名优秀中学教师的前提和保证。师范生如果缺乏自我教育意识，在大学学习期间被动接受教师的督促与管理，参加工作之后就难以形成自己的思想和主见，没有自己的内在需要与学习动机，始终处于被动的工作状态，自然就不会得到健康、长远的发展。

师范生要对自己的专业发展做出一个明确的规划。师范生要确立自己的发展目标，在数学知识、数学能力、教学知识、教学能力等方面明确自己的现实水平与发展潜力，积极主动地在学校提供的教学环境中培养自己的专业素养。师范生要善于对发生在自己周围看似平常的教育现象进行思考与探究，对自己所从事的教育实践进行判断与反省，只有在不断的自我评价与实践中认识自己，了解自己现在及未来工作中的优点与不足，才能最终成为教育教学的实践研究者。

2. 自我教育有助于师范生不断完善和改进品行

自我教育有助于师范生正确地认识自己，注重自我反思和加强自我修养；有助于思考师生关系的定位，构建良好的师生关系，更好地表现出对学生的尊重、对自我的尊重，增强相互理解、相互信任、公正和宽容的意识，从而不断完善和改进品行。如何在以后的学习和工作中进行自我调节，使师范生更加客观地了解自己，包括别人对自己的态度、看法以及自己对自己的认识，是一个值得认真探究的课题。

3. 自我教育是师范生成长的必由之路

师范生教育教学技能、专业知识水平和教育理论素养等的提高，离不开对教学实践、教学过程的反思以及经验的总结。师范生要想成为一名优秀的中学教师，就要通过自我教育进行自我完善，要对教学实践活动进行积极的反思，主动参与教学交流活动，借鉴他人的教学经验，不断提高自己的教育教学技能。同时，通过自我教育可以使师范生形成对教育教学具有很强的自我调节和完善能力，善于观察、分析身边的教育现象和教育问题，及时更新教育观念，积极探索新的教育思想，并形成积极的解决策略。

4. 自我教育意识有助于师范生科研意识与能力的培养

中学教师科学研究的对象主要是自身在教学中出现的实际问题或教育过程中观察到的教育现象，具有较强的针对性和应用性。实际上，中学教师所进行的教育研究活动主要是有目的的教学反思过程。通过教育研究，教师不断提高自身的学习和教育能力。这个过程也是教师对自我教育的思考与探究。师范生已经较多地接触到了教学实践，积累了一定的教学经验，可以按照自己的发展意图，开展一定形式的教育研究，为获得以后成为一名教师所需的科学研究能力打下坚实的基础。

5. 自我教育可以促进师范生教师专业综合素质的提高

教育是不断发展的,教育环境、教育对象等因素都在发生变化,原有的教育理论与经验不能完全适应新发展的教育需求。教师只有积极进行自我教育,才能不断地发展,摆脱由经验和理论的不足所带来的危机。教育教学活动对教师的专业综合素质提出了很高的要求,而许多知识、能力是在学校教育中无法得到培养的,需要师范生在今后的教师岗位上和实际工作中逐步认识和提高。这在客观上要求师范生作为准教师,要通过自我教育,不断地自我完善、自我超越,更新教育观念,掌握丰富的教学手段和方法,学会运用新的管理理念,以促进自身的发展,并使自己适应现代教育的要求。

（三）师范生自我教育意识的培养

1. 加强对学习和教学实践的自我反思

师范生作为成熟的个体,积累了丰富的学习经验,在学习活动中了解了教师的从教经验,从现实的感受中逐渐形成正确的自我评价和自我体验。

在学习活动中,师范生要总结自己的学习经验,对自身的学习活动进行反思,要主动思考自己将来成为一名中学教师之后采用什么样的教学方法和教学模式,或者开展什么样的教学活动才能有利于提高教学质量等问题。例如,可以思考在课堂上经历过哪些难忘的事件,在学习过程中产生过哪些困惑,曾经产生过什么样的想法,对自己的成长影响比较大的事件是什么,以及你的同学中都存在什么样的个体差异,以后你的学生是否也可能会存在同样的问题,等等。经常反思自己在学习过程中的体验,可以做到由此及彼,有助于师范生进一步了解中学生的心理发展动态,了解中学生个体思维方式的差异,以便在以后的教学活动中针对学生的具体情况采取合适的教学方法,为因材施教打下良好的基础。

在教学实践活动中,师范生要加强对自身教学行为的反思,积累宝贵的教育教学经验教训。师范生的教学实践主要是教师技能训练、教育实习、教育见习以及社会兼职等活动。此阶段的教学实践难免存在较多的不足之处,但师范生可以初步体会作为教师进行教育教学的基本感受;可以运用教育教学理论知识,反思自己的教学行为和方式是否采用了恰当的教学方法或教学模式,自己在教学过程中是否把所学到的理论知识应用到了教学实践;还可以把自己与其他教师的教学经历进行对比,思考别人的教学经验有哪些值得学习的地方,自己有哪些不足之处。师范生还要加强与其他教师的交流合作,对教育现象和教学行为进行探讨和分析。只有通过不断地自我反思,才可以使自身的教师专业综合素质得到迅速的发展。

2. 加强自我评价

师范生要认识到自己的内心活动,充分认识自己的不足之处,积极开展自我评价,主动地进行自我批评和自我教育;要根据社会要求去评价和锻炼自己,提升自我教育愿望,能促使自我教育意识不断向积极健康的方向发展。在学习和教学实践活动中,要协调好与同学之间的关系,与同事之间的关系,努力在自己周围构建一种和谐的人际关系,使自己尽可能得到充分的发展。

自我教育是在自我评价的基础上实现的。师范生要加强自我评价,重视他人对自己的评价,能够虚心接受别人的批评和指正,从中思考自己需要在哪些方面改进。在价值取向上要确立社会和个人价值的双重关系,建立与集体目标相一致的个人目标,善于调节和修正个人目标,对照集体目标、舆论和规范等来评价他人和自己,以决定自己的行为动机和具体行为,并对自己提出自我教育的要求。

3. 开展教育教学研究

师范生要想成为一名优秀的中学教师,也要积极主动地参与教育教学研究活动。师范生要对自己的教育实践或某些教育现象进行反思,对新的教育问题、思想、方法等进行探索,运用自身的经验和知识综合地、创造性地解决相应的问题,以形成解决新问题的能力,并经过概括总结内化为自己的知识。另外,师范生在教育教学研究过程中要注意更新自己的教育观念,形成对教学活动的认识,自我强化反思意识,不断地调整和完善自我。

师范生开展教育教学研究有多种途径。师范生可以主动探索数学教育教学问题,确立研究课题,参与大学生科研立项活动,也可以采用独立自主的科学研究方式,即自己确定研究题目,设计研究方案,完全独立自主地进行研究。另外,师范生也可以与教师进行探讨,在教师的指导下进行一定形式的科学研究。

4. 构建培育自我教育意识的路径

奥斯特曼(Osterman)和科特凯普(Kottcamp)认为教师的教育反思过程主要包括四个环节:积累经验、观察分析、重新概括、积极验证。它是一个循环往复、不断上升的过程。我国学者对优秀教师成长规律的研究也表明,优秀教师的成长必定经过确定目标、实施、反馈调节三个阶段,通过"实践—反思—更新—实践"的循环,才能不断提高自我教育意识。师范生要认真总结以上几个环节,按照这几个环节规划自己的自我教育路径,积极参与教育实践,丰富自己的经验,再进行分析、概括和验证,以进一步提升自己的认识,使自己得到不断的发展。

二、教师职业道德的形成

(一)教师职业道德的内涵

教师职业道德是伴随教师职业活动的产生而逐步形成和发展起来的,与教育、学校的产生和发展有着密切关系。

教师职业道德是指教师在从事教育劳动中形成的比较稳定的道德观念、行为规范和道德品质的总和,它是调节教师与他人、集体及社会相互关系的行为准则,是社会对教师职业行为的基本要求。

(二)教师职业道德的重要性

1. 教师职业道德影响学生的道德品质

教师职业活动的目的归根到底都是为了培养人。教师用社会道德规范去教育学生,转变学生的思想,使学生成为社会所需的人才,而教师自身所具有的职业道德对学生道德的培养则具有直接的教育作用,它直接影响着学生思想品德的形成。学生思想品德的形成,离不开教师的言传,更离不开教师的身教。教师在道德上的每一种表现都能成为学生模仿的对象。对于大多数学生来说,在心理和道德上都有模仿性的特点,特别是低年级的学生,模仿力就更强。在学生眼中,教师不仅是知识的传授者,而且还是道德的体现者,学生常常借助教师的言行来审视社会、人生,确立自己的世界观、人生观。而教师往往不自觉地以自己的道德倾向对学生进行培养,教师的道德品质是学生品德培养的活生生的教科书,远远胜于教科书中道德理论对他们的影响。在教育教学过程中,教师的良好思想品德作用于学生的心灵,塑造学生的灵魂,对学生的性格、爱好、道德品质等有很强的感召力。这不仅影响一个人的学生时代,而且还将影响他的一生。

2. 良好的教师职业道德是促进教师发展的保证

教师具有良好的职业道德,可以加强教师的自我反思,提高教师的教育教学能力,从而顺利地应对和解决教学过程中不断出现的新的教育现象和教育问题;同时,也能够不断提高对教师职业道德的认识,规范自身的教师道德行为。

3. 教师职业道德直接或间接地影响社会风气

教师本身作为社会中的个体,其个人的道德品质在他的社会行为中直接对社会产生影响。由于教师的行为普遍受到社会的关注,社会上的个人或多或少会受到教师行为的影响。教师的道德通过行为体现,在培养学生的过程中,他们的行为、思考问题的方式会被学生模仿,人生观、价值观都会对学生产生潜移默化的影响,并通过学生走向社会而影响到整个社会的道德风气。

师范生要充分认识教师这一职业,了解社会主义教师道德的内容和意义,并通过自身的修养,将认识内化为自己的道德情感、意志和信念,进而内化为自己的道德行为和习惯,形成良好的道德品质,以便出色地承担起培养下一代的责任。

(三) 教师职业道德的培养途径

1. 通过学习加强自身的职业道德修养

(1) 教师要加强自己的职业道德修养,首先必须对教育事业、教师职业以及教师职业道德有正确的认识,而这些认识都来源于教师的不断学习。通过不断地学习,教师能够科学、全面、深刻地认识社会,认识人与人之间的关系,形成科学的人生观、价值观和世界观。教师要想教育好学生,跟上时代的发展,满足学生发展的需要,必须利用各种学习机会不断地加强自身学习,提高自己的道德水平。

(2) 向优秀教师学习。优秀教师的先进事迹是活生生的案例,教师要提高自身的职业道德水平就要积极主动地了解优秀教师的先进教育思想或感人事迹,学习他们的优秀品质,这样才能激发师德情感,升华师德境界。

(3) 开展深刻的自我反思活动。教师要善于了解自己,正确地认识自己,对自己的思想品德提出高标准、严要求,开展深刻的自我批评,树立崇高的职业道德理想,制订适合自己的师德修养计划。

2. 在教育教学实践中加强教师职业道德的培养

道德的形成是从实践中得到认识,又从认识到实践的不断反复的过程。教师的教育教学实践是理论与实践相结合的过程。在此过程中,教师会形成高尚的道德品质,逐渐认识到自己所存在的问题,产生学习和提高的动机,从而给教师的职业道德培养提供基础和动力。教师的职业道德只有通过教育实践,增强感性认识,再应用到实践中,才能使教师的师德境界得以升华。在教育教学实践过程中,教师按照自己的标准对学生进行知识、技能和思想品德的教育。在教育学生的过程中,教师也在修正自己的观点,不断丰富自己的知识,陶冶自己的情操,磨炼自己的意志,以提高自身的职业道德修养。

师范生要提高自身的职业道德修养,首先要激发自己的进取心和事业心,增强不断进取的内在动力;其次,要树立坚定的信念,因为优秀教师的成长并不一定是一帆风顺的,需要始终用高尚的职业道德要求自己,不断地超越自我;再次,要深刻认识到教师工作的重大意义,认识到教师的工作在学生的成长乃至国家发展中的重要意义,把教师这一职业当作自己的事业,使人格、理想得到升华;最后,要树立正确的人生观、价值观,始终用高尚的职业道德要求自己,把事业、理想和道德等放在第一位。

第三节 中学数学教育研究与师范生的科研素质

一、中学数学教育研究

中学数学教育研究,是指综合运用数学和教育学理论知识,并结合心理学、逻辑学等相关理论,运用教育科学的研究方法,采用定性研究或实证研究等模式,对中学数学教育的实践活动进行的教育教学研究。

通过开展一定形式的中学数学教育研究,有助于我们更好地认识数学教学规律,提高中学数学教学效果;可以树立正确的数学教育观念,探索数学教育规律,增强教育科研意识、科研精神;加强教师对数学教育中新思想、新观念的领悟理解,提高教师的数学教学能力和数学教育研究能力;有益于教师系统地获得数学教育教学的基本理论与方法,进一步了解数学教育的特殊规律,并能运用这些理论指导数学教学实践,推动数学教育的发展。

(一)中学数学教育研究的意义

在师范生的培养过程中,我们一直关注的是从教的能力,缺乏对教育科研能力培养的关注,使得相当一部分教师缺少教育教学理论素养,教育科研意识和动机不足。许多师范生成为教师以后,缺少对当前先进的教育理念、教学模式进行必要的探索,不能对自身的教育教学活动从理论层面进行反思,这不利于教师自身乃至中学数学教育的长远发展。

教师要研究教育对象——学生。教师的教育任务与学生是紧密联系的。因为遗传因素和生活经历的不同,每个学生都有各自的特点,在个性品质、理解和接受知识的能力等方面都会表现出一定的差异,所以要做到因材施教,就要深入地了解学生。教师要通过教育研究探索出行之有效的教学方法、教学手段和教学模式,这是良好教学效果的保证,体现了教师专业水平的高低。为了达到这一点,教师需要综合研究教学观念、教学内容、学生特点和教学环境等因素。

开展数学教学研究,还可以引导广大教师自觉地研究数学教学的各类问题,自觉地进行教学改革探索。中学数学教师可以结合数学教学研究,学习一定的数学教育理论、数学学习理论,并运用理论来指导分析问题、研究问题与解决问题,从而提高自己的理论素养和教学科研能力,促进教学与科研的结合,进一步丰富自身的教学经验。

中学数学教育研究不仅仅是数学教育家的事情。中学数学教师既是知识的传递者,又是知识的创造者。数学的教学过程就是知识的再创造过程,需要教师不断地探究。中学数学教师工作在教学一线,了解中学数学教学的对象,熟悉中学数学教学内容与教学方法,具有丰富的中学数学教学的实践经验。他们结合自己的工作学习经验,开展教育研究,不仅有利于提高教学质量,还有利于落实我国的数学教育教学改革。

(二) 中学数学教育研究的主要对象

传统的中学数学教育研究主要是以解决数学问题、概括教学经验和探索教学方法为内容的研究。它以传授数学知识为主要目的。这类研究对于数学知识的传授和教师专业知识水平的提高有着积极的作用。随着数学教育的发展,仅仅研究上述内容已经远远不能满足需要,还要对数学课程、教学内容、教学模式、学习规律、教育教学目标、数学应用意识、创新能力培养等进行研究。

二、师范生科研素质的培养

师范生是未来的教师,在校期间积极参与科学研究活动,会有利于养成良好的科研素质,提高科研能力,同时促进自身教育教学能力的发展。

高等师范院校要重视师范生的教育科研素养,使得所培养的未来教师都能成为研究型、专家型教师,以推动整个教育事业的改革与发展。高等师范院校要探索新的教师教育模式,在理念和制度层面上认识到教育科研对促进中学数学教育发展的作用,认识到教育科研对教师成长的意义,特别地,认识到教育科研对师范生科研素质及教育教学能力的提高的重要意义。师范生不应局限于"如何教"的专业技能训练,更要注意通过参与教育科研活动,提高自身的理论素养,促进自身的长远发展。师范生要充分认识到其得天独厚的"师范性"的学习条件,按照教师专业性发展的要求,在日常的学习和生活中培养自己良好的教育科研动机与兴趣,端正科研态度,主动参与教育科研活动,提高自身的教育科研素养。

师范生应该积极参加学校、省或国家的科研项目。高等师范院校具有良好的教育科研氛围，师范生可以充分利用好这一条件，通过教师或同学的介绍、引导，从简单的科研项目开始，经过锻炼，逐步适应教育教学研究，提高自己的教育科研能力。师范生要更多地关注基础教育的教学改革科研，并考虑如何把从事教育科研活动所获得的理论成果渗透到教育教学实践中去。师范生可以利用课余时间或见习、实习的机会，到中小学开展教育教学实践活动，将从课本中学到的理论知识应用于实践，并在实践中发现问题、解决问题。

目前，很多师范生都参与了教育科研活动，积累了一定的教育科研经验，并取得了丰硕的成果。这为今后在中学教师岗位上更好地从事教育科研活动，提高自身的数学教育教学理论素养，提高教学质量打下了坚实的基础。

第四节　数学教师的综合素质

新课程下的数学教育，在客观上要求教师必须具备多方面的知识、能力和素质。中学数学教师的知识结构、能力素养不仅包括数学专业理论知识、数学能力素养，还包括组织良好的一般教育学、心理学知识，数学教育学、数学教育心理学知识，普通文化知识，等等，而且要求教师能将这些理论知识在实际的教育教学过程中转化为较强的教学能力、教学研究能力等。

中学数学教师的综合素质主要体现在以下几个方面：

一、数学教师的教育理念

（一）数学教育观

教师的数学教育观渗透和体现于数学教育的实施中，教师对数学教育有什么样的理解，就会把什么样的理解带进自己的数学教育实践。数学教育观是数学教育实践得以发生的内在依据，它不仅影响教师的教育行为，而且对教师自己的学习和成长也有重大影响（即便数学教师对此并不觉察）。

教师的数学教育观应淡化形式，注重实质，把形式化的数学学术形态转化为学生易于接受的教育形态，展示数学生动活泼的思想，揭示数学的本质。这样，学生既学习了数学知识，又学习了"火热的思考"过程。

（二）学生观

教师的学生观就是教师对自己的教育对象的基本看法。每一位教师都有自己的学生观，只不过有些教师对此没有很好地思考过，不一定很明确罢了。正是这种学生观支配着教师的教学行为，决定着教师的教育态度和相应的教育方式。在宏观层次上，教师的学生观主要表现为教师对学生发展的看法，也就是教师的学生发展观；在微观层次上主要表现为教师对学生的期望。

教师不应该把学生看作被动的知识接受者，而应该把他们看作学习的主体，培养他们主体性的精神,即积极主动学习的精神,让他们成为自己发展的主人。教师应该看到学生发展的可塑性,增强对学生发展的信心,为学生的发展和成长创造各种条件。对于培养学生创新能力,最为重要的教师信念就是教师应该持有"个体主体性"的信念,应该找出学生的各自特点以及他们之间的差异,发展他们各自的特长,为学生创新能力的发展打好基础、创造条件。

二、数学教师的知识体系

在时代发展和教育变革的背景下,现代数学教师的知识结构应包括以下五个方面的知识:

(1)普通文化知识。数学教师教学工作的对象是有待于进一步塑造的人,因此要强调教学工作的"人文性"特点。普通文化知识本身具有陶冶人文精神、养成人文素质的内在价值,这在客观上要求教师掌握普通文化知识。在今天,数学文化意义下的数学教学已引起教育界的广泛重视,作为数学教师只有具备广博的普通文化知识,才能在数学教学中将数学与自然科学、哲学、艺术、社会科学等方面的知识有机结合起来,体现出数学的文化特性,并将其内化为师生个体的人文素质。

(2)数学专业知识。数学教师的劳动是一种复杂的、创造性的劳动,要成功地完成数学教学任务,数学教师首先要掌握完整、系统、精深的数学专业知识,这样才能在数学教学中通观全局地处理教材,使数学知识在教学中不只是以符号的形式存在,以推理、结论的方式出现,而且能展示数学知识本身发展的无限性和生命力,能把数学知识"活化"。可以说,数学专业知识是数学教师知识结构中的主干部分。

(3)一般教学知识。教师应当通晓并熟练掌握教育科学理论知识,这是教师工作"双专业"特点的客观要求,是从事教育教学工作的理论依据,也是将教师的教学由经验水平提高到科学水平的重要前提。一般的教学知识范围相当广泛,包括教育基本理论、心理学基本理论、教学论、教育心理学、教育管理学、教育法学、比较教育、教育改革与实验,以及现代教育技术知识、教育科学研究等。教师只有全面系统地掌握一般的教学知识,才能确立先进的教育思想,正确选择教学内容与方法,把自己所掌握的数学知识与技能科学地传递给学生,促进学生的全面发展。

(4)数学教学知识。由于数学本身具有抽象性、严谨性、应用的广泛性及辩证性等特征,因此数学教学也具有不同于其他学科教学的特征,有其特性。尤其在新数学课程实施和推广的背景下,对数学教学提出了许多新的要求,强调数学教学不只是教数学知识、技能和技巧,还要教数学思考、数学思想;要把数学的学术形态转换为教育形态,努力体现数学的价值和数学的教育价值;要培养能力,培养意识、观念,形成良好的品质;要注重数学与实际的联系,发展学生的应用意识和实践能力。

(5)教学实践知识。教学实践知识,是指教师在实际教学活动中所具有的课堂情境知识以及与之相关的知识。它是教师的教育教学理论知识在实践过程中的运用所形成的教育教学经验的积累,是属于教师个性化的内蕴知识。教师的工作具有明显的情境性,教师只有针对学生的特点和当时的情境有层次地进行工作,才能表现出教师的教学机智来。在这些情境中,教师所采用的知识来自个人的教学实践,具有明显的经验性,而且这种知识的表达包含着丰富的细节,并以个体化的语言形式存在,体现着教师的教学风格。

三、数学教师的教学能力

新课程的推广实施,对数学教师的能力提出了新的要求。数学教师需要与时俱进,积极发展自己与教育变革需要相适应的各种能力。

数学教师的教学能力主要包括以下几个方面:

（1）数学教学设计能力。数学教学设计能力主要是指教师对数学教学目标、教学任务、学习者特点、教学方法与策略以及教学情境的分析判断能力,主要表现为分析、掌握数学课程标准的能力,处理数学教材的能力,对学生数学学习准备与个性特点的了解、判断能力,数学教学过程、媒体、策略的设计能力,数学教学评价的设计能力,等等。

（2）数学教学实施能力。数学教学实施能力,是指为实现所设计的教学方案而灵活、有效地组织数学教学的能力。从教学实施方式看,这种能力主要表现为数学教师的言语表达能力,如语言表达的准确性、条理性、连贯性等;非言语表达能力,如讲解的感染力、表情、手势等以及选择和运用教学媒体的能力。从教学实施活动的内容看,这种能力主要包括重新组织数学教材的能力、课堂组织管理能力（如学生数学学习动机的激发、数学教学活动形式的组织等方面的能力）以及数学教学评价能力。

（3）数学教学监控能力。数学教学监控能力,是指教师为了保证数学教学达到预期目标,在教学的全过程中将数学教学活动本身作为意识的对象,不断对其进行积极主动地计划、检查、评价、反馈、控制和调节的能力。数学教学监控能力主要包括教师对自己的数学教学活动的事先计划和安排,对自己的数学教学活动进行有意识地监察、评价和反馈,对自己的数学教学活动进行调节、校正和有意识地自我控制等三个方面的能力。

（4）数学教学反思能力。数学教学反思能力主要是指教师对所选教学目标的适用性以及根据这一目标选定的教学策略做出判断的能力。例如,教师可以反思下列问题:这节课是否如自己所希望的? 怎样用教和学的理论来解释自己的数学课堂教学? 怎样评价学生是否获得了数学知识、形成了技能、发展了数学能力? 上课时改变了计划中的哪些内容? 为什么改变? 是否有另外的教学模式或方法会更成功?

（5）数学教学创新能力。现代数学教师不仅应该是教育的实践者,还应该是集教学、科研、管理等多种功能于一身的复合型教师,这是时代对数学教师提出的新要求。教师要善于从教育理论中吸取知识来指导自身的数学教学实践,并在数学教学实践中归纳经验、体会,总结教训,创造出指导自己后继数学教育教学活动的新的理论。我国现阶段基础教育的根本任务是培养具有创新精神和创新能力的一代新人,这也是数学作为文化对数学教育的内在要求。而学生的创新精神、创新能力需要教师的创造性教育教学来培养。因此,现代数学教师必须具备教学创新能力,包括更新数学教育教学内容、创造新的数学教育教学方法、优化数学教育教学过程的能力。

思 考 题 八

1. 分析自己的数学知识结构,你认为自己在数学教师数学专业素质方面有哪些欠缺?

2. 结合实际,谈谈你是如何理解师范生自我教育的意识及其意义的。

3. 你认为师范生参加教育科研活动对于自身的成长有什么意义?

4. 结合实际,谈谈如何提高自身的数学教学能力。

5. 结合数学教学的特点,谈谈你对教师职业道德的看法。

本章参考文献

[1] 张雄.数学文化与数学教育.21世纪中国数学教育展望(一)[M].北京:北京师范大学出版社,1993.

[2] 郑毓信,王宪昌,蔡仲.数学文化学[M].成都:四川教育出版社,2001.

[3] 郑毓信.也谈中学数学教师应当如何从事教育教学研究[J].中学数学月刊,2001,2:1,2,4.

[4] 齐建华,李明振,王春莲.中学数学教师教育教学研究的基本原则和方法[J].中学数学月刊,2000,5:1-4,38.

[5] 陆书环,傅海伦.数学教学论[M].北京:科学出版社,2004.

[6] 邹庭荣.数学文化欣赏[M].武汉:武汉大学出版社,2007.

[7] 黄秦安.数学教师的数学观和数学教育观[J].数学教育学报,2004,13(4):24-27.

[8] 闫江涛.论师范院校学生的教育科研素质的培养[J].教育理论与实践,2003,23(18):48-50.

[9] 李春玲,刘文革,朱平平.优秀教师职业理想、道德的形成及对师范生培养的启示[J].教育与职业,2001,1:21-22.

[10] 王志林,沈琪芳.论教师自我教育意识[J].湖州师范学院学报,2003,25(2):79-83.

[11] 陈琴,庞丽娟,许晓晖.论教师专业化[J].教育理论与实践,2002,22(1):38-42.

[12] 王子兴.论数学教师专业化的内涵[J].数学教育学报,2002,11(4):63-67.

[13] 俞爱宗,刘瑞芬.教育科学研究概论[M].延吉:延边大学出版社,1999.

第九章

数学教育理论与中学数学教学

本章先阐述了弗赖登塔尔的数学教育思想与中学数学教学问题；再详细说明了波利亚的解题理论，例析了波利亚的解题表的应用，并评述了波利亚的解题理论对中学数学教学的影响；最后结合建构主义理论，论述了我国的"双基"数学教育理论。

第一节　弗赖登塔尔的数学教育思想与中学数学教学

弗赖登塔尔的数学教育理论与思想，完全是从数学教育的实际出发，用数学家和数学教师的眼光审视一切，可以说摆脱了教育学（或心理学）加数学例子这种传统的数学教育研究模式，抽象概括成他独有的系统见解。下面我们从现代数学特性、数学教育目的、数学教育原则三个方面来阐述弗赖登塔尔的数学教育思想。

一、关于现代数学特性的论述

弗赖登塔尔从数学发展的历史出发，深入研究数学的悠久传统，以及现代数学形成的背景，提出了现代数学的转折点，是以现代实数理论的诞生和置换群的产生为标志，以布尔巴基学派的结构理论为开端的。弗赖登塔尔认为现代数学的特性可归结为：

（一）数学表示的再创造与形式化活动

近几十年来数学的变化，主要在于它的外表形式，即形式化，而不是它的内容实质。形式化是组织现代数学的重要方式之一，也是现代数学的标志之一。微积分的发展就是一个例子。当牛顿和莱布尼茨（Leibniz）开始引入微分、积分以及无穷小概念的时候，都带有某种直观的模糊观念，根据实际需要，对它们进行各种描述以及各种运算。经过了 200 多年的历史演变，才有了极限概念的"ε-δ"形式的定义，微积分才形成了清晰而又相容的逻辑演绎体系。这是对长期的非形式化运算过程进行形式化改造的结果。

形式化要求以语言为工具，按逻辑的规律，有意识地、精确地表达严密的数学含义，不容许混淆，也不允许矛盾。换句话说，数学需要自己特定的语言，以达到严密、精确、完整而且相容。

（二）数学概念的构建方法

数学概念的构建方法，从典型的通过外延描述的抽象化转向实现公理系统的抽象化，承认隐含形式的定义，从而在现代科学方法论的道路上迈出了决定性的一步。

从九年义务教育数学课程标准和普通高中数学课程标准以及相应的教材可以看出，我们也是适度和动态地推进数学概念的抽象化进程的，承认许多隐含形式的定义和假设，比如平面几何中扩大公理系统（如同位角相等，两直线平行定理作为公理），用集合外延性形象化的语言来描述"集合"这一假设，借助几何画板和手工操作工具来动态研究函数的性质，利用数学模型的现实背景来探索模型所隐含的数学，等等。

就我国目前数学教学改革来说，已开始在高中数学课程中渗透现代"结构""公理化"的思想和方法，但又不太脱离具体的现实世界和应用环境。这正是弗赖登塔尔强调现代数学在方法论上的特性意图的体现。

（三）传统的数学领域之间界限的日益消失

一贯作为严密性典范的几何，表面上看来似乎已经丧失了昔日的地位，实质上正是几何直观在各个数学领域起着联络的作用。正如康德所说：没有概念的直观是无用的，没有直观的概念是盲目的。

当年欧几里得的《几何原本》曾被奉若神明，可是今天，在布尔巴基学派的结构主义数学中，几何占据了很少的篇幅。学校数学教育中，几何的地位岌岌可危。可实际情况又如何呢？首先，现代数学的公理化形式就来源于希尔伯特的几何公理体系，集合的术语，如"空间""维""邻域""映射"等，几乎深入了数学的各个领域。其次，复变函数理论的发展，基础在于复数表示为平面的点；代数方程 $x^n = 1$ 的意义之阐明与复数平面中正 n 边形的做法密切相关；集合论的研究更充分显现出几何直观的数轴、点集、映射等，成为一种组织知识的重要方法和手段；测度论是在几何面积概念的基础上形成的，而拓扑学最有力的代表方法恰是开始于最基本的形状——多面体的直观背景。

现代数学反映出来的数学领域之间界限日益消失这一特性，在数学课程设置上给我们提出了两个方面的问题。一个方面问题是多少年来数学课程的设置常在"分久必合，合久必分"的一对"分"与"和"矛盾之间摇摆。算术、代数、几何、三角、微积分等一系列学科，反映了数学发展史中各个不同阶段、不同侧面的情况，它们自身各有各自的特点与规律，再结合学生的认识发展规律与认知过程，更需根据教学的规律做出课程的设计，在不同的历史时期侧重不同方面完全是应该的。但总的目标是显然的，即使分也不能一分到底，完全分家，总还应该将数学视作一个整体。当学生运用数学这个工具解决问题时，就必须善于综合地应用代数、几何、三角中的各种方法，应该使之互相渗透、互相结合，从中找出最佳组合，而不是互相割裂，生搬硬套。

另一个方面问题是关于几何在数学教育中的地位、作用的问题。这同样是多少年来纷争不休、各不相让的问题。喊了多少年的"欧几里得滚出去"的口号，可是仍有人认为，任何数学问题，最终还是需要建立在几何的基础上。这个观点从现代数学发展来分析，似乎有一定的道理。几何究竟应该处于一种什么样的地位？它在数学的体系中可以起什么样的作用？到底怎样才能使几何直观或是公理化思想，在人们学习数学的过程中生根发芽，充分发挥它的作用？这些自然也是研究数学教育所必须面对的重要问题。

(四) 现代数学重视思辨数学

相对于传统数学中对算法数学的强调，应该认为现代数学更重视概念数学，或者说思辨数学。

现代数学中开始现代化进程的主要标志——集合论、抽象代数和分析、拓扑等都是概念、思辨的喷发，它们冲破了传统数学的僵化外壳。但是，每个概念的革新，都包含着自身的算法萌芽，这是数学发展的道路。算法数学与思辨数学之间的关系是一个相对的、辩证的关系，这不等同于新与旧，高与低。概念固然体现了机械运算的突破，提高了理论的深度；而算法则意味着巩固，因为它提供了技术方法，可以探索进一步的概念深度，同时也提供了一个更广阔的平台基础，使学生可以跳得更高。

在数学发展的历史上，算法曾经发挥了它巨大的威力。韦达(Vieta)的代数，笛卡儿(Descartes)的解析几何，莱布尼茨的微积分，都是这方面的出色成果。算法确实有其迷人之处，通过算法的操作往往可以增强人们的自信与能力。从数学发展的历史也可以看到，沉迷于算法之中，会使人们的思想受到束缚与桎梏，因此必须跳出这个圈子，才能在数学的视野上有所拓广、有所深入；墨守成规地机械操作，必须随之以概念的革新、思维的组织，才能形成新的结构与新的体系。集合论的诞生，公理体系的建立，布尔巴基学派的出现，都有力地证明了这一点。

二、关于数学教学目的的探讨

学习数学究竟为了什么？进行数学教育最终要达到什么效果？弗赖登塔尔认为，数学教育的目的必须考虑到社会背景。事实很清楚，数学教育的目的必须随着时代的变化而变化，它也必然受到社会条件的约束与限制。数学本身的飞跃发展与变化，自然也会影响数学教育目的，因为我们的目的毕竟是要让学生能运用数学知识来解决社会中的实际问题。可是数学有着如此广泛的应用，究竟教到哪个范围才是最合适的？另一个问题是学生的情况，因为需要是一回事，可能又是另一回事。这依赖于学生的接受能力，从而要考虑学生是否能理解某些教学内容。当然，这也依赖于教学过程中所做出的各种努力。

（一）学生是否需要掌握整个体系

因为数学有广泛的应用，又有高度的灵活性，每个学生将来究竟需要用到哪些概念和技能，难以预料，所以只能从数学内在的体系出发，希望通过数学教育能够让学生掌握数学的整个结构。因此，所教的数学内容必须符合数学体系的要求，能够紧密地组合成一个整体，彼此联系密切。我们应注意的一点是，数学教育的目的绝对不是为了培养数学家，因为大多数人只需要用到一些简单的数学知识，而且数学知识已经成了人类生存所不可缺少的部分，这也是一般的数学教育的目的所在。所以，如果仅仅以数学体系来决定数学内容的取舍，那么必然违反教学法的规律，甚至会引起学生的反感。

（二）怎样教会学生数学的实际应用

教数学就必须教相互连贯的材料，而不是孤立的片段，但这并非只限于数学内部的逻辑联系，恐怕更重要的是数学与外部的联系。当然，这也不是把数学与某种特定的应用捆绑在一起，那样就会使数学僵化，而数学最大的特点就是灵活性。所以，一般应该在现实的基础上自然地形成这种内部与外部的联系。

了解数学与外界的丰富联系，不仅可以使数学成为应用于实际的锐利工具，并且会使人们所掌握的数学知识长期富有活力，可以不断地联系实际、发挥作用。不要让数学成为供奉于殿堂之上、脱离现实而保持其神圣不可侵犯的形式逻辑演绎体系，这是完全不符合当前社会的迫切需要的。

（三）数学能否作为思维的工具

严格说来，究竟什么是逻辑思维？是否存在思维的训练？数学是否是思维训练工具中的一种？甚至是最好的一种？这些都是很难回答的问题，因为无人能证明是否一个好的数学家在其他科学领域中也会有很高的成就，也无人知道数学天才是否是一般天才所必须具备的特征；也无法使人相信，数学家的超人智力完全是由数学所决定的。对此，弗赖登塔尔向大学数学系和物理系一、二年级学生以及中学生提出了以下问题：

（1）诗人中最伟大的画家与画家中最伟大的诗人是否是同一个人？

（2）诗人中最老的画家与画家中最老的诗人是否是同一个人？

（3）如果诗人中只有一个画家，那么画家中是否只有一个诗人？他们是否是同一个人？

（4）一个小镇上有许多房子，房子里有许多桌子。对任意 $n=1,2,\cdots$，下列断言是否成立：① 如果一座房子中有 n 条腿的桌子，那里就没有多于 n 条腿的桌子。② 如果一座房子中有 n 条腿的桌子，那里就没有少于 n 条腿的桌子。

（5）一个篮子里有各种不同颜色和不同形状的物体，试问：篮子里是否一定有两件物体，它们的颜色和形状是否都不相同？

实验结果的事实证明,受过数学教育以后,对上述问题的看法、理解与回答,都有很大的长进。可见,数学教育与逻辑思维还是有一定的联系的。问题在于如何找出它们之间的本质联系以及内部规律。也许需要从心理学、认识论的角度,对此做更进一步的探讨。

(四) 数学可以不成为筛选的工具,而成为培养学生解决问题的工具吗

目前,特别成问题的是,数学的筛选工具作用,进一步又发展成为学习数学的目的似乎是为了考试。一方面,社会总是要对它的成员进行各种挑选,所以考试有存在的合理性;另一方面,学生学习数学只是为了考试,而教师职责也只是在给分宽严之间进行一个最佳选择,那就与数学教育的目的相距太远了。

数学可以训练语言的表达,使得可以用最精确、最简洁的语言来描述现象;数学可以使问题简化,又能将问题推广,即一般化,这样数学就可以从多个侧面给人们提供解决各种问题的手段、背景以及思维的方式,这就为综合地分析各种因素,顺利解决各种实际问题,创造了条件,培养了能力。

当然需要考虑数学教育究竟能够培养哪些能力。人们解决问题所需要的不仅仅是单纯的数学知识,也许更重要的是人们的思想方法。分析、综合、推理、判定、演绎、归纳、类比等似乎都与数学有着天然的联系。数学究竟能否在这些方法上起巨大的作用? 另外,问题有着多方面背景,包括各种所谓非智力因素,所以还需要考虑数学教育能否在这些方面提供综合的帮助,从而使学生通过数学的学习,在解决问题的能力方面确实获得培养与提高。

三、关于数学教学原则的设想

(一)"数学现实"原则

数学来源于现实,也必须扎根于现实,并且应用于现实,这是弗赖登塔尔的基本出发点。另外,弗赖登塔尔认为数学是充满了各种关系的科学,通过与不同领域的多种形式的外部联系,不断充实和丰富着自身的内容;与此同时,由于数学内部的联系,形成了自身独特的规律,进而发展生成为严谨的形式逻辑演绎体系。因此应教给学生整个数学体系。他还主张:数学应该是属于所有人的,我们必须将数学教给所有人。

那么何谓数学现实呢? 弗赖登塔尔关于数学现实的一个基本结论就是:每个人都有自己生活、工作和思考着的特定客观世界以及反映这个世界的各种数学概念、运算方法、规律和有关的数学知识结构。这就是说,每个人都有一套"数学现实"。从这个意义上,所谓"现实"不一定限于具体的事物,作为这个现实世界的数学本身,也是现实的一部分。或者可以说,每个人都有自己接触到的特定的"数学现实"。所谓"数学现实",就是人们利用数学概念、数学方法对客观事物的认识的总体,其中既有客观世界的现实情况,也有人们用自己的数学水平观察这些事物所获得的认识。

数学教育的任务在于:随着学生所接触的客观世界越来越广泛,应该确定各类学生在不同阶段必须达到的"数学现实",并且根据学生所拥有的"数学现实",采取相应的方法予以丰富和扩展。

(二)"数学化"原则

数学的产生和发展本身就是一个数学化的过程,人们从客观事件与手指或石块的结合形成数的概念,从测量、绘画形成图形的概念,这是数学化。数学家从具体的置换群与几何变换群抽象出群的一般概念,这也是数学化。

数学的整个体系,作为充满着各种各样内在联系与外部关系的整体结构,它并非是一个僵硬的、静止的骨架,它是在与现实世界各个领域的密切联系过程中发生、形成并发展起来的。就像线性函数源于自然和社会中的比例关系,数量积开始于力学,以及导数开始于速度、加速度,等等,可以这么说,整个数学体系的形成就是数学化的结果。

数学教学应该尊重数学的传统,要按照历史的本来面目,根据数学的发展规律来进行。当儿童通过模仿学会计数时,当他们把两组具体对象的集合放在一起而引出加法规律时,这实际是历史上现实世界数学化过程的再现。我们没有必要也不可能将数学教学变成历史发展过程中的机械重复,但确实也可以从中获得很好的借鉴。事实证明,只有将数学与和它有关的现实世界背景密切联结在一起,也就是只有通过"数学化"的途径来进行数学教学,才能使学生真正获得充满关系的、富有生命力的数学知识,使他们不仅理解这些知识,而且能够运用这些知识。

范希尔夫妇提出的关于几何思维的五个水平,是对如何通过数学化途径进行数学教学的很好的借鉴,也是对弗赖登塔尔数学化理论的正确性和科学性的很好的证实。

(三)"再创造"原则

弗赖登塔尔认为数学教学方法的核心是学生的"再创造",这和我们所说的"发现法"类似。他认为,数学实质上是人们尝试的系统化,每个学生都可能在一定的指导下,通过自己的实践来获得这些知识。所以,我们必须遵循这样的原则:数学教学必须以"再创造"的方式来进行。事实证明,只有通过这样的方式才能获得最好的效果。

传统的数学教育出现了一种不正常的现象,弗赖登塔尔称之为"违反教学法的颠倒"。数学家从不按照他们发现、创造的过程来介绍他们的工作。实际上经过艰苦曲折的思维推理获得的结论,常常以"显然"二字一笔带过。教科书更是将通过分析法得到的结论采用综合法的形式来叙述,因而严重堵塞了"再创造"的通道。实际上,数学家常常凭借自己的形象思维,做出各种猜想,然后加以证实(直到今天,还有许多猜想等待人们去检验或推翻)。那些符号、定义都是思维活动的结果,是为了知识系统化或交流的需要而引进的。如果给学生提供同样的条件和机会,不仅是性质、规则,定义也可以包括在学生能够重新创造的范围之内。

弗赖登塔尔认为,遵循"再创造"原则进行数学教学,至少可以从教育学的角度提出三点合理的依据:

(1) 相比由旁人硬塞的知识,学生对通过自身活动所得到的知识理解得更透彻,掌握得更快,同时也更善于应用,一般说来还可以保持较长久的记忆。

(2) 发现是一种乐趣,通过"再创造"进行学习能够引起学生的兴趣,并激发其学习动力。

(3) 通过"再创造"方式,可以进一步促使人们形成数学教育是一种人类活动的看法。

(四)"严谨性"原则

弗赖登塔尔认为严谨性应该是相对的,对于严谨性的评价,必须根据具体的时代,具体的问题来做出判断。譬如说微积分,最初人们直观地用无穷小概念进行运算,工作很出色,后来人们认为必须用"ε-δ"才能保证其严密性,可是现在"ε-δ"又失去了地盘,因为又有了现代化的微分算法;再如,半个世纪以前,人们认为自然数、整数、有理数和实数就构成了严密的数论基础,可是今天却必须从公理化的定义出发,认为除了公理化体系以外,就没有严密的数学。庞加莱就说过,数学科学日益严密的时候,它表现出一种不可忽视的人为的性质,它忘掉了自己的历史起源,只显示出问题是如何解决的以及为什么提出的,这说明逻辑并不充分,证明科学并非全部科学,应将直观作为一个补充部分,或者说将直观作为逻辑的对立面或矫正方法。

严谨性有不同的级别,每个题材有适合于它的严谨性级别,数学家应根据不同的严谨性级别进行操作,而学生也应该通过这些不同级别的学习,来理解并获得自己的严谨性。在学生未曾理解时,是无法将所谓严密的数学理论强加给学生的,学生只有通过再创造来学习数学的严谨性。

四、弗赖登塔尔数学教育思想对中学数学教学的启示

目前,我国基础教育正在进行全方位的改革和试验。很明显,弗赖登塔尔关于数学教育目的的论述理念贯穿在数学新课程标准里面,也成为我们数学教育目的的重要组成部分。由此可见弗赖登塔尔数学教育思想的深邃和卓见。只是,由于义务教育的基础性和普及性,根据各个不同的年龄阶段,是否可以在各个不同方面有不同的侧重点?数学新课程标准就特别强调实际应用,因为那是全社会公民必备的能力。对于高中阶段,由于教育

的选择性和继续性,应该提高对数学整个体系的一些要求,在知识的逻辑结构、逻辑推理方面应适当提高;关于思维训练及问题解决的能力这两方面,必须要做深入探讨,掌握其确切规律。也正因如此,高中数学新课程标准才增加了选择性必修课程和选修课程的内容,为学生确定发展方向提供引导,为学生展示数学才能提供平台,为学生发展数学兴趣提供选择,为大学自主招生提供参考。

分析弗赖登塔尔所提出的四个基本教学原则,我们可以发现,对于"严谨性"原则的贯彻,需特别注意,应根据不同的阶段,不同的教学目的,提出不同的严谨性要求,即不存在绝对的严谨性,只是在某个具体阶段,结合具体数学素材,根据学生实际水平,规定具体的严谨性。在这方面,还有不少问题需要研究。比如,对义务教育阶段的数学教学,是否能为了兼顾普及性就完全放弃严谨性?是否可以让学生体会和学习数学局部知识的算理体系和公理化思想?为了学生的所谓兴趣,就放弃任何严谨性要求,恐怕是不妥当的。

我们主张"再创造"应该是新形势下数学教学的一个教学法原则,它应该贯穿于基础教育的整个体系。实现这一点的前提,就是要把数学教学作为一个活动过程来加以分析。在这个活动过程中,学生应始终处于一种积极、创造的状态,要参与这个活动,感觉到创造的需要,这样才有可能进行再创造。数学教师的任务就是为学生提供自由、广阔的,听任各种不同思维、不同方法自由发展的平台。关于这些,新数学课程标准也提出了数学建模活动与数学探究活动等内容,还可以在"教学评价案例"中找到师生该怎样进行"再创造"教学的例子。

第二节　波利亚的解题理论与中学数学教学

我们将按照波利亚的解题表、启发法和合情推理的顺序阐述波利亚的解题理论,然后评述波利亚的解题理论以及该理论对我国中学数学教学的影响和启示。

一、波利亚的解题表及评述

(一)波利亚的解题表

我们先给出波利亚怎样解题的解题表(表9-1),再用一个数学例题来解释解题表是怎样应用的,其中的题目选自高中数学教学内容。

表 9-1 波利亚怎样解题的解题表

第一步 你必须理解题目	理解题目 未知量是什么？已知数据是什么？条件是什么？条件有可能满足吗？条件是否足以确定未知量？或者它不够充分？或者多余？或者矛盾？ 画一张图，引入适当的符号。 将条件的不同部分分开。你能把它写出来吗？
第二步 　找出已知数据与未知量之间的联系。如果找不到直接的联系，你也许不得不去考虑辅助题目。 　这里有一道题目和你现在的题目有关而且以前求解过。你能利用它吗？你能利用它的结果吗？你能利用它的方法吗？为了有可能应用它，你是否应该引入某个辅助元素？ 　你能重新叙述这道题目吗？你还能以不同的方式叙述它吗？ 　回到定义上去。 　如果你不会解所提的题目，先尝试去解某道有关的题目。你能否想到一道更容易着手的相关题目？一道更为普遍化的题目？一道更为特殊化的题目？一道类似的题目？你能解出这道题目的一部分吗？只保留条件的一部分，而丢掉其他部分，那么未知量可以确定到什么程度，它能怎样变化？你能从已知数据中得出一些有用的东西吗？你能想到其他合适的已知数据来确定该未知量吗？你能改变未知量或已知数据，或者有必要的话，把二者都改变，从而使新的未知量和新的已知数据彼此更接近吗？你用到所有的已知数据了吗？你用到全部的条件了吗？你把题目中所有关键的概念都考虑到了吗？	拟订解题计划 　你以前见过它吗？或者你见过同样的题目以一种稍有不同的形式出现吗？你知道一道与它有关的题目吗？你知道一条可能有用的定理吗？ 　观察未知量，并尽量想出一道你所熟悉的具有相同或相似未知量的题目。 　最终你应该得到一个解题方案
第三步 　执行你的解题计划	执行解题计划 　执行你的解题计划，检查每一个步骤。你能清楚地看出这个步骤是正确的吗？你能否证明它是正确的？
第四步 　检查已经得到的解答	回顾 　你能检验这个结果吗？你能检验这个论证吗？ 　你能以不同的方式推导这个结果吗？你能一眼就看出来吗？ 　你能在别的什么题目中利用这个结果或这种方法吗？

(二) 一个例子

设 F 是抛物线 $y^2 = 4x$ 的焦点,A,B 为该抛物线上异于原点 O 的两点,且满足条件 $\overrightarrow{FA} \cdot \overrightarrow{FB} = 0$。延长 AF,BF 分别交抛物线于点 C,D,求四边形 $ABCD$ 面积的最小值。

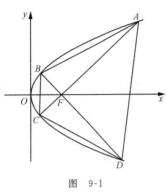

图　9-1

【理解题目】　首先是弄懂题目意思,它是一个解析几何的面积问题。有什么办法求四边形的面积? 四边形的面积公式有哪些? 面积公式是怎样得到的? 有哪些方法求面积公式? 以前做过哪些求面积的题目? 先画出与已知相一致的图(见图 9-1)。观察图形,显然四边形 $ABCD$ 面积的大小变化与 A,B 两点的位置变化有关,因为 C,D 两点是 AF 与 BF 的延长线与抛物线的交点。我们分析图形特征后发现,没有明显的面积表示方法,但是却有 $\overrightarrow{FA} \cdot \overrightarrow{FB} = 0$,即 $AC \perp BD$,由此发现四边形 $ABCD$ 的面积可转换成与 AB,CD 有关的三角形的面积,而四个三角形的面积之和刚好是四边形 $ABCD$ 的面积。但四边形在变化,我们需要考查四边形的变化规律:四边形的四点皆在抛物线上,满足 $y^2 = 4x$;AC 与 BD 的夹角不变。由此可把四边形 $ABCD$ 面积大小的变化转化为直线 AC 的斜率的变化,进而由分析直线 AC 的斜率来探讨出四边形 $ABCD$ 面积的最小值。先写出 AC 与 BD 的直线方程,再与抛物线联立,表示出 AC 与 BD 的长度。至此可拟订和执行解题计划。

【拟订和执行解题计划】　设 $A(x_1, y_1), C(x_2, y_2)$. 由题设知,直线 AC 的斜率存在,设为 k。

因为直线 AC 过焦点 $F(1,0)$,所以直线 AC 的方程为 $y = k(x-1)$。

联立得方程组 $\begin{cases} y = k(x-1), \\ y^2 = 4x, \end{cases}$ 消去 y 得 $k^2 x^2 - 2(k^2 + 2)x + k^2 = 0$。由根与系数的关系知 $x_1 + x_2 = \dfrac{2k^2 + 4}{k^2}$, $x_1 x_2 = 1$,于是

$$|AC| = \sqrt{(x_1 - x_2)^2 + (y_1 - y_2)^2} = \sqrt{1 + k^2}\sqrt{(x_1 + x_2)^2 - 4x_1 x_2}$$

$$= \sqrt{1 + k^2}\sqrt{\left(\frac{2k^2 + 4}{k^2}\right)^2 - 4} = \frac{4(1 + k^2)}{k^2}。$$

又因为 $AC \perp BD$,所以直线 BD 的斜率为 $-\dfrac{1}{k}$,从而直线 BD 的方程为 $y = -\dfrac{1}{k}(x-1)$。同理可得 $|BD| = 4(1 + k^2)$。故

$$S_{ABCD} = \frac{1}{2}|AC| \cdot |BD| = \frac{8(1 + k^2)^2}{k^2} = 8\left(k^2 + \frac{1}{k^2} + 2\right) \geqslant 8 \times (2 + 2) = 32。$$

上式当 $k = \pm 1$ 时等号成立。所以,四边形 $ABCD$ 的最小面积为 32。

【回顾】　先对每一步解题过程进行仔细检查,看看是否有误或需要进行修改。接下来需要对整个解题过程进行回顾。可以发现这是一道运用点斜式方程和二次曲线有交点建立方程,再运用韦达定理,即可列出 AC 与 BD 的长度的表达式的题目。这是问题解决的突破口,可解决问题的大部分。最后还需运用基本不等式求最值。再回到题目中去,看看是否有其他的解题方法,或者以前是否用同类办法解决过此类题目;我们是怎样运用已知条件的:由 $\overrightarrow{FA} \cdot \overrightarrow{FB} = 0$ 推得 $AC \perp BD$。这个关系是否可用向量坐标来表示,进而根据向量点乘的几何意义解决此问题? 不妨试一试。另外,求最值有哪些方法? 除了利用基本不等式、二次函数的图像特征等,还有其他办法吗? 对于二次函数,还可通过求导数来求该函数的最值。重新按照解题表的顺序,再解决此问题。

(三) 关于波利亚解题表的解释

学生应当获得尽可能多的独立工作的经验。但是,如果把问题留给他一个人而不给他任何帮助,或者帮助不足,那么他根本就得不到提高。而如果教师帮助得太多,就没什么工作留给学生学习了。所以,帮助学生不能太多,也不能太少,这样才能使学生有一个合理的工作量。要做到这一点,教师就应当谨慎地、不露痕迹地帮助学生。然而,最好是顺乎自然地帮助学生。教师应当把自己放在学生的位置上,应当看到学生的情况,应当努力去理解学生心里正在想什么,然后提出一个问题或是指出一个步骤,而这正是学生自己原本应想到的。所以,了解学生和学生已有的知识、经验,再针对学生实际,提供普遍性、常识性和自然性的建议,是执行解题表的第一步,也是重要的一步。

当教师向他的学生提出表中的一个问题或建议时,教师心中可能有两个目的:第一,帮助学生解手上的题目;第二,提高学生的能力,使他将来能自己解题。经验表明,恰当运用表中的问题和建议往往能给学生以帮助。这些问题和建议有两个共同的特征:常识性和普遍性。实践性和模仿性是这两个共同特征隐含的教学含义。也就是说,想要提高学生解题能力的教师,必须逐渐培养学生思维里对题目的兴趣,并且给他们足够的机会去模仿和实践。下面是从教师所提供的问题、建议和帮助不合适的角度说明好问题、建议的标准:

(1) 如果学生已经接近于问题的解答,那么他也许会理解这个问题所给出的暗示;但如果不是这样,他很可能根本看不到这个问题所要指向的要点,那么这个问题就无法在他最需要帮助的地方给他帮助。

(2) 如果学生理解了问题的暗示,所有的奥秘都被揭开了,几乎没有什么留给学生做的了。

(3) 这个建议在本质上太特殊了,即使学生能应用它来解决手头的这个题目,但对于以后会碰到的题目他们根本就没有学到什么。这个建议没有启发性。

(4) 即使学生理解了这个建议,他也很难明白教师如何获得提出这样一个问题的思路。那么,学生自己又怎能提出这样的问题呢? 这就像从一顶帽子里抓出一只兔子的戏法一样令人感到意外,但它根本就不具有什么启发性。

这种提问的方式并不是机械的。幸好是这样，因为在这些问题中，任何僵化、机械、迂腐的步骤必然是不利的。这种解题方法允许一定程度的通融性和可变性，允许采取不同的方式。这种解题方法如此加以使用，使得教师所提出的问题正是学生原本应想到的。

最后，解题表必须简短，从而使问题有可能自然地在各种不同的环境中常常重复，那么它们就有机会最后被学生消化吸收，从而有助于形成良好的思维习惯。

二、波利亚的启发法和合情推理

（一）启发法

波利亚对启发法有这样的描述："启发法，它曾是某个分支学科的名称，但没有清楚界定过。它属于逻辑学或哲学，又或者属于心理学，它常常是提纲挈领地阐述的，很少有详细论述，而且在今天已经被遗忘了。"启发法的目的是要学习发现和创造的方法与规则。我们可以在欧几里得的一些注释者那里找到启发法的一些痕迹。今天，我们把波利亚看成现代启发法的"复兴者"。在当时环境下，前有笛卡儿所谓的"万能方法"：第一，把任何问题转换成数学问题；第二，把任何数学问题转换成代数问题；第三，把任何代数问题归结为解方程。现在看来，能有效从事数学发现或解决一切问题的"万能方法"是不存在的。相反，当时也流行另外一种观点：不存在任何关于发现的方法。这种观点是与逻辑实证主义的科学观直接相联系的。逻辑实证主义明确地提出了关于"证明（检验）"与"发现的方法"的区分，并认为方法论的研究应当局限于证明或检验的范围，而发现问题则完全属于心理学的范围，对此不需要、也不可能做出任何理性的或逻辑的分析，从而也就根本不存在任何真正意义上的发现的方法。由于逻辑实证主义在西方学术界曾长期占据主导地位，因此关于数学发现（乃至一般科学发现）的方法的研究就一度陷入了停顿状态。

正是在上述严峻的形势下，波利亚自觉承担起了"复兴"启发法的重任。一些定型问题和建议可看成启发法的核心。波利亚指出，只要运用得当，这些问题和建议就可起到指导思想的作用，即能给解题者一定的启示，从而帮助他们发现好的或正确的解题方法。把这些问题和建议按照解题过程的四个阶段，即"理解题目""拟订解题计划""执行解题计划"和"回顾"组织起来，就得到所谓的"解题表"。并且，波利亚在《怎样解题》《数学的发现》和《数学与猜想》里给出了这样一些启发法的具体模式或方法：分组分解；笛卡儿模式；递归模式；叠加模式；特殊化方法；一般化方法；"从前往后退"；设立次目标；合情推理的模式（归纳与类比）；画图法；看着未知数；回到定义去；考虑相关的问题；对问题进行变形；找辅助元素或辅助问题；类比法；等等。

综上所述，我们应该充分肯定波利亚的贡献：从历史的角度看，正如他本人所指出的，波利亚的确再次起到了一个"复兴"启发法的作用；这一工作也为进一步研究（这不仅指国外关于问题解决的现代研究，而且也包括数学方法论的研究）奠定了必要的理论基础，且在很大程度上决定了这种研究的性质和方向。

(二) 合情推理

波利亚在《数学的发现》一书里指出：数学教育应当使学生尽可能地熟悉数学活动的所有方面，特别是它应当尽可能地为学生从事独立的创造性工作提供机会。数学专家的数学活动，在若干方面有别于寻常课堂教学的活动……一个好的教师，只需通过适当选题并采用适当的讲授方式，就可以让学生(即使中等班级的学生)也感受到某种近似于独立探索的体验。

波利亚通过一些数学课堂和数学家做数学中的例子得到如下认识：观察可以导致发现；观察可以揭示某些规律、模式或定律；在某些好的想法或观点的指引下，观察更有可能得出有价值的结果；观察能给出初步的归纳结论或猜测；检查你的猜测：考查一些特殊情形；不可忽略了类比，它们可以导致发现；任何特殊情形的结果被验证为正确，就增加了猜测和类比的正确性……数学家和科学家实际上做了什么呢？他们不外乎是设计出各种假设性的解释，然后让这些假设经受实践的检验。假如你希望用几个文字来说明什么是科学的方法，那么我的提议是：猜测和检验。

"先猜测，后证明"几乎是一条规律。简言之，观察、猜测、归纳证明就是合情推理。波利亚对采用合情推理的题目做了要求：首先，它们不是常规的学生解的习题，而是研究性题目。其次，这种题目需满足三个要求：学生可参与提出问题；题目具有与周围世界或者其他思维领域有联系的背景；蕴涵着合情推理过程。而且，指出了这类推理和研究性题目的重要作用：它们让学生通过做独立的创造性工作品尝到了数学的滋味；它们不仅增加了学生对数学的了解，也增强了学生对其他科学的了解，这一点由于可以影响到相当大一部分学生而显得更为重要。事实上，它们给学生提供了关于"归纳研究"和"科学方法"的相当好的第一影响；它们揭示了数学的一个很少被人提起而显得更重要的方面，数学在这里作为一种"观察的科学"——即借助于观察和类比去发现的科学——而展示出与自然科学紧密的联系。这个方面应当特别引起未来的数学应用者、科学家和工程师的注意。

三、波利亚解题理论的评述及其对中学数学教学的影响

(一) 波利亚解题理论的评述

在《怎样解题》《数学的发现》和《数学与猜想》等著作中，波利亚明确论述了"问题解决"的重要性，并成功地"复兴"了启发法，从而为进一步的研究奠定了必要的基础。另外，尽管波利亚的工作已在世界范围内引起过积极而巨大的反响，但是由于 20 世纪 60 年代在数学教育界中占据中心地位的是席卷全球的"新数学"运动，其后，在 70 年代，作为对上述改革运动的一种"反对"，"回到基础"又成为美国数学教育界的主要口号，从而直到 80 年代，作为一种"曲折的前进"，"问题解决"才真正成了数学教育的中心，波利亚的有关论著和思想才重新成为人们关注的焦点。

正是由于波利亚的影响，就 20 世纪 80 年代初期而言，美国关于"问题解决"的研究主要

集中在启发法的明确阐述和进一步发挥上,以致"启发法"在很大程度上成了"问题解决"的同义语。然而,相应的实践,特别是"问题解决"的教学却似乎未能取得预期的效果。特别是,人们经常可以看到这样的现象:学生已经具备了足够的数学知识,也已经掌握了相应的方法论原则(启发法),但却仍然不能有效地解决问题。

实际上,波利亚对教学心理学有独到的见解,他按学生的思维过程做了一张"我们怎样思考"的图,成分包括动员与组织、辨认与记忆、充实与重新配置、分离与组合、部分与整体等;并且提出了三个教学目标:① 主动学习;② 最佳动机;③ 阶段序进。由此我们可以看出,波利亚也试图从心理学的角度解释清楚学生是如何思考和学习数学的。不过,波利亚说过:心理学家把主要的注意力和大部分工作都放在简化的情形,因此关于学习方面的心理学,虽然可以给我们提供一些有趣的启示,却不能冒充为教学问题上的最终判断。但是,限于认知心理学和脑科学的发展,波利亚不太可能从元认知和观念等角度来研究学生是怎样解题的了。

波利亚把教会学生解题看作教会学生思考,培养学生独立探索能力的一条主要而有效的途径,这一观念是不全面的。按照郑毓信等的研究,对于"问题解决"的新进展集中表现在"问题解决"是一个包含许多环节的复杂过程。因此,我们的研究不应唯一集中在启发法上,而应过渡到问题解决全过程的系统分析,特别是应清楚揭示出那些对于解决问题有着十分重要的影响但又往往被人们所忽视的要素,比如学生在解题过程中"元认知水平"的发展、学习数学的信念、做数学的情感态度和价值观。这些实际上可在某种程度上看作对波利亚解题理论的超越和发展。

(二) 波利亚的解题理论对中学数学教学的启示

波利亚的解题理论对我国数学教育的影响是巨大的,我国教育研究者对波利亚解题理论的研究也取得了许多具有特色的成果。具体来说,20世纪80年代,徐利治等就数学方法论的研究得到了一些具有重要意义的研究成果,比如"关系映射反演原则""数学抽象的方法与抽象度分析方法"等。可以说,从后来的发展看,我国的数学方法论研究基本上就是基于这一基础开展的。现在我们明白,徐利治等一方面继承了波利亚的解题理论中一些"一般性"和"特殊性"的方法,比如"交轨法""辅助题目""递归法"等的共性——化归;另一方面也在数学发展规律、数学思想方法以及数学发现与创新等方面超越了波利亚,因为他们在某种程度上加快了数学方法论的研究进程。在90年代,戴再平就提出了开放题的教学模式,让学生真正进入做数学活动的全过程:观察、猜测和验证,这样可以激起了学生主动思考,利用已有的知识和经验,有助于学生灵活应用旧知识解决问题,有利于学生发散性思维的培养。在某种程度上,这可看成对波利亚提倡的非常规"研究"问题教学的深入和推广。近年来,罗增儒出版了《数学解题学引论》(陕西师范大学出版社,2001年)一书。一方面,他继承了波利亚解题理论的精髓,从程序化的解题系统、启发法的过程分析、开放性的念头诱发和探索性的问题等四方面概括了波利亚解题理论的本质、真谛和核心;另一方面,他从数学知识结构、数学思维能力、数学经验感和数学情感态度等方面论述了解题研究存在的问题以及存在问题的原因,最后从学习心理学和数学逻辑方面阐述了自己的解题研究观。该书对我国数学解题研究起到了很好的引导作用,具有很强的教学实践价值。可以说,这在某种程度上可视为超越波利亚解题理论的佳作。

我国作为一个解题(以往基本上是解常规的数学题)大国,波利亚的影响是深刻而重要的。另外,我国数学教育界注重基础知识和基本技能的浓厚氛围,形成的技能、技巧在某种程度上是和波利亚的解题表相契合的。所以,我们的学生具有较扎实的数学基本功。但是,波利亚的解题理论中观察、类比、归纳等合情推理却被我国数学教育者长期遗忘,许多教师也没有把波利亚解题表中的问题和建议真正教给学生。一些教师布置给学生或课上讲解的题目(已知不多不少、结论唯一、过程和方法单一等)与波利亚推崇的研究性题目大相径庭,甚至误读或滥用波利亚的解题理论。张奠宙等在我国进行的"船长问题"测验及分析充分说明了这一点。我们以往所进行的推理训练,也是以逻辑演绎三段论为主体的,过于忽视了波利亚所倡导的启发式推理三段论。当然,这也可能是由于波利亚的思想立足于西方的教育,他的解题理论不适合我国的数学教育和我们的思维特点所致。

现今,我国正在进行新一轮深刻的数学基础教育教学改革,正将各个国家的许多数学教育家的先进思想和理念交织进入我们的中小数学课堂;我国也掀起了研究数学教育的新高潮。所以,辩证继承和发扬波利亚的理论体系,将之与我国的数学教学背景、数学学习文化环境等相结合,对于我们数学教育事业健康发展具有十分重要的作用。

第三节 建构主义理论与中学数学教学

一、建构主义理论的发展

建构主义的发展经历了极端建构主义、个人建构主义和社会建构主义阶段,正经历着由一元论、极端主义向多元化、折中主义的重要转变。比如,极端建构主义的代表人物冯·格拉塞斯菲尔德(Von Glasersfeld)认为极端结构主义的两个基本观念就是:① 知识并非被动地通过感官或其他的沟通方式接收,而只能源自主体本身主动地建构;② 认知的功能在于生物学意义上的顺应和组织起主体的经验世界。极端建构主义对个体性质绝对肯定,而否定其他人的经验世界的直接知识。而社会建构主义的核心在于对认知活动社会性质的明确肯定,这正好弥补极端建构主义忽视社会文化环境和他人客观经验知识的不足。

结合皮亚杰的智力发展理论,就可得到一种折中的现代建构主义的要旨:① 学习不是被动地接受外部事物,而是根据自己的经验背景,对外部信息进行选择、加工和处理,从而获得心理意义。意义是学习者通过新、旧知识经验的相互作用过程而建构的。意义是不能传输的。人与人交流,传递的是信号而非意义,接受者必须对信号加以解释,重新建构其意义。

② 学习是一种社会活动。个体的学习与他人（教师、同伴等）有着密切的联系。传统教育倾向于将学习者同社会分离，将教育看成学习者与目标材料之间一一对应的关系。而现代教育意识到学习的社会性，认为同其他个体之间的对话、交流、协作是学习体系的一个重要组成部分。③ 学习是在一定情境之中发生的。学生建构意义依赖于一定的情境。这种情境包括实际情境、知识生成系统情境、学生经验系统情境。创设问题情境是教学设计的重要内容之一。

建构主义强调联系新知识到先前知识的重要性，强调在现实世界里进行"浸润式"教学的重要性，认为学习总是背景化的，即学什么依赖学生先前的知识和学习的社会背景，也依赖于所学东西和现实世界的有机连接。

二、中学数学教学的建构观

我们仔细审视数学新课程标准，发现关于数学的学习观和教学观的论述与建构主义理论几乎一致，无论是学生学的方式的变化和教师教的方式的转变，还是教学建议与教学评价建议，都倡导在建构主义观念指导下强调学生的认知主体地位，不忽视教师的指导地位。教学观体现在教师是学生建构意义的帮助者和促进者，而不是知识的传授者与灌输者。学习观体现在学生是信息加工的主体，是意义建构的主动建构者，而不是外部刺激信息的接收者。对此，我们可以从数学课程标准制定的内容中得到更加清楚的认识。

（一）新数学课程理念简述

新一轮数学课程改革从理念、内容到实施，都有较大变化。要实现数学课程改革的目标，教师是关键。教师应首先转变观念，充分认识数学课程改革的理念和目标以及自己在课程改革中的角色和作用。教师不仅是课程的实施者，而且也是课程的研究、建设和资源开发的重要力量。教师不仅是知识的传授者，而且也是学生学习的引导者、组织者和合作者。为了更好地实施新课程标准，教师应积极地探索和研究，提高自身的数学专业素质和教育科学素质。

《标准2》明确指出：数学在形成人的理性思维、科学精神和促进个人智力发展的过程中发挥着不可替代的作用，数学教育可以帮助学生掌握现代生活和进一步学习所必需的数学知识、技能、思想和方法；提升学生的数学素养，引导学生会用数学眼光观察世界，会用数学思维思考世界，会用数学语言表达世界。同时，高中数学课程设立数学建模活动与数学探究活动等学习活动，为学生形成积极主动的、多样的学习方式进一步创造有利的条件，有利于激发学生的数学学习兴趣，使学生在学习过程中养成独立思考、积极探索的习惯。高中数学课程应力求通过各种不同形式的自主学习、探究活动，让学生体验数学发现和创造的过程，发展他们的创新意识；高中数学课程应注重提高学生的数学思维能力，这是数学教育的基本目标之一。学生在学习数学和运用数学知识解决问题时，不断地经历直观感知、观察发现、归纳类比、空间想象、抽象概括、符号表示、运算求解、数据处理、演绎证明、反思与建构等思维过程。这些过程是数学学科核心素养的具体体现，有助于学生对客观事物中蕴涵的数学模式进行思考和做出判断。数学学科核心素养在形成理性思维中发挥着独特的作用。

（二）建构主义学习观对学生发挥主体作用的要求

建构主义学习观要求学生在以下几个方面发挥主体作用：

（1）用探索法、发现法建构数学知识的意义。

（2）在建构数学意义的过程中主动收集并分析有关的信息和资料，对所学习的内容提出各种假设并努力加以验证。

（3）把当前的数学学习内容尽量与以前的经验相联系，并对这种联系进行认真思考。联系与思考是数学意义建构的关键。如果能将联系与思考的过程和协作学习中的协商过程（即交流、讨论的过程）综合起来，那么建构意义的效率就会更高，学生学习数学的兴趣也会更浓厚。

（4）数学学习基本经验的积累。观察、收集数据、处理数据和信息、使用信息技术、归纳、猜想、验证等正确而良好的学习习惯的建立也是数学学习经验积累的最好方式。

（三）建构主义学习观要求教师发挥的指导作用

建构主义学习观要求教师在以下几个方面发挥指导作用：

（1）激发学生的兴趣，帮助学生形成数学学习动机。

（2）通过创设符合教学内容要求的情境和提示新、旧知识之间的联系，帮助学生建构当前所学数学知识的意义。

（3）为了使学生的数学意义建构更加有效，教师应在尽可能好的条件下组织协作学习（包括开展讨论与交流等），并对协作学习过程进行适时指导，使之朝着有利于意义建构的方向发展。比如，提出适当的问题以引起学生的思考和讨论；在讨论中设法将问题引向深入，以加深理解；启发学生自己发现规律，纠正错误、片面的理解。

（4）进行必要的讲授。教师必要的讲授是需要的。数学中的很多抽象概念、定理和性质常常以精练的形式出现，并略去了其形成的过程，也略去了它们形成的现实背景和社会文化环境等，教师应将此充分揭示出来，使学生经历比较、抽象、概括、假设、验证和分化等一系列概念形成过程，从中学习研究问题和提出概念的思想方法。通过讲授充分揭示概念的形成过程是学生学好数学的重要前提。

第四节　我国的数学"双基"教学理论与中学数学教学

众所周知，我国的中小学基础教育取得了举世公认的成就。尤其是在有中国学生参加的各类数学测试或竞赛中，中国学生都会名列前茅。这在西方人眼里是不可思议的悖论。按照西方的观点，我国的数学教学属于传统的"传授-接受"模式。也就是说，教师在教学中起着绝对的支配作用,而学生则处于纯粹被动的地位,他们所需要做的只是记忆与模仿。但是,相关的比较与研究却又清楚地表明,我国学生与其他国家,特别是西方国家的学生相比,有着较好的学习效果。郑毓信在对我国学习者的悖论问题的回答中,认为数学教育研究应重视分析和反思传统教育教学的优势。

数学"双基"教学理论是我国教育界几代人成功探索的理论结晶,是在我国经济落后、文化科技水平低下、教育基础薄弱的国情下,突出发展并且使我国教育质量得到迅速、有效提高的教学理论。目前,把我国的数学"双基"教学作为一种理论进行研究刚开始,成果也不多。下面我们试着从数学"双基"的含义、理论特征和课堂特征等方面加以阐述。

一、数学"双基"的含义及发展

(一) 数学"双基"的含义

从数学"双基"提出、形成到现在已经半个世纪了。1996 年颁布的《全日制普通高级中学数学教学大纲(试验)》明确规定了高中数学的教育目的:使学生学好从事社会主义现代化建设和进一步学习所必需的代数、几何的基础知识和概率统计、微积分的初步知识,并形成基本技能;进一步培养学生的思维能力、运算能力、空间想象力,以逐步形成运用数学知识分析和解决实际问题的能力;进一步培养良好个性品质和辩证唯物主义观点。特别应提及的是,中学数学基础知识不仅是教学大纲所列的数学概念、公式、定理和法则,还包括由这些内容反映出来的基本思想方法,比如综合法、分析法、反证法、同一法、数学归纳法等逻辑证明方法,综合除法、待定系数法、换元法、消元法等基本解题方法,归纳、类比、抽象、概括、转化等数学中常用的一般科学方法,以及数形结合、函数、集合等数学思想方法。基本技能主要是指会根据法则、公式正确地进行运算和数据处理,并理解算理,能根据问题条件分析、寻求和设计合理、简洁的运算途径;能根据正确的思维规律和形式,对数学对象进行分析、综合、抽象、概括、推理论证;会根据条件做出图形、表格等,形象地揭示问题的本质。

由上述我们可以知道,所谓数学"双基"就是数学基础知识和基本技能,而基础知识就是中学数学基础知识,主要是教学大纲所列的数学概念、公式、定理和具体法则;基本技能就是运算能力、作图能力、抽象与概括能力、逻辑思维能力(包括逻辑推理能力)。

(二) 数学"双基"的发展

数学"双基"的发展大体经历了数学"双基"的提出(20 世纪 60 年代)—数学"双基"的实践和成就(20 世纪 80 年代)—强调思想方法和解决实际问题的能力(20 世纪 90 年代)—数学"四基"与"四能"(21 世纪初)四个阶段。

《标准 1》指出义务教育的目标是:① 人人学有用的数学;② 人人掌握数学;③ 不同的人学习不同的数学。这实际上指出了数学"双基"的变化过程。有用的数学包括数学"双基"的延伸和拓广,它应包含重要的数学事实、基本的数学概念和必要的用数学解决问题的技能,集中反映在具有数学元认知作用的各种思想意识、具有智能价值的数学思维能力以及具有人格建构作用的各种数学品质。随着社会、数学、科技和学生的发展,数学"双基"也应相应地变化和发展。

就学生需掌握的知识和技能来说,广博的数学知识、准确的科学语言、良好的计算能力、周密的数学思维习惯、敏锐的数量意识以及解决问题的数学技术是数学教育结束后学生必须获得的数学素养,这也可以看成《标准1》与《标准2》所倡导的新的数学"双基"。

具体说来,学习数学不仅需要记忆和理解概念和法则,形成熟练的运算能力和严密的逻辑演绎证明能力,更需要积累基本的数学经验,体会和把握各类数学思想方法,形成判断和预测数学的能力(心算和估算、归纳、猜想、运用信息技术处理和分析数据与信息的能力等)以及抽象与概括能力等。

二、数学"双基"教学的理论研究发展状况

关于数学"双基"教学的理论研究刚起步,究其原因是多方面的,现在国内已有专家从历史文化、数学课堂教学和认知心理学的角度研究这一现象。我们结合文献,主要从以下三个方面来初步揭示我国数学"双基"教学的理论研究状况。

(一)数学课堂教学的角度

数学"双基"教学在课堂教学形式上有着较为固定的结构,课堂进程基本是:知识、技能讲授—知识、技能的应用示例—练习和训练,即在教学进程中先让学生明白知识或技能是什么,再了解怎样应用知识或技能,最后通过亲身实践练习掌握知识或技能及其应用。典型的教学过程包括五个基本环节:复习旧知—导入新课—讲解分析—样例学习—小结作业。每个环节都有自己的目的和基本要求。复习旧知的主要目的是为学生理解新知、逾越分析和证明新知障碍做知识铺垫,避免学生思维走弯路。在导入新课环节,教师往往是通过适当的铺垫或创设情境引入新知,通过启发式的讲解分析,引导学生尽快理解新知内容,让学生从心理上认可、接受新知的合理性,及时帮助学生弄清是什么、弄懂为什么;进而以例题形式讲解、说明其运用,让学生自己练习、尝试解决问题,通过练习,进一步巩固新知,增进理解,熟悉新知及其应用技能,初步形成运用新知分析问题、解决问题的能力;最后小结一堂课的核心内容,布置作业,通过课外作业,让学生进一步熟练技能,形成能力。所以,数学"双基"教学有着较为固定的形式和进程,教学的每个环节安排紧凑,教师在其中起着非常重要的主导作用、示范作用和管理作用,同时也起着为学生的思维架桥铺路的作用,由此产生了颇具中国特色的教学铺垫理论。

数学"双基"教学模式是一种教师有效控制课堂的高效教学模式。教师应该完成什么样的知识与技能的讲授,达到什么样的教学目的,学生应该得到哪些基本训练(做哪些题目),实现哪些基本目标,达到怎样的程度(如练习正确率),这些都基本是教师依据大纲(或课程标准)和教材、学生的情况和教学进度决定的。教师是课堂上的主导者、管理者,导演着课堂中几乎所有的活动,使得各种活动都呈有序状态,课堂时间得到有效利用。

在整堂课的讲授过程中,教师语言清楚、通俗、生动、富于感情,表述严谨,言简意赅;另外,教师不断提问和启发,使学生思维被激发调动,始终处于积极的活动状态。在训练方面,以解题思想方法为首要训练目标,一题多解、一法多用、变式训练是经常使用的训练形式,从而形成了我国数学教学的"变式"理论,包括概念变式和过程变式。张奠宙先生也认为变式练习保证了数学"双基"训练不是机械练习。大量丰富的基本练习题的编制和教学,是我们的宝贵财富。

这种数学"双基"教学模式要求教师必须有扎实的教学技能、灵活的课堂管理与调控技能和深厚的数学学科知识。我国的教学实践与马力平的实证研究充分表明了:我国数学教师在数学学科知识的深刻理解上,有明显的优势。这不能不认为是数学"双基"教学模式开展和发展的积极贡献。我国数学教师积累了丰富的数学"双基"教学经验,比如"精讲多练""启发式"教学等;"小步走、小转弯、小坡度"的三小教学法,它是对"后进"的、"慢学"的学生进行数学教学的有效方式;"大容量、快节奏、高密度"的复习课,独具特色,它是训练学生基本技能的重要手段。这其中的示范讲解,知识的系统铺展,问题的巧妙串接,都要求教师有扎实的数学基础。

邵光华和顾泠沅从课堂教学方面阐释数学"双基"教学的理论特征。他们认为,数学"双基"教学理论的外部结构特征包括:数学"双基"教学课堂结构、课堂控制、数学"双基"教学的目标、数学"双基"教学的课程观、数学"双基"教学理论体系的开放性;数学"双基"教学理论的内隐性特征包括:启发性、问题驱动性、示范性、层次性、巩固性。完善和延展数学"双基"教学理论具有重要作用。

(二)历史文化观的角度

张奠宙等认为,我国的数学"双基"教学是中华民族文化的组成部分,具有悠久的历史。从黄河的麦地文化到江南的稻作文化,农民在小块土地上精耕细作,以勤劳为本换取更多的收成,形成了重视基本生产技能的传统。现今,在广大农村和小型作坊的企业里,这一文化还得以延续和发展。处于主导地位的儒家文化,要求学生带圣贤立言,强调的是读书人的基础,即以记忆、背诵、经典理解、文章技法等的学习途径,获得学习的成功。科举考试文化,包括八股文写作,尤其强调学子基本功。至于清代以后考据文化,则更注重文字训诂的推演。这些传统的合力,反映到数学教育上,就形成了重视基础的教学传统。所以认为我国的数学教学以数学"双基"教学为主要特征。我国的数学"双基"教学,是关于如何在数学"双基"基础上谋求学生发展的教学理论。张奠宙等还提出数学"双基"教学的理论特征有四个方面:记忆通向理解,速度赢得效率,严谨形成理性和重复依靠变式。我国的数学"双基"教学在纵向上分为三个层次:数学"双基"基桩建设,数学"双基"模块教学和数学"双基"平台教学。

(三)认知心理学的角度

国际上的心理学研究,有很多支持数学"双基"教学的理论。认知心理学认为人的专长是由自动化技能、概念性理解和策略性知识组成的，前者与基础知识和基本技能息息相关。有意义的接受性学习，更注重基础知识和基本技能的接收和形成。熟能生巧的现代研究表明，数学是做出来的，没有通过演练形成的基本技能，不可能有真正的发展。

按照现代认知心理学的研究，各个数学概念、命题、公式、法则等在学习者大脑中的表征并不是相互独立、互不相干的，而是组织成一定的概念网络或知识网络的；进而如果各个概念、命题、公式、法则等都可以看成所说的网络上的节点，那么依据各个节点在网络中的相对地位，即联结的广泛程度，我们就可具体地判断相对而言什么是较为重要的，亦即什么应当看成相应的基础知识。

知识的重要特点之一是它的静态性，即主体对于某些事物的状况有所了解，但并未涉及如何具体地做某件事；与此相对照，技能则具有明显的运作性质并直接涉及其具体操作的程序或步骤。具体地说，按照认知心理学的研究，技能在人的大脑中是以"产生式系统"这种动态形式来表征的；进而如果单个程序或产生式系统可以用来解决单一问题，复杂问题的解决就需要多个程序或产生式系统的联结或组合。从而，按照各个程序或产生式系统都得到应用的广泛程度，我们也就可以对各个应用范围的基本技能做出具体判断。例如，代数式的基本变形应当看成解方程所需要的基本技能，空间视图则可看成学习立体几何所需的基本技能。所以，郑毓信等认为，注重打好基础，突出基础知识和基本技能的掌握和训练，一直是我国数学教育的一个特点。

三、数学"双基"教学理论对中学数学教学的启示

数学"双基"教学是客观存在的。它具有特定的文化背景和底蕴，形成了基本教学理念，具有完整的教学策略，深刻地影响着当前的数学教学。我们的任务是揭示数学"双基"教学中合理的成分，继承优良传统，并且与时俱进地加以发扬。因此，我们可以将之视为一种实际现象和理论形态加以研究，不能绝对肯定，也不能绝对否定。新课程改革中，如何更新数学"双基"，如何继承和发扬数学"双基"教学传统，是一个需要认真思考和长久研究的重要课题。

一些与数学新课程标准接轨和对应的教学方式，比如问题解决教学、数学建模教学、开放题教学等，与数学"双基"教学还有相当的差距。数学"双基"教学离现实世界比较远，所包含的数学问题含义较狭窄，缺乏非常规性。我们需要让数学问题含义更加广泛、现实性更强、生活趣味更浓厚；也需要提高学生各种思维水平，拓展学生数学视野，进而真正培养学生的创新意识和能力。另外，我们不能像以往数学"双基"教学那样，过分强调逻辑演绎的形式化教学，应该挖掘数学的人文背景和文化价值，使得数学变得可亲可近，让学生能真正"做"好的数学。

首先应指明，我们不应该将所谓的我国学生的"高分低能"看成数学"双基"教学的一个必然后果。特别是，以下观点更应说是一种简单化的认识：认为数学"双基"教学必然是与

"填鸭"式教学、机械训练直接相联系的,从而强调数学"双基"教学也就必然不利于学生能力的培养。事实上,在基础知识的教学中强调从原型出发上升到抽象的数学概念,这显然是让学生体验数学化的正确措施;又如关于技能的变式训练,事实上就是通过变式习题表面形式让学生抓住知识的深层结构,因此也是一种积极的教学方式。所以,总的说来,我们不能简单地断言取消数学"双基"教学会利于学生的能力培养。

其次,数学"双基"教学不应该被理解成某种按照事先指定的步骤或程序机械地予以实施的过程;恰恰相反,我们应当坚持教学工作的创造性和开放性。另外,我们又不应追求任何一种强制的统一,也就是应当明确反对任何一种过分的规范。我们应当努力拓宽学生的学习空间,即在教学中鼓励学生积极地进行探索,并应给各种不同意见以充分的表达机会,努力帮助学生在学习上逐步实现更大的自觉性和主动性。另外,在认真做好数学"双基"教学的同时,应该始终坚持这样一种观念:数学"双基"教学只是整个数学教育,乃至一般教育的一个部分,是与其他比如探究式教学、发现式教学相对应的。在新课程改革背景下,广大数学教育工作者如何通过数学基础知识和基本技能的教学促进学生能力的提高以及情感态度和价值观的培养,直接关系到数学教育短期目标与长期目标的相互渗透和密切结合。

思 考 题 九

1. 运用弗赖登塔尔关于数学教育目标的理论,试论述我国数学新课程标准中教学目标的内容和特点。

2. 结合波利亚的解题理论和数学新课程标准理念,谈谈中学数学习题教学的特点、作用和观念。运用波利亚的解题表分析一道数学建模习题。

3. 请阐述建构主义的学习观和教学观。

4. 结合自己的数学学习实际,思考我国数学"双基"教学的利与弊。

5. 课外阅读波利亚的《怎样解题》《数学的发现》《数学与猜想》,罗增儒的《数学解题学引论》,戴再平的《数学习题理论》等著作。

本章参考文献

[1] 张奠宙,唐瑞芬,刘鸿坤.数学教育学[M].南昌:江西教育出版社,1991.

[2] 弗赖登塔尔.作为教学任务的数学[M].陈昌平,唐瑞芬,译.上海:上海教育出版社,1995.

[3] 弗赖登塔尔.除草与播种——数学教育科学的前言[M].陈应枢,姚静,译.贵州师范大学内部资料,2000.

[4] 波利亚.怎样解题[M].涂泓,冯承天,译.上海:上海科技教育出版社,2007.

［5］郑毓信. 数学教育的现代发展［M］. 南京：江苏教育出版社，1999.

［6］波利亚. 数学的发现［M］. 刘景麟，曹之江，邹清莲，译. 北京：科学出版社，2006.

［7］郑毓信，梁贯成. 认知科学，建构主义与数学教育［M］. 上海：上海教育出版社，1998.

［8］Sergiovanni T. Leadership for the schoolhouse［M］. San Francisco：Jossey-Bass，2000.

［9］郑毓信. 中国学习者的悖论［J］. 数学教育学报，2001，10(3)：6-10.

［10］张奠宙，邵光华. "双基"数学教学论纲［J］. 数学教学，2004，2：封二，1-2.

［11］顾泠沅. 教学改革的行动与诠释［M］. 北京：人民教育出版社，2003.

［12］邵光华，顾泠沅. 中国双基教学的理论研究［J］. 教育理论与实践，2006，26(2)：48-52.

［13］张奠宙. 中国数学双基教学理论框架［J］. 数学教育学报，2006，15(3)：1-3.

［14］郑毓信，谢明初. "双基"与"双基教学"：认知的观点［J］. 中学数学教学参考(教师版)，2004，6：1-5.

第 十 章　中学数学思想方法

> 数学思想方法是数学知识体系的灵魂,是数学发现与发明的关键和动力。本章通过对数学思想方法的概括,详细介绍了代数、平面几何、解析几何、微积分中的基本数学思想方法。

数学思想方法,从宏观意义上说,是数学发现与发明的关键和动力;从微观意义上说,是在我们的数学教与学中,再现数学的发现过程,揭示数学思维活动的一般规律和方法。只有从知识和思想方法这两个层次上教与学,才能使学生从整体上、内部规律上掌握系统化的知识,以及蕴涵于知识中以知识为载体的思想方法,形成良好的知识结构,进而有助于培养学生的主动建构意识,提高学生洞察事物、寻求联系以及解决问题的能力。因此,重视数学思想方法的教与学是现代社会对人才培养的要求。

第一节　数学思想方法概述

数学思想方法一词,无论是在数学、数学教育范围内,还是在其他学科中,都已被广泛使用。数学基础知识包括数学中的概念、性质、法则、公式、公理、定理等以及它们反映出来的数学思想方法。

但是,什么是数学思想、数学方法以及数学思想方法?这些不能像数学中的概念那样可以明确地给出定义(至少目前不能),而只能给出一种解释或界定。

方法是一个元概念,它和点、线、面、集合等概念一样,不能逻辑地定义,只能概略地描述。例如,可把方法说成人们在认识世界和改造世界的活动中所采取的方式、手段、途径等的统称。这里的方式、手段、途径,与方法大体是同义词,并非是严格的逻辑定义。方法是相对于某一目的而言的,是人的一种活动。在活动中为达到某一目的,可以主观能动地选择、组合和创造各种手段、方式加以实行。人们将学习数学、研究数学、讲授数学和应用数学的活动统称为数学活动。数学方法，顾名思义，就是人们从事数学活动所用的方法。数学方法主要牵涉方法论方面的内容，如表示、加工、处理某种现象或形式的手法。数学方法具有以下三个基本特征：一是高度的抽象性和概括性；二是精确性，即严密的逻辑性以及结论的确定性；三是普遍的应用性和可操作性。数学方法在科学技术研究中具有举足轻重的地位和作用：一是提供简洁、精确的形式化语言；二是提供定量分析及计算的方法；三是提供逻辑推理的工具。

人们常用数学思想来泛指某些有重大意义、内容比较丰富、体系相当完整的数学成果，例如坐标思想、极限思想、概率统计思想等。可是对具体例子来说，将思想换成方法同样适用。一般地说，数学思想是分析、处理和解决数学问题的根本想法，是对数学规律的理性认识。数学思想既牵扯到认识论方面的内容，如对数学科学的看法、对数学与外部世界关系的看法、对数学认知过程的看法，也牵涉方法论方面的内容，如处理数学问题时的意识、策略和指向。数学思想是人们对数学内容的本质认识，是对数学知识和数学方法的进一步抽象和概括，属于对数学规律的理性认识的范畴；而数学方法则是解决数学问题的手段，具有行为规则的意义和一定的可操作性。同一数学成果，当用它去解决具体问题时，就称之为方法；当论及它在数学体系中的价值和意义时，就称之为思想。例如极限，当用它去求导数、求积分时，就称之为极限方法；当讨论它的价值，即将变化过程趋势用数值加以表示，使无限向有限转化时，就称之为极限思想。将这两重意思合在一起，就有了极限思想方法、数学思想方法之类的提法。克莱因的巨著《古今数学思想》，其实说的都是古今数学方法，只不过从数学史角度看，人们更加注重那些数学大师们的思想贡献、文化价值，因而才称之为数学思想。

相对数学方法而言，数学思想更具有普遍性与可创造性，其抽象程度更高一些，理论的味道更浓一些。数学方法经常表现为实现某种数学思想的手段，而对方法的有意识选择，往往体现出对数学思想的理解深度。

尽管存在着这样或那样的区别，但是数学思想与数学方法之间的总体关系乃是密不可分、相互交融的。我们不可能也没必要把数学思想和数学方法严格区分开来。因此，人们常常对这两者不加区分，而统称为数学思想方法，这样会显得更为方便。

数学思想方法是在数学科学的发展中形成的，它伴随着数学知识体系的建立而确立，它是数学知识体系的灵魂。数学思想方法是对数学事实、数学概念、数学原理与数学方法的本质认识。它从属于哲学思想方法和一般科学思想方法，它是数学中具有奠基性、总括性的基础部分，含有传统数学思想方法的精华和现代数学思想方法的基本点，它的内容是随数学内容的发展而发展的，不是一成不变的。

从按接受的难易程度，数学思想方法可分为三个层次：一是基本、具体的数学方法，如配方法、换元法、待定系数法、归纳法与演绎法等；二是科学的逻辑方法，如观察、归纳、类比、抽象概括等方法，以及分析法、综合法与反证法等逻辑方法；三是数学思想，如数形结合思想、函数与方程思想、分类讨论思想及化归思想。数学思想方法还可以按其他方式进行分类。例如，胡炯涛认为，最高层次的基本数学思想是数学教材的基础与起点，整个中学数学教学的内容均遵循着基本数学思想的轨迹而展开；"符号化与变换思想""集合与对应思想"及"公理化与结构思想"构成了最高层次的基本数学思想。他认为中学数学基本思想是指渗透在中学数学知识与方法中具有普遍而强有力适应性的本质思想，归纳为十个方面内容：符号思想、映射思想、化归思想、分解思想、转换思想、参数思想、归纳思想、类比思想、演绎思想、模型思想。

除了胡炯涛对数学思想方法的阐述，任子朝在《改进高考命题 推行素质教育》一书中认为数学思想方法包括：数形结合思想，分类讨论思想，函数与方程思想；逻辑学中的方法：分析法、综合法、反正法、归纳法；具体数学方法：配方法、换元法、待定系数法、同一法等。

第二节　中学常用的数学思想方法

一、字母代表数思想方法

用字母代表数字，是中学生最先接触到的数学思想方法，也是初等代数以及整个数学教育最重要、最基础的数学思想方法。19世纪以来，代数学已经发展成为关于形式运算的一般学科，并随着字母意义按数→向量→矩阵→张量→旋量→超复数等各种形式量的不断拓展，而得到长足的发展。

在数学中，用字母代表数，各种量与量之间进行推理与演算，都是以符号形式来表示的，从而形成一整套形式化的数学语言。例如，我们可以用点"$M(x,y,z)$"来表示物体所在的空间位置，用"$G=f(m)$"表示重力与质量的关系，用"＝"表示等于，用"$\in$"表示属于，用"$\int$"表示积分等。对数学而言，只有广泛使用符号，才能有利于问题的陈述、推理的表达和定量的计算。符号是人类思维与交流的工具，它能够清晰而简明地表达数学思想和规律。

二、建模思想方法

模型是相对原型而言的。原型是指在现实世界中所遇到的客观事物，而模型则是对客观事物有关属性的模拟。换句话说，模型就是对原型的一种抽象或模仿，这种抽象应该抓住事物的本质。因此，模型应该反映原型，但又不等于原型。人们对复杂事物的认识，常常是通过模型间接地研究原型的规律性而得到的。

所谓数学模型，指的是为了某种目的而对现实原型作抽象、简化的数学结构。它是使用数学符号、数学式子及数量关系对原型做一种简化而本质的刻画，比如方程、函数等都是从客观事物的某种数量关系或空间形式抽象出来的数学模型。根据原型进行具体构造数学模型的过程称为数学建模。数学建模的活动过程主要包括:

(1) 问题分析:了解问题的实际背景知识,掌握第一手资料。

(2) 假设化简:根据问题的特征和目的,对问题进行化简,并用精确的数学语言来描述。

(3) 模型建立:在假设的基础上,利用适当的数学工具、数学知识来刻画变量之间的数量关系,建立其相对应的数学结构。

(4) 模型求解:对模型进行求解。

(5) 模型检验:将模型结果与实际情形相比较,以此来验证模型的准确性。如果模型与实际吻合性较差,则应修改假设再次重复建模的过程;如果模型与实际比较吻合,则要对计算的结果给出其实际含义,并进行解释。

数学建模就是灵活、综合地运用数学知识处理和解决实际问题,因而它是问题解决的重要方面。数学问题并不全是模型化了的常规问题,还有大量的非常规问题和客观实际问题。从普遍意义上说,实际问题比模型化的纯数学问题更符合问题的本质。建模思想方法强调的就是在解决这类数学问题时,首先应有数学建模的自觉意识或观点,这实际上就是数学知识的应用意识。

三、化归思想方法

化归是转化和归结的简称。化归是解决数学问题的一般思想方法,其基本思想是:在解决数学问题时,通过某种转化手段,将待解决的问题归结为另一个问题,而得出的新问题是相对容易解决或已有固定解答的问题,且通过对新问题的研究、解决可以得出原问题的解答。

化归思想方法的实质是通过事物内部的联系和矛盾运动,在转化中实现问题的规范化或模式化(熟悉或易于处理),即将待处理的问题转化为规范问题,从而得到原问题的解答。例如,学生学了一元一次方程,此时一元一次方程就是一个数学模式,而将一元二次方程 $ax^2+bx+c=0(a\neq0)$ 通过换元化归为一元一次方程的过程就是模式化。化归思想包含三个要素:化归的对象、化归的目标和化归的方式或方法。在上述例子中,一元二次方程是化归的对象,一元一次方程是化归的目标,换元是实施化归的方法。实施化归的关键是实现问题的规范化或模式化。

四、分类讨论思想方法

当面临的数学问题不能以统一的形式解决时,可把已知条件涉及的范围分解为若干个子集,在各个子集中分别研究问题局部的解,然后通过组合各局部的解而得到原问题的解,这种思想方法就是分类讨论思想方法或分解组合思想方法,相应的方法称为分类讨论法。

分类讨论思想是重要的数学思想之一。对于复杂的计算题、作图题、论证题等，运用分类讨论法处理，可以帮助学生进行全面严谨的思考和分析，从而获得合理有效的解题途径。

在中学数学中，对于方程求解、不等式的证明与求解、函数单调性的判断与证明以及各种含有参数的问题，分类讨论法是一种行之有效的方法。运用分类讨论法解决问题时，将所给已知条件的集合进行科学划分是十分重要的，必须遵循划分的规则，防止分解中出现重复或遗漏。

五、集合思想方法

引进字母后，数学的研究对象不断地扩大、丰富，从多项式、行列式、方程、不等式、线性变换到概率论中的事件、对策论中的策略及计算机上的信号等，非纯数学的研究对象越来越多，迫使人们寻求统一的观点和有力的手段来加以处理，这就是集合思想的基础。

集合论作为数学语言来说特别简单，它只有一个最基本的动词"属于"（用"$\in$"表示），并据此可定义"包含"等概念。从这些概念出发，再加上一些逻辑语言，例如"或"和"且"，就可定义集合之间的并运算（$\cup$）和交运算（$\cap$），还可以定义差运算、余运算。这样，集合论的基本运算便建立起来了，并且形成一种代数结构。建立集合概念后，就可使一些本来只能用日常语言表达的概念，显得简洁明了，可使用统一的符号来表示，而且更有利于理解与研究。集合确定后，再通过$\subset$，$=$，$\cup$，$\cap$等关系和运算，就能用符号来形式地表达许多数学公式和内容。

六、辩证思想方法

从数学辩证思维的角度来看，矛盾的对立与统一、事物发展由量变到质变、静止与运动、矛盾的特殊与一般、真理的相对与绝对、有限与无限等，这些矛盾对在一定条件下能够统一起来，并能够相互转化。解题就是解决矛盾，自然离不开辩证思想。在许多情况下，解题需要分析矛盾的双方，找出转化的条件，不能单打一、钻牛角尖，要运用辩证思维，在辩证思想的策动下，获得问题的解决。

辩证思想方法的运用通常体现为非线性结构与线性结构的转化、已知与未知的转换、常量与变量的转换、正面与反面的转换、静与动的转换、数与形的转换、有限与无限的转化等。

七、函数与方程思想方法

函数思想是变量与变量之间的一种对应思想，或者说是一个集合到另一个集合的一种映射思想。函数思想方法是数学从常量数学转入变量数学的枢纽，它能使数学有效地揭示事物运动变化的规律，反映事物间的相互联系。而方程是已知量和未知量的矛盾统一体，是变量与变量互相制约的条件，它反映了已知量和未知量之间的内在联系，所以方程思想方法可看作函数思想方法的具体体现。之所以强调函数与方程思想方法，主要是因为从当今和未来社会发展看，函数与方程思想方法在数学内部与数学外部均显得十分重要，它贯穿于数学理论和实际问题应用的每一个场合。特别是，函数与方程是有效地表示、处理、交流、传递信息的强有力工具，是探讨事物发展规律，预测事物发展方向的重要手段。

数学思想方法，作为数学知识内容的精髓，是对数学的本质认识，是数学学习的一种指导思想和普遍适用的方法。它是把数学知识的学习和能力的培养有机地联系起来，提高学生思维品质和数学能力，从而发展智力的关键所在，也是培养创新型人才的基础，更是学生数学素质的重要内涵之一。因此，中学数学教学中应重视数学思想方法的教学。

第三节　中学数学思想方法与教学

一、如何贯彻数学思想方法的教学

探讨数学思想方法有关问题的最终目的是提高学生的思维品质和各种能力以及提高学生的整体素质，而实现这一目的的主要途径是课堂教学活动。

由于数学思想是数学内容的进一步提炼和概括，是以数学内容为载体的、对数学内容的一种本质认识，因此数学思想是一种隐性的知识内容，要通过反复体验才能领悟和运用。数学方法是处理、解决问题的方式、途径、手段，是对变换数学形式的认识，同样要通过数学内容才能反映出来，并且要在不断解决问题的实践中才能理解和掌握。所以，在数学教材中即便是直接指出"××思想""××方法"也不一定能起到应有的作用。学生对数学思想方法的领悟、理解、掌握、运用，需要通过精心设计的课堂教学活动，在教师的主导、学生的参与下实现。从原则上来说，数学思想方法的构建有三个阶段：潜意识阶段、明朗和形成阶段、深化阶段。一般可以考虑通过以下途径贯彻数学思想方法的教学：

（1）充分挖掘教材中的数学思想方法。数学思想方法是隐性的、本质的知识内容，因此教师必须深入钻研教材，充分挖掘有关的数学思想方法。例如，对有理数乘法法则的讲述，在新教材中就充分运用了数形结合和归纳推理思想方法，降低了较旧教材中注重的由一般到特殊的逻辑推理的难度，而又不失科学性，教师可给学生介绍这两种基本而又常用的思想方法。又如，在二元一次方程组的应用题部分，教师应强调突出"整体代入"这一思想方法的优越性，因为这种思想方法在以后的学习中将广为使用，同时这也是对字母代表数的更深刻理解。

（2）有目的、有意识地渗透、介绍和突出有关的数学思想方法。在进行教学时，一般可以从前面我们对数学特征及中学数学内容分析的数学思想方法中考虑，应渗透、介绍或强调哪些数学思想，要求学生在什么层次上把握数学方法，是了解、理解、掌握，还是灵活运用，然后进行合理的教学设计,从教学目标的确定、问题的提出、情境的创设到教学方法的选择,整个教学过程都要精心设计安排,做到有意识、有目的地进行数学思想方法教学。例如,化归是研究问题的重要数学思想方法和解决问题的一种策略。教师可以把它作为一种指导思想渗透在教学过程中,根据具体的教学内容,通过渗透、介绍、强调等不同方式,让学生体验、学习这一思想方法。解方程时,总是考虑将分式方程化归为整式方程,无理方程化归为有理方程,超越方程化归为代数方程;处理立体几何问题时,一般可考虑把空间问题化归到某一平面上(这个平面一般是几何体的某个面或某一辅助平面),再用平面几何的结论和方法去解决;在解析几何中,一般可考虑通过建立恰当的坐标系,把几何问题化归为代数问题来处理;有关复数的问题,一般可通过其代数形式或三角形式化归为实数问题或三角问题加以解决。教师应指导学生从一招一式的解题方法和对不同题型的反复练习中提炼概括出一般的规律和有关的数学思想方法。总之,通过反复的体验和实践,使学生从中学到从数学角度思考问题、解决问题的一般思想方法。

教师还可以结合具体对象和内容,渗透重要的意识和观点,介绍相应的思想方法。在有理数的有关内容中,渗透数形结合的思想和矛盾统一的观点;在代数式中初步突出抽象的思想、数学形式化的观点和分类讨论思想方法;在解方程和解不等式中强调等价转换的思想方法;在平面几何中渗透和介绍几何变换的思想方法、运动变化的观点;在立体几何和二次曲线中强调类比—猜想—证明的发现过程,渗透创新的意识;等等。

(3)有计划、有步骤地渗透、介绍和突出有关的数学思想方法。例如,在知识形成阶段,可选用观察、实验、比较、分析、抽象、概括等抽象化、模型化的思想方法,字母代表数思想方法,函数思想方法,方程思想方法,统计思想方法,等等。在知识结论推导阶段和解题教学中,可选用分类讨论、化归、等价转换、特殊化与一般化、归纳、类比等思想方法。在知识的总结性阶段可采用公理化、结构化等思想方法。

总之,由于数学思想方法是基于数学知识而又高于数学知识的一种隐性的数学知识,需要在反复的体验和实践中才能使学生逐渐认识、理解、内化在学生的认知结构中。高质量的教学设计是贯彻数学思想方法教学的基础和保证。教师要从数学的特征和中学数学内容出发,从学生掌握知识、形成能力和良好思维品质的全方位要求出发,精心设计一个单元或一堂课的教学过程的各个环节,以充分体现观察—实验—思考—猜想—证明(或反驳)这一数学知识的再创造过程和理解过程,展现概念的提出过程、结论的探索过程和解题的思考过程。

教师要在整个数学活动中展现数学思想方法,减少盲目性和随意性,并且贯彻以下几条原则:主动学习原则、最佳动机原则、可接受性原则、化隐为显原则、螺旋上升原则、数学思想方法的形式与内容相统一的原则。

二、中学代数中的基本数学思想方法与教学

（一）集合思想方法

集合思想方法，是指应用集合论（主要是朴素集合论的基本知识）的观点来分析问题、认识问题和解决问题。

中学教学中渗透集合思想主要体现在：

（1）学习朴素（初等）集合论的最基本的知识，包括集合的概念和运算，映射的概念等。

（2）使用集合的语言。例如，方程（组）的解用集合来表示，轨迹是满足某些条件的点的集合，等等。

当使用集合论的语言时，许多数学概念的形式就变得简单多了，当然也抽象多了。

在中学教学中使用集合思想方法，可以使我们有可能看出许多与表面不同的一些内容。例如，变量、变量的数值函数，几何变换，长度、面积和体积的测度等，用集合与映射的思想方法可以把它们统一起来。在解方程，解不等式，求解关于方程和不等式的问题时，使用集合思想方法来分析、认识也是很必要的。在中学代数中，函数的图像是函数关系的一种几何表示。若给定函数 $y=f(x)(x\in A)$，则对于任何一个 $x\in A$，在直角坐标平面 Oxy 上都有一个点 $(x,f(x))$ 与它对应，即 x 通过对应关系 f 确定直角坐标平面上的一个点。我们把定义域 A 上的所有 x 在直角坐标平面上所确定的点组成的集合 C 叫作函数 $y=f(x)$ 的图像。利用集合语言表达的定义，给了我们认识函数图像和运用数形结合思想方法研究问题的一种启示。

（二）函数、映射、对应思想方法

如前所述，函数概念在中学代数的方程、不等式、数列、排列组合等主要内容中起着重要作用。

函数是客观世界中事物运动变化相互联系、相互制约的普遍规律在数学中的反映。函数的本质是变量之间的对应。应用函数思想方法能从运动变化的过程中寻找联系，把握特点与规律，从而选择恰当的数学方法解决问题。初中代数中的正比例函数、反比例函数、一次函数和二次函数，高中代数中的幂函数、指数函数、对数函数、三角函数和反三角函数等内容，其编排均是根据定义，画出函数图像，分析函数性质，然后加以应用，形成完整的知识体系。贯彻这一过程始终是函数、映射、对应思想方法。

数列是依照某种规律排列着的一列数：$a_1,a_2,\cdots,a_n,\cdots$。数列可以看作一个定义域为自然数集 $\mathbf{N}$ 或它的有限子集 $\{1,2,\cdots,n\}$ 的函数，当自变量从小到大依次取值时对应的一系列函数值：$a_1,a_2,\cdots,a_n,\cdots$，可记为 $\{a_n\}$。也就是说，数列是一种特殊的函数。因此，研究数列的问题自然就运用了函数的思想方法以及函数的性质。例如，函数的三种表示方法对于数列均适用，而数列的图像是一串孤立的点，与我们熟知的函数图像又不尽相同。同函数单调性类似，数列按各项值的变化情况分为递增数列、递减数列、常数列、摆动数列、等差数列

和等比数列等；按定义域来分，有有穷数列与无穷数列；按值域来分，有有界数列与无界数列。另外，还可以对等差数列的前 n 项和求最大值、最小值等。这些充分体现了函数思想方法。

复数是中学代数中的又一重要内容。任意复数 z 和复平面内一点 $Z(a,b)$ 对应，也可以和以原点为起点，$Z(a,b)$ 为终点的向量 $\overrightarrow{OZ}$ 对应。在这种一一对应下，复数的各种运算都有特定的几何意义。这就为我们从代数、三角、几何等多角度认识复数提供了可能，也为复数在代数、三角、几何方面的应用创造了条件。这说明了对应思想方法的重要作用。

（三）数形结合思想方法

代数是研究数量关系的。虽然数字化是很精确的，但若能用图像表示出来，往往比较直观，变化的趋势更加明确。所以，数形结合地思考问题，能给抽象的数量关系以形象的几何直观，也能把几何图形问题转化成数量关系问题来解决。

中学代数中能够体现这一思想方法的内容非常广泛，如集合中有韦恩图；函数借助于直角坐标系可以得到对应的图像；不等式中一元二次不等式对应一个区间，二元一次不等式组对应一个区域；复数中通过向量与几何结合，得到 $|\overrightarrow{OZ}|$ 表示点到原点的距离，$|\overrightarrow{Z_1 Z_2}|$ 表示两点间的距离；在排列组合、概率统计中也有许多直方图、数图等几何方法。中学代数中可集中反映数形结合思想方法的内容是函数与图像、方程与曲线、复数与几何。在处理这些问题时要加深领会，可借助数量关系的推理论证，对图形的几何特征进行精确刻画（如研究函数图像的性质）；也可借助函数图像与方程曲线加深对题意的理解，并对所得的解集进行有效检验（如解不等式）。在复数教学中主要贯穿着两条主线：一条是以代数形式表达复数概念；另一条是用几何形式描述复数概念。通过在几何、向量和三角中的有关知识之间建立联系，复数得到直观、形象的解释。复数运算的几何意义，可使其在几何、向量、三角、方程等方面发挥综合应用的作用。

总之，数形结合思想方法的实质是指将抽象的数学语言和直观图形结合起来，使抽象思维与形象思维结合起来。通过对图形的处理发挥直观对抽象的支柱作用，通过对数与式的转换，图形的特征及几何关系被刻画得更加精细和准确，这样就可以使抽象概念和具体形象相互联系、相互补充、相互转化。

（四）化归思想方法

把未知解法的问题转化为在已有知识和方法的范围内可解的问题，是解决各类数学问题的基本思路和途径，是一种重要的数学思想方法——化归。

在中学代数中，运用化归思想方法进行转化的例子比比皆是。以解方程为例，由于方程类型不同，解法也各不相同，但求解的基本思想是转化，基本途径是利用消元、降次将超越方程转化成代数方程，无理方程转化成有理方程，分式方程转化成整式方程，高次方程转化为低次方程，多元方程转化为一元方程，等等。在以上转化中，要求变形前后是同解方程，这就要在同解原理的指导下进行等价转化,既要无一遗漏地考虑所有制约因素,又要注意它们之间的相互联系。

以上所说的是等价转化,要求转化过程中的前后是充分必要的。这样的转化才能保证转化后所得到的结果仍是原题的结果。而在中学代数中,也有一些转化是非等价转化,如不等式的证明中的放缩法。非等价转化主要是寻找使原题结论成立的充分条件,这样的转化可使推证的过程得以简化。

三、中学几何中的基本数学思想方法与教学

(一) 公理化思想方法

现行的平面几何教材,从其知识结构来看,基本上沿用了欧氏几何的不完善公理化体系。它从几条不言而喻的、一致公认的事实出发,运用逻辑推理方法,推演出内容丰富、准确可靠的几何体系。因此,中学的平面几何和立体几何的基本体系都是公理化体系,并通过公理化体系体现公理化的思想方法。公理化的思想方法在数学乃至科学发展中起着奠基作用。

虽然公理化思想方法对于理论体系的科学性和系统性有着重要的作用,但是公理化思想方法的教学要把握一个适当的"度",本着严密性和量力性原则,以适合中学生的接受能力为宜。

(二) 几何变换思想方法

几何学是研究空间图形在变换群下的不变性质的学科,它的研究对象是空间形式。若现实世界的物体是运动变化的,由此抽象出来的几何图形的位置、形状、大小也就不断变化。可见,几何变换思想方法对于几何学的研究是非常重要的。几何变换思想方法在解决几何证明和作图问题中有广泛的应用。有了几何变换思想方法,思考问题就有了方向,从运动的观点来考虑几何问题,使原来静止的图形"动"起来。许多几何问题其已知和结论之间的相互联系看上去似乎不十分密切,通过对称、旋转、平移、相似等几何变换,把图形进行移动,使原来看似联系不密切的已知和结论在新的图形位置下产生了联系,从而使问题得到解决。

(三) 化归思想方法

中学的几何从研究简单的平面图形性质开始,复杂图形的问题都是通过化归为简单图形来解决的。例如,三角形是平面几何中的基本图形,在深入研究三角形性质的基础上,多边形的研究便可转化为三角形的研究。

在几何中化归包含三个基本要素:① 化归的对象;② 化归的目标;③ 化归的途径。如在解决梯形中位线问题时,梯形的中位线是化归的对象,三角形的中位线是化归的目标,添加辅助线是化归的途径。在几何中化归一般有如下途径:① 向基本图形化归;② 向特殊图形化归;③ 向低层次化归;④ 立体几何问题向平面几何问题化归。例如,求多边形的内角和

转化为求三角形内角和来解决,即复杂图形向基本图形化归;研究圆周角的性质,先从一条边经过圆心的圆周角这一特殊情况入手,其他情况再转化成这一特殊情况,即向特殊情况化归;三维空间的问题往往转化为二维空间的问题,即向低层次化归;空间两点间距离的计算和二面角的问题,最终都是转化为平面几何中线段长度的计算和角的问题,即立体几何问题向平面几何问题化归。

教学实例:平行线判定定理。

首先以简单的实际需要引出新问题("内错角相等,两条直线平行"的判定):如图 10-1 所示,如何判定这块玻璃板的上、下两边平行? 添加出截线后(图 10-2),比照判定公理,发现无法定出∠1 的同位角。再结合图 10-3,让学生思考、试答。在学生发现内错角相等的条件时,让学生说明道理,而后师生共同修改。(将内错角的关系转化为同位角的关系,再一次体现化归的思想方法。)最后,给出完整的证明,并做详细的解释,让学生总结得出结论。

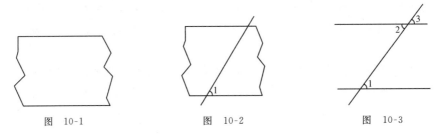

图　10-1　　　　　　　图　10-2　　　　　　　图　10-3

同样引出新问题("同旁内角互补,两直线平行"的判定):如何判断如图 10-4 所示的玻璃板的上、下两边平行? 在发现同旁内角互补的条件时,让学生结合图 10-5 说明道理,而后师生共同修改。最后,让学生仿照"内错角相等,两直线平行"的证明,写出完整的证明,再借此修改并做出总结。

图　10-4　　　　　　　　　　图　10-5

四、平面三角中的基本数学思想方法与教学

(一) 函数、映射、对应思想方法

如前所述,函数、映射、对应思想方法是一种考虑对应、运动变化、相互关系,以一种状态确定地刻画另一种状态,由研究状态过渡到研究变化过程的思想方法,它贯穿于研究三角函数的全过程。

在直角坐标系中，由角的终边上一点引出的三个量 x, y, r 中任意两个量之比定义三角函数：在建立任意角的三角函数值的概念和引入弧度的概念的基础上，建立角的集合与实数集之间的一一对应，从而建立正弦函数 $y=\sin x$，余弦函数 $y=\cos x$，正切函数 $y=\tan x$，余切函数 $y=\cot x$，正割函数 $y=\sec x$，余割函数 $y=\csc x$ 的概念。然后借助于单位圆和三角函数线（及有向线段），进一步画出每个三角函数的图像，导出三角函数的性质，这样就形成了一个完整的三角函数的知识体系。这一过程自始至终贯穿了函数、映射、对应思想方法。

反三角函数是各三角函数在其主值区间上的反函数。从研究三角函数的反函数的存在性开始，到合理寻求各自的主值区间，直至建立反三角函数的概念，并通过对称变换绘制反三角函数的图像，导出反三角函数的性质，贯穿始终的基本思想也是函数、映射、对应思想方法。

（二）数形结合思想方法

与研究中学数学中各类函数一样，研究三角函数的定义和性质所采用的基本思想方法就是数形结合。数形结合的思想方法在平面三角中体现得最集中，其中最突出的是三角函数线、三角函数的图像与性质以及解斜三角形等内容。

在分析和解决有关比较三角函数值的大小、角的终边位置与三角函数值的符号关系、已知三角函数值求角、已知三角函数的取值范围确定角的取值范围等问题中，单位圆和三角函数线都可提供简捷、有效的思路和方法，对理解数形结合思想方法的实质，提高利用数形结合的思想方法分析和解决数学问题的能力是十分有用的。

三角函数的图像将各个三角函数的定义域和值域，三角函数的单调性、周期性、奇偶性等性质都直观、清楚地显现出来，对三角函数的定义和性质的理解以及识记都发挥了重要的作用。特别是对函数 $y=A\sin(\omega x+\varphi)$ 的图像和性质的讨论，将函数 $y=A\sin(\omega x+\varphi)$ 的解析式中参数 A, ω, φ 的取值与函数的数量特征及图像的几何特征充分地揭示出来，并有机地结合为一个整体，较为系统地研究了函数图像的平移变换和伸缩变换，在运动和变化的层面上深化了对数形结合思想方法的认识和应用，有效地提高了学生的数学能力。

利用正弦定理和余弦定理解斜三角形，是在定量的层面上刻画了三角形的确定问题。在平面几何中，讨论了三角形全等的判定定理和三角形作图得到，已知三边（SSS）或两边及夹角（SAS）、两角及夹边（ASA）、两角及对边（AAS），可以确定一个三角形。当然，也得出了已知两边及对角（SSA）不一定能确定三角形的结论。这是对三角形的确定在定性层面上的刻画。利用正弦定理和余弦定理解斜三角形，在定量层面上刻画三角形的确定，是指在已知三边（SSS）或两边及夹角（SAS）、两角及对边（AAS）、两角及夹边（ASA）的条件下，可以通过计算求出三角形的其余元素，实现对三角形的确定。而在已知两边及对角（SSA）的情况下解斜三角形，可能出现有一解、有两解和无解的不同情况，印证了不一定能确定三角形的理论。这样就在定性与定量相结合的过程中，深化了对数形结合思想方法的认识和应用。

（三）参数思想方法

参数兼有常数和变数的双重作用，也是数学中的"活泼"元素，用以刻画运动和变化。参数思想方法在平面三角形中也有突出的体现。在函数 $y=A\sin(\omega x+\varphi)$ 的解析表达式中，A，ω，φ 是三个参数，其中 A 确定函数的最大值和最小值，即函数图像的最高点和最低点的纵坐标；ω 确定函数的周期；φ 是函数图像的初相，确定函数图像（正弦曲线）与坐标轴的相对位置。

事实上，φ 可以确定函数的奇偶性：

（1）$y=f(x)=A\sin(\omega x+\varphi)$ $(x\in\mathbf{R})$ 为奇函数
$$\Longleftrightarrow f(x)+f(-x)=0\Longleftrightarrow A\sin(\omega x+\varphi)+A\sin(-\omega x+\varphi)=0$$
$$\Longleftrightarrow 2A\sin\varphi\cos\omega x=0\Longleftrightarrow\sin\varphi=0\Longleftrightarrow\varphi=k\pi\ (k\in\mathbf{Z});$$

（2）$y=f(x)=A\sin(\omega x+\varphi)$ $(x\in\mathbf{R})$ 为偶函数
$$\Longleftrightarrow f(x)-f(-x)=0\Longleftrightarrow A\sin(\omega x+\varphi)-A\sin(-\omega x+\varphi)=0$$
$$\Longleftrightarrow 2A\cos\varphi\sin\omega x=0\Longleftrightarrow\cos\varphi=0\Longleftrightarrow\varphi=\frac{\pi}{2}+k\pi\ (k\in\mathbf{Z})。$$

综上可知，函数 $y=A\sin(\omega x+\varphi)$ $(x\in\mathbf{R})$ 为奇函数的充分必要条件是 $\varphi=k\pi\ (k\in\mathbf{Z})$；函数 $y=A\sin(\omega x+\varphi)$ $(x\in\mathbf{R})$ 为偶函数的充要条件是 $\varphi=\frac{\pi}{2}+k\pi\ (k\in\mathbf{Z})$。由此可知函数 $y=A\sin(\omega x+\varphi)$ $(x\in\mathbf{R})$ 既非奇函数，也非偶函数的充分必要条件是 $\varphi\neq\dfrac{k\pi}{2}\ (k\in\mathbf{Z})$。

（四）化归与分类思想方法

在平面三角中，除了上述三种采用较多的数学思想方法外，化归与分类思想方法也是经常用的数学思想方法。由于平面三角内容具有公式多、变换多、方法灵活、一题多解的特点，单纯依靠加大训练量来提高教学效果，往往会事倍功半。为了有效提高教学效果，应引导学生在熟记公式的基础上，运用化归与分类思想方法，以分析角与角、各个三角函数间的相互联系和对应关系作为切入点，把握联系各三角函数的三角式的结构特性，寻求解决问题的思路和方法。

例如，化简 $\cos(\alpha+\beta+\gamma)$ 和 $\cos(\alpha+\beta-\gamma)+\cos(\beta+\gamma-\alpha)+\cos(\gamma+\alpha-\beta)$，只要抓住 α，β，γ 三角之间具有的和与差的关系：$\alpha+\beta+\gamma=(\alpha+\beta)+\gamma$，$\alpha+\beta-\gamma=(\alpha+\beta)-\gamma$，$\beta+\gamma-\alpha=\gamma-(\alpha-\beta)$，$\gamma+\alpha-\beta=\gamma+(\alpha-\beta)$，再用两角和与差的余弦公式展开，就能达到化简的目的（当然，在学习和差化积公式时，还能找到别的化简途径）。又如，在计算 $\tan20°+\tan40°+\sqrt{3}\tan20°\tan40°$ 的值时，也应抓住 $20°+40°=60°$ 这一关系，利用两角和的正切公式来展开 $\tan(20°+40°)$。再如，在 $\triangle ABC$ 中，证明 $\tan\dfrac{A}{2}\tan\dfrac{B}{2}+\tan\dfrac{B}{2}\tan\dfrac{C}{2}+\tan\dfrac{C}{2}\tan\dfrac{A}{2}=1$，也应抓住在 $\triangle ABC$ 中 $\dfrac{A}{2}+\dfrac{B}{2}+\dfrac{C}{2}=\dfrac{\pi}{2}$ 的关系，从 $\tan\dfrac{A}{2}=\cot\left(\dfrac{B}{2}+\dfrac{C}{2}\right)=\dfrac{1}{\tan(B/2+C/2)}$ 出发，

利用两角和的正切公式,进行分式与整式的转换,导出所需的结论。在利用两角和与差的三角公式解决化简、求值、证明等问题时,需注意常规方法,落实基本要求,淡化特殊技巧,这样才能结合数学知识的学习,渗透数学思想方法,收到较好的效果。否则,一味追求变换技巧,大量重复训练,学生负担很重,但效果未必就好。

五、平面解析几何中的基本数学思想方法与教学

(一) 运动与变化思想方法

运动与变化思想方法形成于 17 世纪,是数学思想史上的一个重要里程碑。变量数学创立的主要标志有两个:笛卡儿的解析几何与牛顿-莱布尼茨的微积分。之所以认为笛卡儿创立了解析几何理论体系,其主要原因是他把运动与变化的思想方法引入了数学。笛卡儿的贡献在于奠定了从"动态"的角度解决一系列复杂的代数问题和几何问题的理论基础。把曲线看成点运动的轨迹,用代数的语言来说就是,曲线方程 $f(x,y)=0$ 是由变量 x 与 y 按一定的规律而构成的。于是,一个在代数中看来意义不大的方程 $f(x,y)=0$,由于引进了对一个变量逐次给予确定值去确定另一个变量的变化思想,就形成了表示变量之间关系的函数式。它所产生的数学哲学思想就是:从物体运动的角度看待几何学与代数学,以变量为基础,将几何学与代数学结合起来。因而,解析几何这门课程中最重要的思想方法就是运动与变化思想方法。

(二) 数形结合思想方法

在平面上建立直角坐标系后,平面上的点与有序实数对之间建立了一一对应关系。在此基础上,平面上的曲线可以用方程来表示。这样,研究曲线性质的几何问题就可通过研究方程的代数问题来进行。例如,研究椭圆的几何性质可以转化为讨论椭圆的方程

$$\frac{x^2}{a^2}+\frac{y^2}{b^2}=1 \quad (a>b>0)$$

的性质。如果要求椭圆的范围,可以从方程中求得 $|x|\leqslant a$,$|y|\leqslant b$。由此得出椭圆位于直线 $x=\pm a$ 和 $y=\pm b$ 所围成的矩形内。由于数与形的结合,可以把图形的位置关系转化为数量关系。例如,可把讨论直线与圆的位置关系转化为讨论圆心到直线的距离与半径的数量关系(这是一种以数助形的做法)。正是数与形的结合,我们又可以把某些代数问题转化为图形的位置关系来研究。例如,求函数

$$y = f(x) = \sqrt{x^2+a^2}+\sqrt{(x-b)^2+c^2} \quad (\text{其中 } a,b,c \text{ 是正常数})$$

的最小值。剖析解析式的特征发现,两个根式可视为平面上的两点间的距离,从而可设法借助于几何图形来求解。这是一种以形助数的做法。数与形的有机结合与转化,可以使复杂问题简单化,抽象问题具体化,以便化难为易,使问题得以解决。

(三) 化归思想方法

从认识论的角度看,化归思想方法是用一种联系、发展、运动与变化的观点来认识问题,

通过对原问题的转化,使之成为另一个问题加以认识。从方法论的角度看,化归是使原问题归结为我们所熟悉的或者是容易解决的问题。

解析几何的创立过程是化归思想最有特色的应用之一。解析几何把数学的主要研究对象——数量关系与空间图形联系起来,使它们相互转化,用其各自的规律与方法分析研究另一类问题。解析几何中的概念、定理、公式及其方法本身蕴涵着丰富的化归思想。

（四）参数思想方法

参数广泛地用于中学的数学问题中,曲线的参数方程和含参数的曲线方程是解析几何中的重要内容。"引参思变"是一种重要的思维策略,参数可以把两个变量联系起来,可以使不同分支的内容相互化归。借助参数来研究问题的关键是恰当地引进参数与合理使用参数。设定定点和动点的坐标以及曲线的方程都需要合理使用参数,并处理好常数与变量的联系与转换。参数思想方法在解析几何的教学中应充分加以重视。

（五）教学实例

通过下面的实例,我们可以体会前面提到的一些数学思想方法。

椭圆的标准方程的推导。

设 $M(x,y)$ 是椭圆上的任意一点,椭圆的焦距是 $2c(c>0)$,M 与焦点 F_1,F_2 的距离之和等于正常数 $2a$,F_1,F_2 的坐标分别为 $(-c,0)$,$(c,0)$,则椭圆就是集合

$$P = \{M \parallel MF_1 \mid + \mid MF_2 \mid = 2a\}。$$

因为

$$|MF_1| = \sqrt{(x+c)^2 + y^2}, \quad |MF_2| = \sqrt{(x-c)^2 + y^2},$$

所以由已知条件得方程

$$\sqrt{(x+c)^2 + y^2} + \sqrt{(x-c)^2 + y^2} = 2a。 \tag{1}$$

将这个方程化简得

$$a^2 - cx = a\sqrt{(x-c)^2 + y^2}, \tag{2}$$

再两边平方得

$$a^4 - 2a^2cx + c^2x^2 = a^2x^2 - 2a^2cx + a^2c^2 + a^2y^2, \tag{3}$$

整理得

$$(a^2 - c^2)x^2 + a^2y^2 = a^2(a^2 - c^2)。 \tag{4}$$

由椭圆定义知 $2a > 2c$,即 $a > c$,所以 $a^2 - c^2 \neq 0$。设 $a^2 - c^2 = b^2 (b > 0)$,整理得

$$\frac{x^2}{a^2} + \frac{y^2}{b^2} = 1 \quad (a > b > 0)。 \tag{5}$$

教师:以上推导过程蕴涵着许多值得我们深思和挖掘的东西。

提问①:为何取(5)式为椭圆的标准方程?

学生会答出许多优点。

提问②：(5)式与圆的标准方程比较有什么不足？

学生会在比较中看出(5)式无法揭示出椭圆上的一点到两定点距离之和等于定长 $2a$ 这一本质特征。

提问③：在上述推导过程中，哪一个式子有这一特征？

学生会很快说出：相比之下，(1)式正好有这一特征。

提问④：(1)～(5)式的过程中，在哪里失去了这一特征？

学生开始兴趣盎然地重新审视原推导过程，并没有注意到：如果没有第一次对(1)式移项，两边平方，就不能化简，再整理得到(5)式；而到了(2)式，再次平方，虽然化简后可得到具有许多优点的(5)式，但失去了上述提到的特征。至此大家把注意力集中到(2)式上。

提问⑤：到了(2)式，要是不再平方，而用其他办法变形又会如何？这个方法又是什么呢？

两边同除以 a 可得到

$$a - \frac{c}{a}x = \sqrt{(x-c)^2 + y^2}, \tag{2}'$$

再考虑到(2)′式 x 前的系数不便于观察，故只需提取系数 $\frac{c}{a}$，即得

$$\frac{c}{a}\left(\frac{a^2}{c} - x\right) = \sqrt{(x-c)^2 + y^2} > 0, \tag{3}'$$

亦即

$$\frac{\sqrt{(x-c)^2 + y^2}}{\left|x - \dfrac{a^2}{c}\right|} = \frac{c}{a}。 \tag{4}'$$

这是一个全新而又有明显几何意义的关系式。

提问⑥：(4)′式的几何意义是什么？（数形结合思想方法的充分体现）

学生兴高采烈，基本完整地讲出：椭圆上的点 $M(x,y)$ 到焦点 $(c,0)$ 和定直线 $x = a^2/c$ 的距离之比为常数 $c/a < 1 (a > c > 0)$。

提问⑦：满足(4)′式的轨迹是椭圆吗？

学生有的说是，有的说不一定是，即便是也要证明。教师对后者严谨的思维习惯和前者凭直观得到结果的方法从不同角度给以肯定，并由此得出椭圆的第二定义。

提问⑧：这一过程是否还有什么可以挖掘的？不少同学默认了"在椭圆上，A_1 与焦点 F_1 的距离最小，A_2 与 F_1 的距离最大（见图 10-6）"这一事实，这又是为什么呢？

学生再依次审视原推导过程，思维聚集到(2)式上，并发现(2)′式的几何意义是动点 $M(x,y)$ 到焦点 $F_2(c,0)$ 的距离：

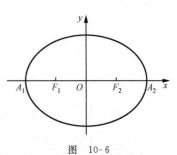

图　10-6

$$|MF_2| = a - ex, \qquad\qquad (5)'$$

其中 $e = c/a$。同理，得

$$|MF_1| = a + ex。\qquad\qquad (6)'$$

至此，教师又顺理成章地引导学生将上两式与圆的半径比较，称之为焦半径公式。在此基础上，引导学生去发现 $(5)'$，$(6)'$ 式的优点和作用，如下所述：

- 由 $(5)' + (6)'$ 得 $|F_1M| + |F_2M| = 2a$。
- $(5)'$，$(6)'$ 两式右端均是一次函数，可以很直观地看出点 A_2 距 F_2 最近，点 A_1 距 F_2 最远；点 A_1 距 F_1 最近，点 A_2 距 F_1 最远。

焦半径公式 $(5)'$，$(6)'$ 充分体现了中学数学中的化归思想方法。此数学思想方法可将二维平面 Oxy 上的问题化归为一维数轴 x 上的问题来处理，它在解题上有独特的威力。

六、微积分中的基本数学思想方法与教学

（一）微积分中的基本数学思想方法

极限思想方法是微积分中的基本数学思想方法。所谓极限思想，就是用联系变化的观点，把所考查的对象看作某对象在无限变化过程中的变化结果的思想。它基于对过程无限变化的考查，而这种考查总是与过程的某一特定的、有限的、暂时的结果有关，因此它体现了"从有限中找到无限，从暂时中找到永久，并且使之确定起来"（恩格斯语）的一种运动辩证思想。它不仅包括极限过程，而且又完成了极限过程。也就是说，它不仅是一个不断扩展式的"潜无穷"过程，又是完成了"实无穷"的过程，因此是"潜无穷"与"实无穷"的对立统一体。纵观微积分的全部内容，极限思想方法及其理论贯穿始终，是微积分的基础。例如：

导数 $y'(x)$ 是差商 $\dfrac{\Delta y}{\Delta x}$ 当 $\Delta x \to 0$ 时的极限；

定积分 $\displaystyle\int_a^b f(x)\mathrm{d}x$ 是对 $[a,b]$ 的任一划分 $a = x_0 < x_1 < \cdots < x_n < x_{n+1} = b$ 的和式

$$\sum_{i=1}^n f(\xi_i)\,|\Delta x_i| \qquad (\xi_i \text{ 是 } [x_i, x_{i+1}] \text{ 中任意一点}),$$

当 $\varepsilon \to 0$ 时 $(\varepsilon = \max\limits_{0 \leqslant i \leqslant n} |\Delta x_i|)$ 的极限；

级数和 $\displaystyle\sum_{n=1}^{\infty} x_n$ 是数列 $S_k = \displaystyle\sum_{n=1}^{k} x_n$ 当 $k \to \infty$ 时的极限；

级数和 $\displaystyle\sum_{n=1}^{\infty} f_n(x)$ 是函数列 $S_k = \displaystyle\sum_{n=1}^{k} f_n(x)$ 当 $k \to \infty$ 时的极限；

广义积分 $\displaystyle\int_0^{+\infty} f(t)\mathrm{d}t$ 是函数 $f(x) = \displaystyle\int_0^x f(t)\mathrm{d}t$ 当 $x \to +\infty$ 时的极限。

总结起来，无非是 $\lim\limits_{x \to x_0} f(x) = A$，$\lim\limits_{n \to \infty} \displaystyle\sum_{i=1}^n f(\xi_i)\,|\Delta x_i| = I$ 和 $\lim\limits_{n \to \infty} a_n = a$ 这几种形式的极

限，而前两种极限又都可化为第三种极限去研究。例如，$\lim\limits_{x\to x_0}f(x)=A$ 等价于对任意趋于 x_0 的数列 $\{x_n\}$，都有 $\lim\limits_{n\to\infty}f(x_n)=A$。因此，认识、掌握数列极限思想和极限定义，就成了学习微积分的基础，这也正是我们在初等微积分中要以数列极限为基础的原因所在。

（二）教学实例

求曲线的切线。

对于这一内容，我们可以按如下几个步骤进行教学：

（1）复习圆的切线概念。

（2）提出问题：图 10-7 中的 A 点是不是直线 l 与曲线 C 的切点？直线 l 是不是曲线 C 的切线？该如何给出一般曲线的切线概念？

（3）讲述切线与切线的斜率：

演示图 10-8 中当 $Q(x_0+\Delta x, y_0+\Delta y)$ 沿着曲线 L 逐渐向点 $P(x_0, y_0)$ 接近时，割线 PQ 绕着 P 点逐渐转动。当 Q 点沿着曲线 L 无限接近于 P 点，即当 $\Delta x\to 0$ 时，如果 PQ 有一个极限位置 PT，那么直线 PT 叫作曲线 L 在 P 点的切线。可见，曲线在一点是否有切线是曲线的一种局部性质。

设切线 PT 的倾斜角为 α，那么曲线 L 在 P 点的切线的斜率就是当 $\Delta x\to 0$ 时割线 PQ 的斜率的极限，即

$$\tan\alpha=\lim_{\Delta x\to 0}\frac{\Delta y}{\Delta x}=\lim_{\Delta x\to 0}\frac{f(x_0+\Delta x)-f(x_0)}{\Delta x}。$$

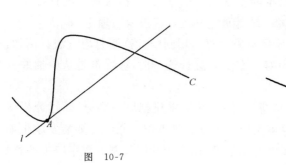

图 10-7   图 10-8

例如，曲线 $y=x^2+1$ 的图像如图 10-9 所示，那么此曲线在 $P(1,2)$ 点的切线斜率为

$$k=\lim_{\Delta x\to 0}\frac{f(x_0+\Delta x)-f(x_0)}{\Delta x}=\lim_{\Delta x\to 0}\frac{(1+\Delta x)^2+1-(1^2+1)}{\Delta x}$$

$$=\lim_{\Delta x\to 0}\frac{2\Delta x+\Delta x^2}{\Delta x}=2。$$

于是，在该点的切线方程为 $y=2x$。

我们看一种特殊的曲线，它是 $y=x$ 的图像（见图 10-10），此时该曲线上每一点的切线

均存在,就是直线 $y=x$ 本身,切线的斜率均为

$$k = \lim_{\Delta x \to 0} \frac{x + \Delta x - x}{\Delta x} = 1。$$

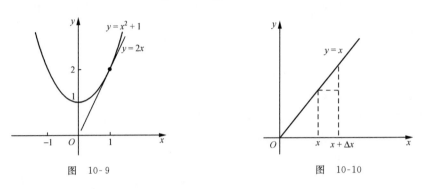

图　10-9　　　　　　　　　　图　10-10

七、概率统计中的基本数学思想方法与教学

中学概率中的基本数学思想方法是用集合论的语言和思想方法来描述事件与事件之间的关系和运算。事件的概率是通过具体的概率模型建立的,而计算概率的方法主要是借助于排列组合。加法计数原理和乘法计数原理,又是它们的基础,是常用的工具。

统计推断是中学统计中的基本数学思想方法,它是指根据样本(子样)的情况(已知的)来推断总体(母体)的情况(未知的)。例如,通过几次检查(考查、口试、笔试等),推断学生的学习能力;通过几个学校几个班的检查,推断全区学生的学习情况;等等。统计推断是数理统计的核心,它的基本内容可以分为两类:统计理论和统计假设检验理论。

在人们的生产过程或日常生活中,常常有意无意地用到统计推断思想方法。例如,对全区学生的学习进行调查或在日常生活中对一车水果进行评价时,往往都是从中抽取一小部分进行测试,然后对整体进行评估。

从上面的例子可以看出,为了对总体进行评估,采取随机抽取一部分,通过分析研究这部分子样的情况来推断母体的情况。这就是统计推断思想方法。教学中要启发学生如何从统计图和基本数字特征中获取尽可能多的有用信息,体会统计图和基本数字特征的特点;如何根据样本的信息对总体做出推断,体会用样本估计总体的思想方法。

思 考 题 十

1. 什么是数学思想方法? 什么是数学方法? 数学思想方法和数学方法有什么联系和区别?

2. 设计一个教学实例,说明其中蕴涵的数学思想方法。

3. 在中学数学中有哪些基本的数学思想方法？

4. 结合实际，谈谈你对数学思想方法教学的理解。

本章参考文献

[1] 罗小伟.中学教育教学论[M].南宁：广西民族出版社,2000.

[2] 陆书环,傅海伦.教育教学论[M].北京：科学出版社,2004.

[3] 叶立军,方均赋,林永伟.现代数学教学论[M].杭州：浙江大学出版社,2006.

[4] 郭思乐.数学素质教育论[M].广州：广东教育出版社,1991.

[5] 张雄,李得虎.数学方法论与解题研究[M].北京：高等教育出版社,2003.

[6] 张奠宙,过伯祥.数学方法论稿[M].上海：上海教育出版社,1996.

[7] 钱珮玲.中学数学思想方法[M].北京：北京师范大学出版社,2001.

[8] 孔企平,张唯忠,黄荣金.数学新课程与数学学习[M].北京：高等教育出版社,2003.

[9] 张奠宙,宋乃庆.数学教育概论[M].北京：高等教育出版社,2004.

[10] 章士藻.中学数学教育学[M].北京：高等教育出版社,2007.

[11] 季善良,黄秀琴.初中数学教学大纲及教材分析[M].长春：东北师范大学出版社,
    1999.

第十一章　中学数学课堂教学基本技能

> 　　数学课堂教学技能是顺利完成教学任务的先决条件,教学技能的水平直接影响教学活动的效率与质量。本章详细阐述数学课堂导入技能、讲解技能、板书技能、提问技能的运用目的、设计原则、主要类型以及实施时需注意的问题,并简单介绍了数学课堂的演示技能、变化技能、结束技能。

　　教学不是教师一厢情愿就可以完成的事情,而是师生互动的双边活动。一个教师不仅要有广博深厚的专业知识,还要具备多种熟练的教学技能和能力。教学技能,是指课堂教学过程中,教师顺利完成各种教学任务,促进学生有效学习的一系列活动方式,包括:导入、讲解、提问、板书、演示、变化、结束等。课堂教学技能是教师个人能力的重要组成部分。恰当而灵活地运用教学技能,能激发学生学习的兴趣和动机,为顺利完成教学任务,达到教学目标创造有利条件。与学科知识的获得不同,教学技能必须通过实践,通过训练而获得。教学技能的水平,既受教师本人对教学认识及教学经验多寡的制约,又与训练的强度和方式以及个人素质等密切相关。任何一项任务或活动,只凭认识上的理解是不能很好地完成或进行的。一个教师如果没有广博深厚的专业知识,教学只能照本宣科、生搬硬套;如果没有熟练的教学技能,教学就不会生动活泼、有声有色,从而无法有效促进学生学习。

第一节　数学课堂的导入技能

　　数学课堂的导入技能是在新的数学教学内容的讲授开始时,教师引导学生进入学习状态的教学行为方式。数学教师如何抓住上课起始的3～5分钟,采用恰当精练的语言,或鲜活的实例,或必要的演示来设置情境,使学生情绪振奋,精力集中地进入学习状态,这确实是需要数学教师认真研究和掌握的技能之一。数学课堂的导入技能是数学教师必备的基本功。

一、导入技能运用的目的

由于数学教学内容的特点,数学课的导入在遵从一般课堂教学规律的同时,还有其自身的目的与功能。数学课导入的目的有以下几点:

(1)引起学生注意。新课的开始,如果教师针对学生的年龄特征和心理特点,精心设计导入的方法,用贴切而精练的语言,正确、巧妙地导入新课,可以集中学生的注意力,引起学生对所学课题的关注。注意力是开启心灵的钥匙,只有引起注意才能够产生意识。在教学之始,教师运用恰到好处的导言(也可以是例题、问题、生活实例等)将学生的注意力吸引到特定的教学任务之中,给学生较强烈的、新颖的刺激,帮助学生收敛课前活动的各种思想,在大脑皮层和有关神经中枢形成对本课新内容的"兴奋中心",把学生的注意力迅速集中并指向特定的教学任务和程序之中,让学生为完成新的学习任务做好心理上的准备。

(2)激发学习兴趣。兴趣是认识某种事物或某种活动的心理倾向和动力,是进行教育的有利因素,对鼓舞学生获得知识、发展学生智能都有积极作用。浓厚的学习兴趣和强烈的求知欲望,能激发学生热烈的情绪,使他们愉快而主动地进行学习,并产生坚韧的毅力,表现出高昂的探索精神,能收到事半功倍的效果。教师要善于把貌似枯燥的数学知识用生动得体的语言或模型形象展示,使学生顿时对教师要讲的内容产生兴趣,从而促使学习动机的产生。兴趣是学习动机中最现实、最活跃的成分。所以,善于运用导入技能的教师往往用兴趣来调动学生的学习情绪,使学生轻松愉快地听讲、演练并且保持学习内在动力的持续发展。

(3)唤起学生思考。好的导入可以点燃学生思维的火花,开拓学生思维的广阔性和灵活性。数学课堂教学的功能之一是培养学生的思维能力。如果导入采用形象化的语言叙述或富有启发性的问题,可以启迪学生的思维,增长学生的智慧。导入新课也可看作培养学生思维能力的创造性活动。它能够启发学生从不同角度思考问题,使学生在思维过程中体会到思维的乐趣。可以采用多种方式,或出示疑难问题,或提出悬念,为学习新知识、新概念、新定理做鼓动,唤起学生对本堂课所讲内容的思考,以达到消化理解的目的。

(4)明确学习目的。新一轮基础教育改革,要求学生无论学习哪个知识点,都必须让学生知道新知识的来龙去脉。开门见山式的语言导入,让学生知道学习新知识的目的,或在工农业生产、科技领域内的作用,从而使每个学生了解为什么要学习这个新内容,学习新内容应达到什么程度,使学生做到心中有数,调整好自己的心态和精神,为完成学习任务做好心理准备。但是,这样的导入不要用太多的时间,点到为止。

(5)强化师生情感。新课程要求新型的师生关系,建立新型的师生关系既是新课程实施与教学改革的前提和条件,又是新课程实施与教学改革的内容和任务。师生关系主要是师生情感关系。师生情感关系问题虽然比较受人们的重视,但总体上,仍然难以令人满意。一旦师生情感出现问题,教学活动就失去了宝贵的动力源泉。优化师生情感关系,重建温馨感人的师生情谊,是师生关系改革的现实要求。尤其是数学这样的学科,相对来说理解起来有一定的困难,要求师生之间一定要有良好的情感关系。情感因素在数学学习中占有重要地位,课堂上也不例外,教师亲切的教导,悉心的指正,殷切的希望都可以使导入技能注入感情色彩,有助于沟通师生情感。而学生则会用教师所给的情感的钥匙开启自己认知结构的大门。

二、导入技能设计的原则

导入技能的设计应遵循以下原则:

(1)针对性原则。导入要针对教材内容,明确教学目标,抓住教学内容的重点、难点和关键。导入要从学生实际出发,抓住学生年龄特点、知识基础、学习心理、兴趣爱好、理解能力等特征,做到有的放矢。

(2)启发性原则。积极的思维活动是课堂教学成功的关键。富有启发性的导入能引导学生发现问题,激发学生解决问题的强烈愿望,能创造愉快的学习情境,促进学生自主进入探求知识的境界,起到抛砖引玉的作用。教师在备课时应深入钻研教材,选择有启发性的素材进行新课的导入,以唤起学生的注意,有效地启发学生对新课内容的学习欲望。

(3)趣味性原则。趣味导入就是把与课堂内容相关的趣味知识,即数学家的故事、数学典故、数学史、游戏、谜语等分享给学生来导入新课。俄国教育学家乌申斯基认为:没有丝毫兴趣的强制性学习将会扼杀学生探求真理的欲望。趣味导入可以避免平铺直叙之弊,可以创设引人入胜的学习情境,有利于学生从无意注意迅速过渡到有意注意。

(4)直观性原则。在数学教学中,教师要深入挖掘教材中蕴涵的操作素材,设计一些操作性强的实践活动,如画、测、剪、拼、撕、折、旋转、平移、实验,或利用多媒体演示等直观方式创设情境,将学生的眼、耳、口、手、脑都动员起来,多种感官与思维器官协同参与,让学生在活动中自主探索、合作交流,通过自己的探索学会数学和会学数学,最终使学生能够"知其然又知其所以然"。直观导入易于引起学生的兴趣,能帮助学生理解所学知识的形成与发展过程,让学生在轻松愉悦的氛围中获得新知。

(5)适度性原则。导入技能的实施要适度,不可喧宾夺主,更不可胡编乱侃,那样固然能引起学生的"兴趣"和"注意",但结果却适得其反。在利用悬念导入新课时,应该在讲解过程中使悬念有着落,不然学生会整堂课去琢磨悬念而忘了听课,这样反倒弄巧成拙,事与愿违。

三、导入技能的主要类型

教学没有固定的形式,一堂课的开始,也没有固定的方法。由于教育对象不同、内容不同,导入的类型也可以多种多样。即使同一内容和对象,不同教师也有不同的处理方法。数学课堂教学的导入主要有以下几种类型:

（一）直观导入型

常见的直观导入型有以下几种方法：

（1）直观描述法。它是指教师从感性材料出发，联系生活实际和学生的实际，以直接感知的方式导入新课。例如，通过纸板三角形三个角的剪贴让学生自己去发现结论——三角形三内角和等于 $180°$，由此导入新课；再如，在学习"二面角"时，让学生把书打开，使学生看到书的两部分所成的角，对"二面角"有一个直接的感性认识。

（2）教具演示法。它是指教师通过特制的教具进行恰当的演示来导入新课。在演示中让学生也参加进来，观察、抚摸，这样可以调动学生的积极性，使所学的知识直观形象地展现在他们面前。例如，学习立体几何"圆台的侧面积公式"这一内容时，教师先给学生展示一个圆锥，然后用平行于底面的平面截取一个小圆锥，使它变成一个圆台。那么，沿圆台一条母线剪开后，侧面展开图面积就是该圆台的侧面积。这样导入自然又直观。

（3）实验法。它是指教师利用学生的好奇、爱动手的特点，尽量设计一些富有启发性、趣味性的实验，使学生通过对实验的观察去分析思考、发现规律，进行归纳总结，得出新课所要阐述的结论，从而导入新课。运用这种方法能使抽象的数学内容具体化，有利于帮助学生从形象思维过渡到抽象思维，增强学生的感性认识。例如，在讲"椭圆"这一内容时，教师让学生事先准备一条两头系有图钉的线绳，上课一开始，教师和学生一起就椭圆的定义进行实验操作，画出该堂课要学习的"椭圆"。这种导入新课的方法直观形象，有利于培养学生的抽象思维能力和想象能力。

（二）问题导入型

常见的问题导入型有以下几种方法：

（1）问题启发法。它是指教师通过问题引起学生的注意，启发学生深入思考解决问题的方法，从而导入新课。例如，讲"排列组合"这一内容时，教师提出一个问题：某同学要转学，有 6 名要好的同学为他送别和他照相，7 人站成一排，共有多少种排法？被送别的同学必须站在中间，又有多少种排法？假如有 7 名要好的同学，结果又将如何？一系列问题会激发学生的求知欲，由此可导入新课。

（2）巧设悬念法。它是指教师设计一些学生急于想解决，但运用已有知识和方法一时无法解决的问题，形成激发学生探究知识的悬念而导入新课。例如，讲"等比数列前 n 项和公式"这一内容时，教师给学生讲印度国王重赏国际象棋发明者的故事：发明者要求国王在第一个格子放一颗麦粒，在第二个格子放 2 颗麦粒，以后每格都是前一个格子的 2 倍。请学生计算，第 64 个格子里应放多少颗麦粒？一共放多少颗麦粒？紧接着教师就指出，其实印度国王是没有能力来满足发明者的要求的，从而引发一个计算结果的悬念，导入等比数列前 n 项和的新课。

（3）揭示矛盾法。它是指通过揭示已有知识结构中无法解决的矛盾，突出引进新知识的必要性来导入新课。例如,数学中无理数的引入,就可以通过单位正方形的对角线长,无法用已知的有理数表示这一矛盾的解决而实现。再如,复数可以通过在实数集里无法表示 $x^2+1=0$ 方程的解这一矛盾的解决来引入。

(三)联系导入型

常用的联系导入型有以下几种方法:

(1)温故知新法。它是指有针对性地复习旧知识,为新课内容作铺垫而导入新课。例如,学习一元二次方程的公式法时,先复习配方法,让学生用配方法解方程 $ax^2+bx+c=0$ ($a\neq0$),直到推导结束时方点明新课题。当学生得知自己经过认真思考推出了一个"伟大"的结论时,必然沉浸在成功的喜悦中。再如,在讲"二倍角公式"这一内容时,也可以从复习两角和的正弦、余弦公式入手,令公式中的两个角相同,就得到了二倍角的正弦、余弦公式。

(2)类比导入法。它是指根据新、旧知识的内在联系,在原有知识基础上通过类比的方式导入新课。也就是说,类比导入法是指当新、旧知识有较强的相似性时,用旧知识类比来得出新的知识。这种方法有利于培养学生的思维能力和发现问题的能力。例如,在讲立体几何的有关知识时,经常通过对平面几何的知识进行类比得到新知识。再如,在讲解析几何中的"抛物线"时,可由椭圆的离心率 $e<1$,双曲线的离心率 $e>1$,转到当 $e=1$ 时图形又是什么,又有哪些性质来导入新课。

(3)实例导入法。它就是通过分析与新课内容联系密切的具体特殊实例揭示一般规律的导入方法。相对于"一般"规律而言,"特殊"的事例往往比较熟悉,简单且直观,更容易被接受和理解。例如,对"一元二次方程根与系数关系"这一内容,教师可以让学生解几个特殊的一元二次方程,通过求解这些方程,让学生计算两根之和与两根之积,再让学生观察、比较、归纳出一元二次方程根与系数的关系。

四、导入技能实施时应注意的问题

导入由于时间短,又未涉及正题,往往被一些教师忽视;而有的教师则为了追求新奇无限制地夸大导入的效应。这些都是不可取的。在实施导入技能时应注意以下问题:

(1)导入方法的选择要有针对性。要根据新课的内容和重点来考虑所选择的导入类型与方法,同时还要考虑学生的认知特点和知识水平以及学校的现有设备条件,以学生的思维特点为中心确定导入所采用的方法。

(2)导入方法要具有多样性。不同的内容用不同的方法导入,每堂课都给学生一种新的体验,这样有利于调动学生学习的积极性。最好是同一内容也要尝试着用不同的方法导入,然后对比分析,从中领会各种方法的优缺点。

(3)导入语言要有艺术性。既要考虑语言的准确性、科学性和思想性,又要考虑可接受性。教师创设情境时,语言应针对学生思维中的问题,启发他们思考,留有广阔的思考空间;既要清晰流畅、条理清楚,又要娓娓动听、形象感人,使每句话都充满激情和力量。直观演示时,语言应该通俗易懂、富有启发性;联系导入时,语言应该清楚明白、准确严密、逻辑性强。这样的教学语言,最能拨动学生的心弦,使他们产生共鸣,激起强烈的求知欲和进取心。

　　总之,数学课堂的导入,要以创设自然、真实、和谐的课堂探究环境为第一要务,在学生的情感体验与思维冲突中激发学习热情;在体验过程、落实数学"双基"、发展能力的同时,培养学生自主探究的能力。在数学教学中,再好的导入设计也要根据具体情况灵活地操作,要在课堂教学中探究新"生成"的思路。教师要不断完善自己的导入设计,让数学教学活动在自然和谐的状态中有效地开展。

第二节　数学课堂的讲解技能

　　数学课堂讲解是教师运用语言向学生传授数学知识的教学行为方式,也是教师利用语言启发学生数学思维、交流思想、表达情感的教学行为方式。数学学科以其图形、数、式的推证、运算为主要内容,其教学手段和方式长期以来还是以教师的讲解为主。讲解仍然是数学教学的主导方式,是数学教学中应用最普遍的方式,因而讲解技能是数学教师必须掌握的主要教学技能。讲解实质上就是教师把教材内容经过自己大脑加工处理,通过语言对知识进行剖析和揭示,使学生把握其实质和规律。在这一转换过程中,注入了教师的情感、智慧,使得难以理解的内容变得通俗易懂,对学生具有感染力。

　　讲解是数学课堂教学的主要方式,在这种方式下教师按教学设计向学生传输数学知识和技能,主动权掌握在教师手中,便于控制教学过程;教师通过讲解最容易把自己的思考过程和结果展示在学生面前,最容易引导学生的思维沿着教师的教学意图进行,能充分发挥教师的主导作用;讲解能迅速、准确并且较高密度地向学生传授间接经验。由于教师的精心组织,可将大量的知识在较短的时间内讲授给学生,这是其他教学技能所不能比的。讲解可减少学生认识过程的盲目性,使学生快速获得数学知识。当然,在现代课堂教学中,不需要满堂讲,需要与其他技能相配合,才能取得最佳教学效果。

一、讲解技能运用的目的

　　运用讲解技能的主要目的是:

　　(1)传授数学知识和技能。传授数学知识和技能是讲解的首要目的,它与数学课程的教学目标和数学课堂中的具体目的都是一致的。数学课堂教学的首要任务是通过教师的细致讲解,使学生掌握符合社会发展需要、数学发展需要和学生成长需要的知识体系和技能。

　　(2)启发思维,培养能力。教师通过讲解揭示数学知识的结构与要素,阐述数学概念的内涵和外延,开启学生的认知结构,让学生在教师的讲解中领悟到数学思维方式,培养学生运用数学知识分析问题和解决问题的能力。

（3）提高思想认识，培养数学学习情感。教师通过对数学内容相应的思想和方法的来源、形成与发展的深入浅出、生动具体的讲解，让学生在掌握数学知识内容的同时，思想认识也得到提高，初步形成辩证唯物主义观点，并具有坚毅、认真的良好学习品质，激发学习数学的兴趣，培养学生数学学习的情感。

二、讲解技能设计的原则

讲解技能的设计应遵循以下原则：

（1）科学性原则。由于数学的学科特点，数学课的讲解必须保证知识准确无误，推理论证符合逻辑，数学语言简练清晰。讲解过程要组织合理、条理清楚、逻辑严谨、内容完整、层次分明。

（2）启发性原则。数学课的讲解一定要遵循学生的认知特点，由浅入深、由具体到抽象，采用多方位启发引导，让学生自己动脑思考，发现数学事实，不可"填鸭式"满堂灌；要注意观察学生听讲的表情反应，按接收回来的反馈信息，不断调整自己的讲解速度和方法，启发学生参与教学活动。

（3）计划性原则。每堂数学课的讲解程序要计划周密，准备充分，深入分析教材，设计讲解方法。突出重点、分散难点、解决关键是讲解的三大要点。在备课时一定要分条列目，讲解时才能充分流畅。

（4）整体性原则。数学课的讲解不是孤立的，要同板书、提问、演示、组织等技能配合起来，综合运用，才能发挥课堂的整体效应。数学课的讲解要遵循整体性原则，注意同其他技能的协调配合。

三、讲解技能的主要类型

数学课堂讲解技能的类型可依据不同的标准进行划分。例如，根据讲解内容可以划分为概念型讲解、命题型讲解、问题型讲解、应用型讲解等；根据课堂教学方式可以划分为解释式讲解、描述式讲解等。下面分别加以介绍：

（1）概念型与命题型讲解。在数学课堂中，概念讲解占的比重较大，一般用于揭示概念的内涵和外延、概念中的关键词、概念的适用范围等。例如，讲解"函数的单调性"的概念时，就要讲清该概念的关键词，即区间性和任意性等；讲解"矩形"的概念时，就必须分析清楚它的内涵和外延，以及它与其他概念的关系等。命题的讲解主要是分析命题成立的条件和结论，分析如何证明命题，讲解命题的证明过程，探索公式推导的思路，等等，使学生掌握其中的数学思想方法。例如，讲解"直线与平面垂直的判定定理"时，就要分析该定理成立的条件和结论，然后分析如何证明该定理，最后指出该定理给出了一种判定直线与平面垂直的方法。

（2）问题型讲解。数学内容的理解主要是靠解决问题来实现的，问题型讲解在数学课堂中十分重要。一般来说,数学课堂基本是由问题组成的。在新一轮课程改革中,有些优秀教师提出了"问题串"的教学模式,即把每堂课的内容设计成"问题串",随着一个一个问题的解决,主要内容的讲解也就完成了。

（3）应用型讲解。应用型讲解要注重分析问题的已知与未知,采用分析、综合、类比、归纳、构造数学模型等方法去解决问题。例如,讲解"函数的应用"时,就必须分析自变量与因变量之间的变化速度,即随着自变量的增加,若因变量的增长速度特别快,就要考虑构造指数函数模型;若因变量的增长速度缓慢,就要考虑构造对数函数模型等。

（4）解释式与描述式讲解。解释式讲解就是对较简单的知识进行解释和说明,从而使学生感知、理解、掌握知识内容。它一般用于概念的定义、题目的分析、公式的说明、符号的解释等,如数学符号的含义、读法,一些简单数学概念的解释说明。对于较复杂的数学知识单用解释说明的方法难以收到良好的讲解效果,需要其他技能的配合,尤其是演示、实验、板书等技能的配合。描述式讲解就是通过对数学知识发生、发展、变化过程的描述和对数学知识的内涵和外延的描述,使学生对数学知识有一个完整的印象,达到一定深度的认识和理解。根据教学内容和目的,描述可分为结构性描述和顺序性描述。对于结构性描述,要揭示数学知识的结构层次关系,突出重点、抓住关键,注意运用生动形象的比喻和类比。对于顺序性描述,要注意数学知识发展的阶段性,抓住知识发展变化的关键点,而不是使描述成为无重点、无中心的流水账。

四、讲解技能实施时应注意的问题

讲解技能实施时应注意以下三个方面的问题:

（1）讲解要有"精、气、神",讲解时要面向全体学生。"精、气、神"表现在课堂教学中就是给人一种自信、稳重、令人信服的感觉。声音洪亮有力,吐字清晰、准确,语速快慢适中,感情丰富感人。有的教师在课堂讲解时只面向少数学生,不顾及大多数学生的感受。无论是哪种讲解都要关注全体学生。

（2）讲解内容要正确,讲解方法要得当。中学数学所阐述的知识都是没有争议的、千真万确的,所以教师讲解的内容一定要准确无误,否则一旦出错,将会造成不可挽回的影响。论述时,要一环扣一环,层层深入、顺其自然地得出结论。讲解时,一定要根据教学内容,学生的知识水平、能力以及学校的设备条件等来选择最佳的方法,重点突出,条理清晰,符合逻辑规律。

（3）讲解与板书、演示、提问等技能相结合。讲解时,必须与其他技能有效配合,否则将会事倍功半,学生难以接受。有经验的教师在数学课堂上,善于巧妙地利用讲解技能,充分发挥其他技能的优势,边讲边练,师生互动,将抽象的数学知识化解为具体形象的实践过程,通过精心设计的提问引导学生理解数学知识的实质。

第三节　数学课堂的板书技能

在课堂教学中,板书与讲授相辅相成,是教师向学生传递教学信息的重要手段。板书技能,是指教师为辅助课堂口语的表达,利用黑板以简练的文字或数学符号、公式来传递数学教学信息的教学行为方式。板书技能也是教师必须掌握的一项基本教学技能。

板书是教师上课时为帮助学生理解、掌握知识而在黑板上书写的凝结简练的文字、图形、符号等,它是用来传递教学信息的一种言语活动方式,又称为教学书面语言。在精心钻研教材的基础上,根据教学目的、要求和学生的实际情况,经过教师一番精心设计而组合排列在黑板上的文字、数字,以及线条、箭头和图形等适宜符号,称为正板书,通常写在黑板中部突出位置。板书以其简洁、形象、便于记忆等特点深受教师和学生的喜爱。板书是课堂教学的重要手段,与教学语言有效结合,可以使学生的视觉跟听觉配合,更好地感知教师讲授的内容。

由于数学的学科特点,在课堂教学中有大量的定理、公式需要证明或推演,大量的数与式需要计算或推导;几何教学还需要绘制图形、坐标等,所以数学课的板书(包括板画)技能尤为重要。

一、板书技能运用的目的

精心设计的板书是教师备课精华的浓缩,能够启发学生的智慧,在课内有利于学生听课、记笔记,在课后有利于学生复习巩固,进一步理解和记忆;也能给学生美的享受,对学生产生潜移默化的影响;还能帮助教师熟记教学的内容和程序。一般说来,板书技能的运用能达到以下目的:

(1) 突出教学重点与难点。板书的内容通常为教学的重点、难点,并且在关键的地方可以标识,比如用不同颜色的笔书写和绘图。围绕教学重点和难点设计的板书,是以书面语言的形式简明扼要地再现事物的本质特征,深化教学内容的主要思想,明确本堂课内容与相关内容的逻辑顺序,使之条理清楚、层次分明,有助于学生理解和把握学习的主要内容。

(2) 集中学生的注意力,激发学习兴趣。板书在文字、符号、线条、图表、图形的组合和呈现时间、颜色差异等方面的独特吸引力,能够吸引学生的注意力,激发学习兴趣,并且使学生受到艺术的熏陶和思维的训练。同时,板书使学生的听觉刺激和视觉刺激巧妙结合,避免由于单调的听觉刺激导致的疲倦,兼顾学生的有意注意和无意注意,从而引导和控制学生的思考。

(3) 启发学生的思维,突破教学难点。直观的板书,可以补充教师语言讲解的不足,展示教与学的思路,帮助学生理清教学内容的层次,理解教学内容,把握重点,突破难点。板书能代替或再现教师的讲解,启发学生思维。好的板书,能用静态的文字,引发学生积极而有效的思考活动,从而有利于突破教学难点。

(4)记录教学内容,便于学生记忆。教师的板书反映的是一堂课的内容,它往往将所教授的材料浓缩成纲要的形式,并将难点、重点、要点、线索等有条理地呈现给学生,有利于学生理解基本概念、定义和定理,当堂巩固知识。教师板书的内容往往就是学生课堂笔记的主要内容,这无疑对学生的课后复习起引导、提示作用,便于学生理解、记忆。

(5)明确要求和示范,提高课堂教学效果。数学教学无论是对定理的证明方法、格式和步骤,还是对平面、立体图形的画法都有严格而具体的要求。教师工整、优美的板书经常是学生书写(包括字体风格、列解题步骤、运笔姿势等)的模仿典范。心理学认为,使学生获得每个动作在空间上的正确视觉形象(包括其方向位置、幅度、速度、停顿和持续变化等),对许多动作技能的形成是十分重要的。在学生看来,教师的板书就是典范,因此教师正确的黑板字、图形,规范的圆规、直尺使用,标准的解题步骤,都有助于学生养成精细、严谨、整洁的数学学习习惯和方法。

二、板书技能设计的原则

板书技能的设计应遵循以下原则:

(1)目标明确,重点突出。板书是为一定的教学目标服务的,偏离了教学目标的板书是毫无意义的。设计板书之前,必须认真钻研教材,明确教学目标,只有这样,设计出来的板书才能准确地展现教材内容,真正做到有的放矢。板书要从教材特点、学科特点和学生特点出发,做到因课而异、因人而异。板书要引导学生把握教学重点,全面、系统地理解教学内容。因此,教师的板书要依据教学进程、教学内容的顺序与逻辑关系,做到重点突出、详略得当、条理清楚、层次分明,力争在有限的课堂时间内,使学生能够纵观全课、了解全貌、抓住要领。教师应根据教学要求进行周密计划和精心设计,确定好板书的内容、格式,这样在教学时才能有条不紊地按计划进行。

(2)语言准确,书写规范。这是从内容上对教师的板书提出的要求。板书的用词要恰当、语言要准确、图表要规范、线条要整齐美观。板书要让学生看得懂,引发学生思考,避免由于疏忽而造成意思混乱或错误。另外,板书是一项直观性很强的活动,教师的板书除了传授知识外,还会潜移默化地影响学生的书写习惯。因此,教师的板书应该规范、准确、整齐、美观,切忌龙飞凤舞、信手涂抹,不倒插笔,不写自造简化字,一字一句,甚至标点符号都要有所推敲。板书还应保证全体学生都看清楚,字的大小以后排学生能看清为宜。此外,在保证书写规范的同时,还应有适当的书写速度,尽量节省时间。

(3)形式多样,趣味性强。好的板书设计会给学生留下鲜明、深刻的印象,提供理解、回忆知识的线索。充满情趣的板书设计,好像一幅生动美丽的图画,给学生以美的享受,激起他们浓厚的学习兴趣,加深对教学内容的理解和记忆,增强思维的积极性和持续性。在课堂教学中,教师应该根据教学的具体内容和学生思维的特点,运用好板书。

(4) 布局合理,计划性强。板书一定要在备课时预先计划好,该写什么内容,应写在什么位置,中间可擦掉哪些,最后黑板上留有什么,都应认真考虑、周密计划。如板面不够或为了节省时间,可以预先将提问问题、定理内容、例题、练习题、图形等展示在小黑板(或多媒体课件)上,做预先辅助板书。计划性是防止板书散乱,发挥板书示范作用必须遵守的原则。

三、板书技能的主要类型

板书的形式随教学目标、教学内容、学生年龄特征及学习特点的不同而不同。选择适当的板书类型是增强教学效果的重要一环。常用的板书类型主要有以下几种:

(1) 提纲式。提纲式板书,运用简洁的重点词句,分层次、按部分地列出教学内容的知识结构提纲或者内容提要。这类板书适用于内容比较多,结构和层次比较清楚的教学内容。提纲式板书的特点是:条理清楚、从属关系分明,给人以清晰完整的印象,便于学生对教学内容和知识体系的理解和记忆。例如,在"椭圆的几何性质"的教学中,可采用提纲式板书。

(2) 表格式。表格式板书是将教学内容的要点与彼此间的联系以表格的形式呈现的一种板书。在具体操作时,可以根据教学内容可明显分项的特点设计表格,由教师提出相应的问题,让学生思考后提炼出简要的词语填入表格;也可以由教师边讲解边把关键词语填入表格,或者先把内容有目的地按一定位置书写,归纳、总结时再形成表格。这类板书能将教材多变的内容梳理成简明的框架结构,增强教学内容的整体感与透明度,同时还可以加深学生对事物的特征及其本质的认识。例如,在"指数函数性质"的教学中,就可以利用填写表格的形式设计板书。

(3) 线索式。线索式板书是围绕某一教学主线,抓住重点,运用线条和箭头等符号,把教学内容的结构、脉络清晰地展现出来的板书。这种板书指导性强,能把复杂的过程化繁为简,有助于学生理清数学知识的结构,了解教师的思路,便于理解、记忆和回忆。例如,在做定理证明之前的分析,即分析如何从结论开始去寻找使结论成立的条件时,就可以用线索式板书。

(4) 关系图式。关系图式板书是借助具有一定意义的线条、箭头、符号和文字组成某种文字图形的板书方法。它的特点是形象直观地展示教学内容,将分散的相关知识系统化,便于学生发现知识之间的联系,有助于逻辑思维能力的培养。例如,讲完一个单元后做单元小结时,一般用关系图式板书。

(5) 图文式。它是指教师边讲边把教学内容所涉及的事物形态、结构等用单线图画出来(包括模式图、示意图、图解和图画等),形象直观地展现在学生面前。这种板书图文并茂,容易引起学生的注意,激发学习兴趣,能够较好地培养学生的观察能力及思维能力。例如,讲解几何内容时,一般多采用图文式板书。

四、板书技能实施时应注意的问题

板书技能实施时应注意以下几个方面的问题:

（1）书写工整、规范。数学课堂中,板书的汉字、外文字母和数学符号都必须规范,不可以用怪僻、繁体、乱简化的字。一些常用符号必须按要求书写,同时尽量做到笔顺正确,避免倒插笔现象,做到字迹清晰、工整、美观、漂亮。

（2）作图标准,整体效果要佳。数学课的板书经常离不开作图,如代数中的函数图像和几何图形。画函数图像要画直角坐标系,一般先画 x 轴,再画 y 轴,图像尽可能从左到右或从上到下一笔画出;在求曲线方程时,应先建立直角坐标系,再写曲线上点的坐标;画图像、图形时,要规范使用作图工具,除草图外一律用标准的尺规作图,实虚分明、大小适中、位置得当。图像、图形与文字符号等的布局要合理,整体效果要最佳。

（3）巧用彩色粉笔,谨慎擦抹。可适当使用彩粉笔,突出重点或分门别类标号,但也不宜让黑板过于斑斓,这样会喧宾夺主,分散学生的注意力。如果在板书中出了错误,擦拭时一定要用板擦。如果该错误已经在课堂上停留了一段时间,那么改正时一定提醒学生注意。

（4）板书要和讲解交替进行。板书要和讲解交替进行,不能长时间地书写板书,而置学生于不顾,要一边写一边时不时地转过身来解释、分析、重复所写内容,也可以在写某个概念、定理、结论之前,让学生思考问题等。如果只写不讲,板书再好也是无意义的。

第四节　数学课堂的提问技能

提问是一项具有悠久历史的教学技能,我国古代教育家孔子就常用富有启发性的提问进行教学。他认为教学应"循循善诱",运用"叩其两端"的追问方法,引导学生从事物的正、反两方面去探求知识。古希腊哲学家苏格拉底(Socrates)也是一位提问高手,他使用"精神产婆术"的方法进行教学,通过不断地提问让学生回答,找出学生回答中的缺陷,使其意识到自己结论的荒谬,通过再思索,最终自己得出正确的结论。提问在数学课堂上表现为师生之间的对话,是一种教学信息的双向交流活动,是教师在教学中所做的比较高水平的智力动作。数学课堂的提问技能是通过师生相互作用促进思维、引发疑问、巩固所学、检查学习、应用知识来实现教学目标的教学行为方式。对学习者来说,学习过程实际上是一种提出问题、分析问题、解决问题的过程。教师巧妙的提问能够有效地点燃学生思维的火花,激发他们的求知欲,并为他们发现、解决疑难问题提供桥梁和阶梯,引导学生去探索达到目标的途径,让学生在获得知识的同时,也增长了智慧,养成了勤于思考的习惯。从技能的角度来看,提问技能是一项综合性技能。

一、提问技能运用的目的

中学数学课很重要的目的之一是发展学生的思维,而教师适度地提出问题则是启发学生思维的导引。数学课堂的实质就是从问题开始,通过讲解有关的概念、定理、法则而使问题得到解决。在数学课堂上应用提问技能,可以使教师与学生双向知识信息交流系统运作通畅，信息反馈快捷而真实，进而教师可由反馈得到的信息来调整自己的教学行为。数学课堂提问技能运用的目的是：

（1）掌握课堂进程，调控教学方向。反馈是实现调控的必要前提。教师恰当的提问，可以迅速获得反馈信息，了解学生对知识的理解、掌握与应用的程度，找到问题的所在，并据此对课堂教学进程做出相应的调整。当学生思路、理解出现偏差或障碍时，教师一个启发性的提问可以及时地扭转思路、激活思维，达到控制教学方向的目的。

（2）启发学生思维，激发求知欲望。教师根据学生已学过的知识或他们的社会生活实践经验，针对他们思维困惑之处的设问，使教材的内容与学生已有的知识建立联系，通过新、旧知识相互作用，形成新的概念。教师的提问能激起学生的认知冲突，激发学生的好奇心，使学生产生探究的欲望，迸发学习的热情，产生学习的需求，进入"愤、悱"状态。在数学课堂中，无论是教师的设疑，还是学生的质疑，都是学生求知欲的催化剂，也是他们思维的启发剂。

（3）了解学习状况，检测目标达成。导入时的提问用于前期诊断，目的是了解学生的认知前提，寻找新、旧知识的衔接点；讲授中的提问则是知识形成过程中的评价，是形成性评价的提问；概念、定理、法则讲完后，要通过举例应用的方式进行提问以了解学生对新知识的理解与掌握情况。通过提问，教师可以了解学生能否使用数学语言有条理地表达自己的思考过程，能否找到有效地解决问题的方法，是否有反思自己思考过程的意识。在教学过程中，学生的基础知识和基本技能掌握得如何，课堂教学目标是否实现，课堂教学目标达成度如何都有赖于教师的提问。

（4）巩固强化知识，促进深入理解。数学概念、定理、法则的理解离不开发人深思的问题启发，知识与技能的巩固强化同样来自精心设计的问题的诱导。教师恰到好处的提问，能促进学生知识的内化，构建学生的认知结构，强化学生的综合应用能力。教师有针对性的提问可以揭示内容的重点，引起学生的充分关注。针对易混淆内容的提问，有助于学生理清概念，明辨是非；分析、应用型的提问，有助于学生认知结构的构建；对学生回答的追问，可以帮助学生加深印象，巩固所学。

（5）理解、掌握知识，培养学生能力。提问可以培养学生的思维能力、口头表达能力和交流能力。课堂提问能引起学生的认知矛盾并给学生适宜的紧张度，从而引发学生积极思考，引导学生思维的方向，扩大思维的广度，加深思维的深度。学生在回答问题时需要组织语言，以便能言之有理、自圆其说，从而锻炼学生的口语表达能力。同时，在与教师和其他学生探讨问题、寻求解决问题途径的过程中，培养学生与他人交流、沟通的能力。

二、提问技能设计的原则

数学课的提问不仅仅是为了得到一个正确的答案，更重要的是让学生掌握已学过的知识，并利用旧知识解决新问题，或使教学向更深层次发展。为了使提问能达到预期的目的，教师在设计提问时必须遵循以下原则：

（1）科学性原则。教师在数学课堂上所提的问题必须准确、清楚,符合数学的学科特点。在课堂上,教师不可以向学生提问含糊不清、模棱两可或无定论的问题。问题的信息量应适中,过大或过小都不符合学生的思维特点,失去了提问的价值;问题的答案应该是确切和唯一的,即使是分散性的问题,其答案的范围也是可预料的。提问方式要科学,不可以先点名后提问;提问的顺序要符合逻辑和学生的认知规律。

（2）启发性原则。教师所提的问题必须符合学生的认知水平和本年级的学习进度。向学生提问他们暂时理解不了的问题,会造成学生的畏难情绪和心理压力;把学生不需任何思考的问题向学生提问,又起不到启发思维或复习巩固的作用。教师提问的内容是学生需要经过认真思考才能回答上的,要具有启发性。

（3）恰当性原则。教师要依照教学的需要和学生思维的进程不失时机地提问,防止提出不必要的问题而画蛇添足,要考虑所提出的问题在教学中的地位、作用和实际意义。课前的复习提问要与新知识联系密切;讲解中的提问要有利于下一环节的理解;讲完新知识时的提问应是为了巩固所学新知识;总结时的提问要概括所学新知识,并起到提升作用。

（4）评价性原则。教师提出问题,学生回答后,教师要给予分析和评价。对回答正确的学生给予肯定和表扬,对回答有缺欠的学生给予补充,对回答不出来的学生给予启发和提示,最后给出标准答案,这样才能使提问真正发挥作用。教师恰当的评价可强化提问的效果,教师的一句赞许的话会使学生备受鼓舞,乐此不疲。另外,教师提示时,要亲切引导,要平易近人,不要居高临下,更不能讽刺挖苦,这样才能调动学生的积极性。

（5）普遍性原则。课堂上提问的目的在于调动全体学生积极思考,必须遵循普遍性原则,面向全体学生。不可总是提问几名学习好的学生,而置大多数学生于不顾。要让所有的学生都能积极思考教师提出的问题,就应该把回答的机会平均分配给全班的每个学生。应针对学生个人的水平,分别提出深浅各异的问题,使每个学生都有参与的可能,思维的积极性得到发挥。

三、提问技能的主要类型

提问技能主要包括以下类型:

（1）检验型提问。检验型提问又分为知识型提问与理解型提问两种。知识型提问是考查学生对概念、定理、法则等基础知识记忆情况的提问方式,是一种最简单的提问。对于这类提问,学生只需凭记忆回答。一般情况下,学生只是逐字逐句地复述学过的一些内容,不需要自己组织语言。简单的知识型提问限制学生的独立思考,没有给他们表达自己思考的机会。如果长期这样提问容易造成学生死记硬背的学习习惯,因此课堂提问不能局限在这一层次上。理解型提问是用来检查学生对已学的知识及技能的理解和掌握情况的提问方式,多用于某个概念、原理讲解之后,或学期课程结束之后。学生要回答这类问题必须对已学过的知识进行回忆、解释、重新组合,对学习材料进行内化处理,组织语言,然后表达出来。

因此,理解型提问是较高级的提问。学生通过对事实、概念、法则等的描述、比较、解释等,探究其本质特征,从而达到对学习内容更深入的理解。例如,用自己的话说出椭圆几种定义的本质,比较指数函数与对数函数的异同,都属于理解型提问。

(2)应用型提问。应用型提问,是指检查学生把所学的概念、法则和原理等知识应用于新问题情境时解决问题的能力水平的提问方式。例如,如何应用向量的方法证明某个不等式?举例说明均值不等式的应用;如何用千分尺测量一根金属丝的直径?结果是什么?

(3)分析型提问。分析型提问,是指要求学生通过分析知识结构因素,弄清概念之间的关系或者事件的前因后果,最后得出结论的提问方式。这类提问要求学生能辨别问题所包含的条件、原因和结果及它们之间的关系。学生仅靠记忆并不能回答这类提问,必须通过认真的思考,对学习材料进行加工、组织,寻找根据,进行解释和鉴别才能解决问题。这类提问多用于分析事物的构成要素、事物之间的关系和原理等方面。例如,比较等差数列与等比数列的异同;解决此类问题用了什么原理?

(4)综合型提问。综合型提问,是指要求学生发现知识之间的内在联系,并在此基础上使学生把教学内容中的概念、法则等重新组合的提问方式。这类提问强调对内容的整体性理解和把握,要求学生把原先个别的、分散的内容以创造性方式综合起来进行思考,找出这些内容之间的内在联系,形成一种新的关系,从中得出一定的结论。这种提问可以激发学生的想象力和创造力。

(5)评价型提问。评价型提问,是指要求学生运用定理和概念对解题思路、方法等做出价值判断,或者进行比较和选择的提问方式。评价型提问需要学生运用所学知识和各方面的经验,并融进自己的思想感受和价值观念,进行独立思考,才能回答。它要求学生能提出个人的见解,形成自己的思维方式,是最高水平的提问。例如,判断下列问题的解决方法是否正确,并说出理由;你对书中这样证明问题有什么看法?

四、提问技能实施时应注意的问题

提问技能实施时应注意以下几个方面的问题:

(1)设计提问应与教学目标、教学内容相结合。在设计提问时,教师最好能以学生感兴趣的方式提出问题。设计具有趣味性的问题,能够吸引学生的注意力,引发学生积极思考并主动参与到问题解决中,同时可以使学生从困倦的状态转入积极的思考中。教师设计提问时,应该服务于教学目标、教学内容,每个问题的设计都是实现特定教学目标、完成特定教学内容的手段,脱离了教学目标、教学内容,纯粹为了提问而提问的做法是不可取的。同时,设问还要抓住教材的关键,在重点和难点处设问,以便集中精力突出重点、突破难点。

(2)注意提问的方式与学生的实际情况相结合。为保证课堂提问的科学性,提问要直截了当、主次分明、围绕中心、范围适中、语言规范、概念准确。提问要从学生的实际情况出发,符合学生年龄特征、认知水平和理解能力;要启发大多数学生的思维,引发大多数人思考。教师应该针对不同水平的学生提出难度不同的问题,使尽可能多的学生参与回答,而且所提出的问题难易要适度,符合学生的"最近发展区";按教材和学生认识发展的顺序,遵循由浅入深、由易到难、由近及远、由简到繁的原则对问题进行设计,先提知识理解型问题,然后是分析、综合型问题,最后是创设评价型问题。这样安排提问可以大大降低学生学习的难度,使教学活动层层深入,提高教学的有效性,实现全体学生都能在原有基础上有所提高的目的。

(3)提问后要让学生充分思考并从不同侧面启发。注意提问的语速和停顿,提问后不要随意地解释和重复,要给学生一定的思考时间。一般来说,问题提出后应留出 3～5 秒的思考时间。当学生思考不充分或抓不住重点时,教师不要轻易代替学生回答或让学生坐下,应从不同的侧面、采取不同的方式给予启发或提示,培养他们独立思考的意识和解决问题的能力。另外,教师在提问时要保持谦逊和善的态度。提问时教师的面部表情、身体姿势以及与学生的距离、在教室内的位置等,都应使学生感到信赖和鼓舞,而不能表现出不耐烦、训斥、责难的态度,否则会使学生产生回避、抵触的情绪,从而阻碍问题的回答。

(4)教师要创设良好的提问环境。提问要在轻松的环境下进行,也可以制造适度的紧张气氛,以提醒学生注意,但不要用强制性的语气和态度提问。要注意师生之间的情感交流,消除学生过度的紧张心理,鼓励学生做"学习的主人",积极参与问题的回答,大胆发言。教师要耐心地倾听学生的回答。对一时回答不出的学生要适当等待,启发鼓励;对错误的或冗长的回答不要轻易打断,更不要训斥这些学生;对不作回答的学生不要批评、惩罚,应让他们听别人的回答。学生回答问题后,教师应对其发言做总结性评价,并给出明确的问题答案,使学生的学习得到强化。

(5)教师要正确对待提问的意外。有些问题,学生的回答往往出乎意料,教师可能对这种意外的答案是否正确没有把握,无法及时应对处理。此时,教师切不可妄作评判,而应实事求是地向学生说明,待思考清楚后再告诉学生或与学生一起研究。当学生纠正教师的错误回答时,教师应该态度诚恳、虚心接受,与学生相互学习、共同探讨。

第五节 其他数学课堂教学技能

数学课堂的教学技能除了导入技能、讲解技能、板书技能、提问技能,还有演示技能、变化技能、结束技能。本节就针对这些技能进行简要的解释和说明。

一、数学课堂的演示技能

(一)演示技能概述

数学课堂的演示技能,是指教师根据教学内容和学生学习的需要,运用各种教学媒体让学生通过直观感性材料,理解和掌握数学知识,解决数学问题,传递数学教学信息的教学行为方式。在数学教学中,由于数学自身的特点和信息时代对数学的要求,任何教学媒体的选择和使用,对数学教学信息的传播都有着十分重要的作用。随着教育的发展,现代教学技术设备的更新,中学办学条件的改善,常规的单靠黑板加板擦的教学媒体即将结束,随之而来的是常规媒体与现代媒体的有机结合。

　　由具体到抽象,由感性认识到理性认识,是人们认识一切事物的普遍规律。感性认识(或直接经验)是学生掌握书本知识的重要基础。教师传授的课本知识主要以抽象的语言文字为载体,而学生的直接经验是相对有限的,对于很多新知识的理解是有困难的。数学教学中运用直观演示手段,能够丰富学生的感性经验,减少掌握新知识尤其是抽象知识的困难。为了保证教学的效率与系统性,不可能让学生事必躬亲,从而有必要借助于直观演示。在教学中运用直观演示的手段,可以克服教学内容抽象、空洞、难于理解的缺点。人的思维发展是从形象到抽象的,中学生的思维需要具体、直观的感性经验来支持,进而达到抽象。因此,演示在中学数学课堂教学中得到广泛应用。如今,大量的新技术和新媒体进入教学领域,为教学演示提供了丰富的手段和材料,对教学方法改革起了极大的推动作用。

　　演示技能的运用能使学生获得生动而直观的感性知识,加深对教学内容的认识,把课本知识和实际事物联系起来,形成正确而深刻的概念;能使学生获得理解抽象知识必需的感性材料,减少学习抽象知识的困难;能够提高学生的实验操作能力;有助于培养学生的观察和思维能力,开发学生潜能,减轻学习的疲劳程度,提高教学效率;有助于提高学生学习的兴趣和积极性。

(二) 数学教学媒体的类型

　　数学课堂的教学媒体包括:常规媒体和现代媒体。常规媒体有教科书与图书、实物与模型、图表;现代媒体有幻灯、投影仪、计算机。

　　(1) 教科书与图书。数学教科书是按照数学课程标准编写的、形成学科体系的、具有内在逻辑性的文字教材,是教学信息的主要载体。

　　(2) 实物与模型。在数学课堂上,教师有时会利用一些实物以帮助学生建立抽象的概念、定理等。无论哪种实物都具有直观形象性或能够揭示数量特征。模型是物体形状的三维表现,它能以简洁明快的线条展示物体的内部结构,有助于学生空间想象能力的形成,常在几何教学中使用。

　　(3) 图表。数学中的图表是数学理论的生动描述,是数学模式之间联系的清晰展现。图表的正确使用可以揭示数量之间的关系,有助于学生发现其中的规律,也能够启发学生思维,寻找解题思路,把握知识结构,巩固所学知识。

　　(4) 幻灯和投影仪。幻灯和投影仪是最常用的光学投影媒体,能将静止的图画或字迹进行光学放大。幻灯片能如实地反映要表现的内容,在数学教学中主要可以提供物体的外形,以便于学生建立正确的物体形象。投影在数学课堂上除了能够展示教师设计的教学素材之外,还可以展示学生的成果,使学生有很大的成就感。

（5）计算机。计算机是一种具有交互作用的媒体，它以"刺激-反应"为基本模式，通过人机对话功能构成了媒体与刺激对象之间的交互作用。在所有的现代教学媒体中，计算机具有高速、准确的运算功能，能够记忆储存大量的教学信息，能将抽象的内容形象化，还能进行动态图像的模拟等。恰当地使用计算机技术，可以使其为教学服务，成为教师教学的有力工具，学生学的好帮手，学校教学改革的良好平台。

（三）演示技能实施时应注意的问题

演示技能实施时应注意以下几个方面的问题：

（1）演示的媒体要恰当。首先，要熟悉教学内容，明确教学内容的重点和难点，按照传统方式准备好教案；其次，要根据教学内容选择教学媒体，并考虑各种媒体综合运用的效果。并不是所有的教学内容都适合使用多媒体，只有适合用视听媒体来提高教学效率的关键性内容才使用它。不同的教学内容有时要用不同的媒体。

（2）演示的媒体内容要实用。教学媒体内容的设计要针对某个教学重点或难点，紧扣教学内容，切忌为追求视听效果而使媒体内容华而不实。外观精美的媒体内容固然能够吸引学生的注意力，但过于花哨，则会适得其反，使学生的注意力转移到媒体内容外观上，对其内容却没有留下深刻的印象。设计媒体内容时一定要充分考虑学生的认知规律，将完美的外在形式与实用的内容有机结合，这样才能真正有效地辅助教学。

（3）演示的时机要适当。要密切结合教学内容使用媒体，掌握适当的演示时机，过早的演示容易使学生产生依赖心理，而不再去积极想象所学内容的形状，演示过晚同样不利于学生的思维。数学教学中有命题、定理的推演过程，一般要求板演进行，如果想通过媒体演示则要求必须与讲解同步，最好是分步演示。

（4）演示必须与讲解技能相结合。为了使学生的观察更有效，教师在恰当地运用演示技能的同时，还要用简洁的语言适时地引导和启发学生思维，使其更好地掌握所观察的内容。媒体的演示要与语言讲解恰当结合。教师把媒体展示给学生之后，不做讲解只让学生自己观察的做法是不正确的。同样，在学生观察时，教师滔滔不绝地进行详尽的讲解，不给学生留下思考的余地，也是不可取的。讲解与演示有机地结合，讲解与学生的思维有机地结合，才体现了教师演示的教学艺术。

二、数学课堂的变化技能

（一）变化技能的概述

数学课堂的变化技能是教师的一种智力动作。变化技能，是指教师根据学生的反馈信息做出反应，不断调整教学信息输出，从而有效地控制教学系统的一种教学行为方式。它也是现今新课程改革中所提到的最新教学模式——生成性教学。数学课堂上教师运用变化技能的目的是，唤起学生的数学学习兴趣，形成生动活泼的课堂学习情境，增强学生学习本堂课内容的求知欲，调动学生学习数学的主动性。

（二）变化技能的类型

在实际课堂教学中，变化技能是丰富多彩的，从不同的角度可以分为不同的类型。我们尝试着把变化技能分为：声音的变化、节奏的变化、肢体变化、位置的变化等。

（1）声音的变化。声音的变化是指教师讲话的语调、音量、节奏和速度的变化。这些变化在吸引学生注意力方面具有显著效果，可使教师的讲解、叙述富有戏剧性或使重点突出。声音的变化还可用来暗示不听讲的学生，引起他们的注意。有经验的教师在把学生注意力吸引过来之后，用平稳低沉的语调进行讲解，学生会更加专心地听讲。而经验不足、缺乏训练的教师往往不会运用声音的变化，当课堂气氛热烈，学生议论某事时，为了使学生安静下来，他可能会加大音量说："别说话了！""请安静！"等，这种方法一般不会奏效，而且会影响学生的学习热情和教师威信。在讲解或叙述中适当使用加大音量、放慢速度可以起到突出重点的作用。

（2）节奏的变化。节奏的变化主要是指教师在讲解的过程中，适当地改变节奏以集中学生的注意力。一般来说，最常用的是停顿。停顿在特定的条件和环境下传递着一定的信息，是引起学生注意的有效方式。在讲述一个事实或概念之前做短暂的停顿，或在讲解中间插入停顿，都能引起学生的注意，有利于学生掌握重点和难点。停顿的时间一般为三秒左右，时间不宜过长。恰当地使用停顿，会使人感到讲解的节奏感而不觉得枯燥。

（3）肢体的变化。肢体的变化可以分为目光的变化、表情的变化、头部动作的变化。

① 目光的变化。眼睛是心灵之窗，它是人与人之间情感交流的重要方式。教学中教师应利用目光接触与学生，增加情感上的交流。作为教师，讲话时要与每个学生都有目光接触，这样会增加学生对教师的信任度，愿意听讲。从走进教室的一刻起，教师就要有意识地用自己和蔼、信任的目光，尽可能平均投向全体学生，这不仅会大大缩短师生间的心理距离，还会让每个学生有一种被重视感、被关注感，有利于师生间的情感交流。在教学中，切忌教师目光游离不定，注视天花板或窗户，这对师生交流非常不利。教师要善于用目光与学生的目光进行对话，将学生的活动"尽收眼底"，用目光施加影响。教师与学生目光接触的变化运用得好，会给学生留下深刻的印象。

② 表情的变化。在师生情感交流中，教师的表情对激发学生的情感具有重要作用。许多教师都懂得微笑的意义，他们即使在十分疲倦或身体不适的情况下，只要是一走进教室也总是面带微笑，学生会在教师的微笑中感受到教师对他们的关心、爱护、理解和友谊。在师生之间的情感交流中，学生会从爱教师、爱上教师的课到欣然接受教师对他们的要求和教育。

③ 头部动作的变化。教师的头部动作可以传达丰富的信息，是与学生交流情感的又一种方式。在与学生交流的过程中，学生可以从教师的点头动作获得回答问题或调整回答的鼓励。教师这样做既鼓励了学生又不中断学生的回答，使学生感受到良好的民主气氛。教师不满意学生的回答或行动时可以利用摇头、耸肩和皱眉等方式来委婉地表达自己的情感。

这比用语言直接表达更易于学生接受,更富于表现力。

(4) 位置的变化。位置的变化是指教师在教室内身体的移动。它有助于师生情感的交流和信息的传递。如果教师总站在一个位置,课堂会显得单调而沉闷。恰当地运用身体移动能激发学生的学习兴趣,引起注意。教师在讲课时由于板书和讲解的需要在黑板前走动,但不要变化太大,否则学生听课容易分心。在学生回答问题、做练习、讨论、做实验时,教师在学生中间走动,这样可以密切师生关系,还可以进行个别辅导、解答疑难、检查和督促学生完成学习任务。

(三) 变化技能实施时应注意的问题

变化技能实施时应注意以下几个方面的问题:

(1) 根据教学目标选择变化技能。在设计课堂教学时要针对不同的教学目标确立具体的变化。要充分认识教师的教态对学生的教育作用及情感上的激发作用,每一次教学上的变化都应该有着明确的目的,不能为变化而变化,将变化当成终极目标显然是本末倒置。

(2) 根据学习任务特点设计变化技能。选择变化技能时要符合教学内容和学习任务的特点,要有利于发展学生的数学能力,培养学生的学习兴趣。变化是引发学生动机、兴趣的武器,必须要围绕学生的学习特点设计各种变化。针对不同的学生运用不同的变化,语言和非语言行为变化的运用必须明白、准确,使学生理解才能发挥最大的效用。

(3) 变化技能之间、变化技能与其他技能之间的衔接要流畅。在教学设计中,各种变化的设计需要其他技能的共同配合,需要考虑技能之间的链接,防止生硬地过渡。有时表情、目光及头部动作是不可分割的整体。

(4) 变化技能的应用要有分寸,不宜夸张。变化技能是引起学生注意的方式,在引起学生注意之后,立即进入教学过程中,此时的变化技能要慎重使用,否则会分散学生的注意力。例如,学生做题时,教师不要有太大的动静,以免影响学生的思考。

三、数学课堂的结束技能

(一) 结束技能的概述

一堂好课,不仅应当有良好的开端,还应该有耐人寻味的结尾。教师应当合理安排课堂教学的结束,精心设计一个"言有尽而意无穷"的课堂结语,做到善始善终,给课堂教学画上完整的句号。结束技能,是指教师在一个教学内容结束或一堂课的教学任务终了时,有目的、有计划地通过归纳总结、重复强调、实践等活动,使学生对所学的新知识、新技能进行及时地巩固、概括、运用,把新知识、新技能纳入原有的认知结构,使学生形成新的完整的认知结构,并为以后的教学做好过渡的一类教学行为方式。一般来说,一堂课要经历几个教学阶段,每一阶段都有各自的特点和任务,其中有主有次,而且后面的教学活动往往冲淡了前面的学习内容,学生一时难以形成完善的知识结构。通过恰当的结束语,可以帮助学生做一番简要的回忆和整理,理清知识脉络,便于学生把握教学重点,使学生容易从复杂的教学内容中简化储存的信息。结束语其实是一种"及时回忆"。知识的再次重复、深化,会加深记忆。依据教育心理学家的研究,课堂及时回忆要比 6 小时后回忆,效率高出 4 倍。课堂教学有时要利用几个课时才讲完一个完整的教学内容,这就要求教师在做教学设计时,使结束语既要对本堂课的教学内容进行总结概括,又要为下一堂课或以后的教学内容做好铺垫。

(二)结束技能实施的方法

教学结束的具体方法多种多样,以下是常用的一些方法,教师可以根据不同教学内容和不同年龄段的学生灵活选用:

(1)练习法。练习法,是指通过让学生完成练习、作业的方式结束课堂教学的方法。这是最简单最常用的一种结束方式。教师通过精心设计的练习题,趁热打铁,既使学生所学的基础知识、基本技能得到巩固和运用,又使课堂教学效果得到及时的反馈。

(2)比较法与归纳法。比较法,是指对教学内容采用辨析、比较、讨论等方式结束课堂教学的方法,意在引导学生将新学概念与原有认知结构中的类似概念或对立概念,进行分析、比较,既找出它们各自的本质特征,又明确它们之间的内在联系和异同点,使学生对内容的理解更加准确、深刻,记忆更加牢固、清晰。归纳法,是指教师引领学生以准确简练的语言对课堂讲授的知识进行归纳、概括、总结,梳理讲授内容,理清知识脉络,突出重点和难点,归纳出一般的规律、系统的知识结构的结束方法。它可以在一堂课结束时运用,也可以在有联系的几堂课结束后运用。

(3)提问法与答疑法。提问法,是指在课堂教学结束时,教师围绕着教学内容进行口头提问,让学生回答,然后教师或其他学生再根据回答的情况进行必要的修正和补充的结束方法。需要指出的是,口头提问必须针对要点、难点和关键点,切忌走题。答疑法,是指在新内容讲完后让学生提出问题,教师和学生一起回答问题的结束方法。这种方法主要是让学生提出一些不太明白的问题,然后采用启发引导的方式,帮助学生理解与解决问题。运用这种方法结束课堂教学,要求教师具有较高的教学调控能力,能引导学生提出与教学内容相关的问题,并能引导学生对所提问题做出贴切的回答。

(4)承上法与启下法。承上法,是指教学结束与起始相呼应,使整个教学过程前后照应的结束方法。承上的内容包括开头设置的悬念、问题、困难、假设等,是悬念则释消,是问题则解决,是困难则克服,是假设则证实或证伪。承上法使教学表现出更强的逻辑性,让学生豁然开朗、茅塞顿开,同时还使学生产生一种"思路遥遥、惊回起点"的喜悦感,有助于增强学生进一步学习的兴趣。启下法,是指课堂教学结束时,教师选择时机设置悬念,引发学生探究欲望的方法。课堂在扣人心弦处戛然而止,教师给出"欲知后事如何,且听下回分解",引发学生产生继续探究的强烈愿望,为后续教学奠定良好的基础。

(5)发散法与拓展法。发散法,是指引导学生对教学过程中得出的结论、命题、定律等进行进一步的发散性思考,以拓宽知识的覆盖面和适用面,并加深学生对已讲知识的理解的结束方法。这种方法可使教学的主题、内容得到进一步拓展,具有培养学生发散的创造性思维的作用。拓展法,是指在总结归纳所学知识的同时,与其他科目或以后将要学到的内容或生活实际联系起来,把知识向其他方面扩展或延伸的结束方法。这种方法可以拓宽学生的知识面,激发学生学习、研究新知识的兴趣。

（三）结束技能实施时应注意的问题

结束技能实施时应注意以下三个方面的问题:

（1）自然贴切,水到渠成。课堂教学结束是一堂课发展的必然结果,它既反映了课堂教学内容的客观要求,又是课堂教学自身科学性的必然体现。教师在教学过程中,要严格按照课前设计的教学计划,使教学过程由前而后依次进行,力求做到有目的地调整课堂教学的节奏,使课堂教学的结束自然妥帖,水到渠成。

（2）语言精练,紧扣中心。课堂教学结束的语言一定要少而精,紧扣本堂课教学的中心,梳理知识,总结要点,形成知识网络结构,要干净利落地结束全课,使之达到总结全课、首尾呼应、突出重点、深化主题的作用,让学生的认识产生一个飞跃。有句格言说得好:"没有结束语的结尾贫乏无力,可是没完没了的结尾则令人生畏。"课堂教学的结束语切忌冗长、拖泥带水,而应高度浓缩,画龙点睛。教师应该在结束前的几分钟内,以精练的语言使讲课的主题得以提炼升华,使学生对课堂所学知识有一个既清晰完整又主题鲜明的认识。

（3）内外沟通,立疑开拓。在学校教学中,课堂教学只是教学的基本形式,而不是唯一的组织形式。为了充分发挥各种教学组织形式在培养学生中的协同作用,课堂教学结束时,不能只局限于课堂本身,还要注意课内与课外的互动,数学学科课程与数学活动课程的联系,以及数学学科课程与其他学科课程的沟通,以此拓宽学生的知识面。

思考题十一

1. 有人说:"与其花时间用于课堂导入,还不如把精力用于探讨教学的核心内容。"你如何评价这个观点?

2. 请对等比数列前 n 项和公式的推导设计一个你的讲解方案。

3. 听老教师一堂课,将他在课堂上所使用的各种变化技能记录下来,课后向他请教采用各种变化的原因及效果。

4. 针对某个数学教学内容,设计出不同层次的提问。

5. 数学课的结束有哪些方法?如何使用这些方法?

本章参考文献

[1] 王秋海.数学课堂教学技能训练[M].上海:华东师范大学出版社,2008.

[2] 金井平.微格数学教学教程[M].长春:东北师范大学出版社,1997.

［3］中华人民共和国教育部.义务教育数学课程标准（2011年版）［M］.北京：北京师范大学出版社,2012.

［4］中华人民共和国教育部.普通高中数学课程标准（2017年版）［M］.北京：人民教育出版社,2018.

［5］傅道春,齐晓东.新课程中教学技能的变化［M］.北京：首都师范大学出版社,2003.

［6］田中,徐龙炳,张奠宙.数学基础知识、基本技能教学研究探索［M］.上海：华东师范大学出版社,2003.

［7］孟宪凯.教学技能有效训练——微格教学［M］.北京：北京出版社,2007.

［8］张奠宙,李士锜,李俊.数学教育学导论［M］.北京：高等教育出版社,2003.

中学数学教育测量与评价

> 本章介绍中学数学命题与考试以及数学学习评价的相关知识,主要内容包括:中学数学试题的类型,命题的原则与标准,试题的编制工作,考试成绩的统计分析,数学学习评价的功能、类型、方法等。

第一节　中学数学命题与考试

中学数学的成绩考核主要有考查与考试两种基本类型。考查,是指通过课堂提问、板演、检查书面作业以及单元测验,及时了解学生的学习情况,以决定教学的起点与进度、教学内容的深度与广度的考核方式。考试包括期中考试、期末考试和毕业考试,是对学生学习情况全面、总结性的检查,是评定学生学习成绩的主要依据。

考试可分为口试、笔试、实践操作三种,笔试又可分为开卷与闭卷考试两种方式。闭卷考试的关键在于命题。

一、中学数学试题的类型

数学试题按照不同的标准,可以分为不同的类型。在标准化考试中,按照试题的正确答案是否唯一,评卷给分是否客观,可以把试题分为客观性试题和主观性试题两种类型。

(一) 客观性试题

所谓客观性试题,就是正确答案唯一,不论由谁评卷都只能给出同一个分数的试题。是非题、选择题、配对题、填空题等一般都属于客观性试题。

客观性试题适应性强,既能考查学生对数学知识的理解水平,又能考查解题技能水平,具有容量大、覆盖的知识面广,评分统一、客观、标准等优点。但是,这类试题难以考查学生综合运用数学知识分析和解决实际问题的能力,也难以考查完整的推理能力及文字表达能力。而且,对于是非题、选择题和配对题,学生在解答时往往可以借助非数学方法解答,甚至随意猜测,在一定程度上影响考试的信度和效度(具体定义见本章第二节)。

(二) 主观性试题

所谓主观性试题,就是正确答案可用多种方式表达,评卷教师凭主观经验给分的试题。问答题、改错题,计算题、应用题、作图题、证明题、阅读题等大多都属于主观性试题。

主观性试题既适于考查学生掌握数学基础知识和基本技能的水平,又适于考查学生灵活运用数学知识分析和解决问题的能力。同时,通过试卷还可以了解学生的书面表达能力。但是,这种试题解答费时,每次考试的题数偏少,覆盖的知识面较窄,评分较困难,标准不易统一。

近年来,数学试题发生了许多变化,一些新的题型逐步取代旧的题型,某些传统题型也有了新的改进。这里结合中学数学考试改革情况,对应用题、探索题和开放题的结构和功能做一些介绍:

(1) 应用题。应用题一般是指需要运用数学知识和数学方法来解决的实际问题或其他学科中的问题。解答应用题,有助于培养学生应用数学知识的能力、分析和解决实际问题的能力。经过多年的改革实践,加强数学与实际的联系,现已成为数学教学的一个重要的指导思想,应用题正在以新的面貌进入学校的数学教育与考试之中。

(2) 探索题。探索题一般是指结论不太明确,或条件不够完备,要求通过观察、试验、分析、比较、类比、归纳,猜想出题目的结论或条件,然后加以严格的证明的数学问题。

中学数学中的探索题,常见的有以下三种类型:① 题中只给出条件,没有给出明确的结论,或者结论不确定,要求探求结论,并加以证明;② 题中只给出结论,没有给出完备的条件,要求确定应当具备的条件,并加以证明;③ 改变已知问题的条件,探求结论相应地会发生什么变化;④ 改变已知问题的结论,探求条件相应地需要发生什么变化。探索题具有思辨性,富于创造性。在解题过程中,不仅需要微观上严谨的逻辑推理,更需要宏观上灵活的策略创造。因此,从一定意义上说,探索题更接近于社会生产和科学研究的实际,合乎科学的认识规律。

(3) 开放题。开放题一般是指没有标准的终结答案,用以培养发散思维的数学问题。开放题的主要特征,在于其答案不是唯一的,有时甚至是难以穷尽的。开放题没有现成解法,也没有标准的终结答案,所以在教学中有其特定的功能。学生在解题过程中可以形成积极探究和创造的心理态势,对数学本质产生新的领悟。开放题是在"问题解决"的实践中逐步形成的。美国在中小学数学教学中已采用开放题,日本从 20 世纪 70 年代开始就对开放题进行了深入研究和广泛试验,我国则在近几年才开始进行教学试验。

二、中学数学命题的原则和标准

设计数学试题,是一项艰苦、细致的创造性工作,涉及数学的基础知识、基本技能和思想方法,还涉及题目的层次要求、难度和区分度等多方面的因素。这里主要就题目的科学性问题,讨论设计数学试题应当遵循的基本原则。从逻辑结构上来分析,设计数学题应当遵循准确性、完备性、相容性和独立性等基本原则。

(一)准确性原则

准确性原则有三方面的含义:一是题目的叙述必须清楚、准确,不能模棱两可;二是题中所涉及的概念或记号必须是教材中已定义或规定的,如需使用教材以外的概念、记号,必须在题目中加以阐明;三是题中的已知数据和结论数据必须合乎实际情形,不能脱离实际随意编造。如果违反准确性原则,那么设计出来的题目,就会使学生在认识上产生歧义,导致思维混乱。

(二)完备性原则

完备性原则,是指题目的条件必须充分,在给定的知识范围内足以保证结论成立或问题可解。违反完备性原则,将导致所设计的数学题错误或无法解答。

(三)相容性、独立性原则

相容性原则,是指题目的条件与条件之间不能互相矛盾,条件与结论之间不能互相矛盾,条件与定义、公理、定理之间也不能互相矛盾。违反相容性原则,设计出来的题目必是一个假命题或无解题。独立性原则,是指试题题设中给出的条件彼此之间是独立的,不允许有相互包含或重复的情况发生。通常把独立性叙述为"条件必须是独立的、最小的",并将其作为数学试题科学性的一个标准。例如,"在$\triangle ABC$中,$\angle A:\angle B:\angle C=1:2:6$,求证:$\dfrac{a}{b}=\dfrac{a+b}{a+b+c}$"的条件就不是独立的、最小的,其中条件"$\angle A:\angle B:\angle C=1:2:6$"实际上可以减弱为"$\angle A:\angle B=1:2$"。

相容性强调的是各个条件之间的不矛盾性,而独立性则是强调题设的"最佳",即简单、经济,二者各有所侧重。对于后者,为了降低试题的难度,有时可以保留一些多余的条件。尤其对于那些专门考查"信息分析和处理"的试题以及一些"开放题"来说,"条件多余或条件不足"往往是特意构思的结果。这些类别的试题近年来常常用于日常的数学考试中。

关于命题的标准,从定性要求,其标准为:注重基础,构思严谨,敞开思路,不落俗套,又能考查学生的真实数学能力。从定量要求,其标准为:坡度平缓,层次分明;覆盖全面,重点突出;难度适中,区分度强;信度要高,效度要好。

三、中学数学命题的步骤

（一）明确考试的目的

明确考试的目的就是明确测验主办者通过考试希望获得的信息。这种信息包括学生的学习状态、学习水平在学生群体中所处的位置，以及教学的效果等。可以通过以下途径明确考试目的：

（1）通过明确考试的性质来明确考试的目的。在教学开始阶段有预测性测验（即摸底测验），在教学期间有形成性测验和诊断性测验（即单元测验、阶段测验），在结束阶段有总结性测验（即期末测验、毕业测验）。

（2）通过明确考试的知识容量来明确考试的目的。一般说来，要明确学生已学的所有知识中哪些是考试应涉及的。例如，学完"排列、组合、二项式定理"后的考试，可以是只涉及该单元知识的考试，也可以是兼顾已学过的其他单元内容的考试。

（3）通过明确考试的综合程度来明确考试的目的。一般而言，从单元测验、阶段测验、期末测验、会考到升学考试，其考试题的综合程度呈递增趋势。

（二）编制考试方案

根据考试的目的与要求所编制的考试方案，通常是通过制订一张双向细目表来体现的。它主要包括以下几部分内容：

（1）选定测验的知识载体。测验题的结构形式是由相应的数学知识表述的，并且对同一教学目标水平的测验题可用不同的数学知识加以表述。表述测验题的数学知识称为测验的数学知识载体。数学考试的内容决定后，通常要选定测验的数学知识载体：把测验所涉及的内容逐步分解到数学教学大纲所规定的知识点，然后选择适量的、重要的知识点作为测验的数学知识载体。

（2）预定测验的时间。预定测验的时间应大于实际作答的时间，让学生有时间验算自己的解答，以提高测验的真实性。

（3）确定试卷所要测量的能力。这里的能力，是指学生通过学习在认知行为上所要达到的目标。在命题时，应适量减少选择题、填空题的题量；适度增加试题的思维量；关注内容与难度的分布、数学学科核心素养的比重与水平的分布；努力提高试卷的信度、效度和公平性。

（4）选取题型，分配分数。如果要考查解答的最终结果是否正确，则可选用填空题、是非题、选择题等客观性试题。在命题时，应有一定数量的应用题，还应包括开放题和探究题，重点考查学生的思维过程、实践能力和创新意识；问题情境的设计应自然、合理。开放题和探究题的评分应遵循满意原则和加分原则，达到测试的基本要求视为满意，对有所拓展性或创新性的可以根据实际情况加分。在编制应用题、开放题和探究题时，要注意公平性和阅卷的可操作性。

（5）编制标准答案，给出评分标准。

四、中学数学试题的编制

（一）编制数学试题的要素

数学试题的编制过程，其实质就是安排考查内容和考查目标，设计考查方法，预测考查的效果。数学试题的编制是一门技术，又是一门艺术。在中学数学试题的编制过程中，有许多因素需要考虑。以下是几个主要的因素：

（1）试题的立意。试题的立意是命题的开始，是决定试题价值的根本因素与关键所在。立意就是确立一道题目要考查什么的意图。从整卷来讲，立意主要表现为三大形式：知识性立意；能力性立意；发展性立意。

知识性立意，着重强调的是对知识掌握情况的考查，以知识的达成度为评价目标，对某一位置的题目所要考查的知识点有明确的规定，同时整卷中特别强调知识点的覆盖率。通常，在双向细目表一经制订后一般不容许做过多的改动，题型也相对固定。

能力性立意，是以知识性立意为基础的，但所强调的是以对能力的考查统帅对数学"双基"的考查，从整卷的设计到每道试题的设计都把能力因素放在重要的位置上加以审视。当然，这不是说每道试题都要在能力上把学生加以区分开来，而是说要清晰地知道每道试题对于数学各种不同层次、不同类型的能力——从识记到理解、从掌握到灵活运用、从模仿到创新等的考查上所做的贡献。在试卷设计时要有个整体性的知识目标与能力目标。在试题的编制过程中，双向细目表的制订与完成是一个从粗到细的、动态的、不断完善的过程。

发展性立意，包含了知识性立意与能力性立意，但同时又比知识性立意与能力性立意提升了一个层次，它强调的是考试不仅要考查学生的知识水平与能力水平，还应能有效地评价学生的发展状态、发展水平，还应具有促进学生发展的功能。例如，试题应当适当地反映时代内容，渗透人文精神，等等。因此，发展性立意应当成为中学数学命题新的指导思想。

（2）试题的位置难度。试题的难度是试题编制过程中的一个重要控制指标。在试卷整体难度之下，设计一个从前至后的适当的难度分布是非常重要的。命题时，命题者应以试题所在位置的预定难度为参照进行命题，那么在编题、审题时就不会出现大的反复，就会提高命题的效率。

（3）试题的素材。素材是命题的基础，不同类型、不同位置的题目通常需要不同的素材。只有收集、寻找到一定量的好的素材或可借鉴的素材之后，才有可能编制出适宜的试题。否则，完全靠苦思冥想，就困难重重了。

（4）试题的表达方式。编制试题时，适宜的表达是一个细活，需要精益求精的功夫。试题表达得好，语言既简明易懂又科学，图形配置得漂亮，就有利于学生发挥水平，提高试题的效度。

在明白了编制试题的四个主要因素之后，就可以考虑试题的编制方法了。正如道路多多,任你选择一样,对数学试题的编制也各有各的方法,各有各的风格和独特思想,可以根据具体需要进行选择。

(二) 数学试题编制的基本工作

1. 选题

选题就是选用某些现成的题目作为试题。选题的原则是：题目所设计的内容和形式具有普遍的代表性;题目的内容能代表数学知识的重点,题目的形式新颖、完美;题目的素材具有普适性。

选题要有明确的指向,即所选择的题目,对于知识深度、广度的要求以及对解法所涉及的数学思想方法等的要求,都能服务于考查目的。同时,选题对于学生未来的学习具有鲜明的导向性。为此,选题必须关注试题对学生数学学习的激励功能和改进功能。

2. 改题

改题就是以一道现成的题目为基础,将其改造成一道适用的试题。例如,在开放题的改造过程中,下面的方法经常使用：弱化试题的条件,使其结论多样化;隐去试题的结论,使其指向多样化;在给定的条件下,探求多种结论;给出结论,寻求使结论成立的充分条件;比较某些对象的异同点;利用不同知识的联系与区别进行推广或类比;考虑原命题的逆命题以及在实际情境中寻求多种解法与结论。

事实上,近年来不少高考题和中考题就是对课本原题的变型、改造及综合,有的将课本上的题目改造,直接考查数学概念,有的将题目的外在的设问形式加以改造,着重考查思维能力,而未改变原来的思想意图,却减少了运算量,体现了试卷的整体设计思想。其实,教材丰富的内涵是编制数学试题的主要来源。例如,将直线方程代入圆锥曲线方程,整理成一元二次方程,再利用根的判别式、求根公式、韦达定理、两点间距离公式等可以编制出很多精彩的试题。

3. 编题

编题是指命题者根据命题要求编制新颖试题。多年来,我国中学数学命题领域积累了多种具体的编题技术和方法。对于知识与技能,要关注能够承载相应数学学科核心素养的知识和技能,层次可以分为了解、理解、掌握、运用以及经历、体验、探索。在命题中,需要突出内容主线和反映数学本质的核心概念、主要结论、通性通法、数学应用和实际应用;应特别关注数学学习过程中思维品质的形成,关注学生会学数学的能力。编题主要有以下方法：

(1) 改编陈题。习惯上把教科书中的例题、习题和其他各类书刊上已有的题目称为陈题。根据陈题编制试题,所得的试题源于陈题,有新意,对考生的要求针对性较强。它是编制试题的一种常用方法。改编陈题常用的方法有以下三种：

① 变更结论法。这种方法是保持陈题的条件不变,变更陈题的结论。其方式有以下几种：将陈题的结论特殊化;将陈题的结论作为中间结果;将陈题的结论作等价变换。

② 变更条件法。这种方法是保持陈题的结论不变,变更陈题的条件。其方式有以下几种:将将陈题的条件特殊化;将陈题的条件一般化;陈题的条件作等价变换。

例如,将"已知 θ 是实数,关于 x 的二次方程 $x^2-2(\sin\theta-2)x+3\cos2\theta=0$ 的两根是 α,β,求 $\alpha^2+\beta^2$ 的最大值与最小值"改造为"已知关于 x 的二次方程 $x^2-2(\sin\theta-2)x+3\cos2\theta=0$ 的两根是 α,β,分别就 $\theta\in\mathbf{R}$;$\theta\in[0,\pi]$;$\theta\in[\pi/4,\pi/2]$ 三种情况求 $\alpha^2+\beta^2$ 的最大值与最小值"。

③ 同时变更陈题的条件和结论编制试题。这种方法同时变更陈题的条件、结论,是一种比较有效的编题方法。有以下几种方式:通过类比关系编制试题,即将陈题的知识背景与另一知识背景建立类比关系,从而编制类似的试题(试题的正确性用另外途径加以证明);将陈题的条件和结论同时一般化;将陈题的条件和结论同时特殊化;交换陈题中的条件和结论;以陈题作为解题依据编制试题;形数转化编制试题,这是一种将几何问题转化为代数问题,或将代数问题转化为几何问题,来编制试题的方法。

例如,将"当 x 为何值时,$\sqrt{(x+1)^2+(y-2)^2}+\sqrt{(x-4)^2+(y-2)^2}$ 最小?"转化为几何命题来求解。

(2) 编制新题。编制新题常用的有以下两种方法:

① 利用实际问题编制新题。它是指从实际问题中抽象出新数学问题的编制试题方法。这类试题的目的是为了考查学生灵活运用所学数学知识分析和解决问题的能力,而解答这类试题的关键是从所学的数学知识中选取合适的数学知识,将实际问题数学化。因此,这类题对于培养学生的创新思维和实践能力很有实际意义。编制这类试题时,应先选定日常生活中的事实作为背景,然后用合适的数学语言来表述它。

② 利用数学自身问题编制新题。利用已学过的数学命题间的不同组合进行逻辑推导,是编制新题的主要方法。具体有以下方式:由给定的条件确定结论编制新题,即先给出题目的已知条件,由已知条件推出其结论,然后比较其中独立结论得到的途径,以确定作为新题的结论;由给定的结论确定条件编制新题,即先给定结论,再寻找结论成立的充分条件,然后比较其中独立条件得到的途径,以确定新题的条件;以高等数学知识为背景编制新题,即以高等数学的思想和知识为背景,通过把高等数学中的问题初等化可以编制新题。

第二节 考试成绩的统计分析

在中学数学教育测试中,通常学业考试分为常模参考性测验与目标参考性测验两种。前者主要用来说明学生的相对等级(相对评分)、在集体中所处的位置,其主要功能是给学生分类排队,常用于校内编班、编组的选拔;后者主要用来说明教学目标达到的程度(绝对评分),它不是与人,而是与标准、教材所提出的教学目标进行比较的。显然,这两种测验对编制试题的要求不同,对测验结果的解释也不一样。

这里,我们主要介绍对常模参考性测验所得的分数进行整理和分析的方法。

一、考试成绩的统计

(一) 平均数、中位数与众数

平均数、中位数与众数这三个统计量的相同之处主要表现在:都是用来描述数据集中趋势的统计量;都可用来反映数据的一般水平;都可用来作为一组数据的代表。因此它们都可用来了解某次测试学生成绩的大致情况。但它们又有所区别,主要表现在以下方面:

1. 定义和求法不同

平均数:一组数据的总和除以这组的数据个数所得到的商叫作这组数据的平均数。它需要计算才能求出。

中位数:将一组数据按大小顺序排列,处在最中间位置的数叫作这组数据的中位数。将数据按照从小到大或从大到小的顺序排列,如果数据个数是奇数,则处于最中间位置的数就是这组数据的中位数;如果数据的个数是偶数,则中间两个数据的平均数是这组数据的中位数。它的求出不需或只需简单的计算。

众数:在一组数据中出现次数最多的数叫作这组数据的众数。一组数据中出现次数最多的数,不必计算就可求出。

2. 呈现和代表不同

平均数:它是一个"虚拟"的数,是通过计算得到的,不是数据中的原始数据。它能反映一组数据的平均大小,常用来代表一组数据的总体"平均水平"。

中位数:它是一个不完全"虚拟"的数。当一组数据有奇数个时,它就是该组数据排序后最中间的那个数据,是这组数据中真实存在的一个数;但在数据个数为偶数的情况下,中位数是最中间两个数据的平均数,它不一定与这组数据中的某个数据相等,此时的中位数就是一个虚拟的数。它像一条分界线,将数据分成前半部分和后半部分,因此用来代表一组数据的"中等水平"。

众数:它是一组数据中的原数据,是真实存在的。它反映了出现次数最多的数据,用来代表一组数据的"多数水平"。

3. 特点不同

平均数:它与每一个数据都有关,其中任何数据的变动都会相应引起平均数的变动,其主要缺点是易受极端值的影响。这里的极端值是指偏大或偏小的数,当出现偏大的数时,平均数将会被抬高;当出现偏小的数时,平均数会被降低。

中位数:它与数据的排列位置有关,某些数据的变动对它没有影响;它是一组数据中间位置上的代表值,不受数据极端值的影响。

众数:它与数据出现的次数有关,着眼于对各数据出现的频率的考查,其大小只与这组数据中的部分数据有关,不受极端值的影响,其缺点是具有不唯一性,一组数据中可能会有一个众数,也可能会有多个或没有众数。

4. 作用不同

平均数:它是统计中最常用的数据代表,比较可靠和稳定,因为它与每一个数据都有关,反映出来的信息最充分。平均数既可以用来描述一组数据本身的整体平均情况,也可以用来作为不同组数据比较的一个标准。因此,它在生活中应用最广泛,比如我们经常所说的平均成绩、平均身高、平均体重等都是平均数。

中位数:用它作为一组数据的代表,可靠性比较差,因为它只利用了部分数据。但当一组数据的个别数据偏大或偏小时,用中位数来描述该组数据的集中趋势就比较合适。

众数:用它作为一组数据的代表,可靠性也比较差,因为它也只利用了部分数据。在一组数据中,如果个别数据有很大的变动,且某个数据出现的次数最多,此时用众数表示这组数据的集中趋势就比较适合。

通常中位数比平均数容易确定,且考试中出现过高或过低分数时,则中位数比平均数更能反映考试的实际情况。

(二) 标准差与方差

虽然平均数与中位数能反映班级或小组的学习成绩,但仅有这两个特征量显然是不够的。例如,A,B 两个组各有 6 名学生参加同一次数学测验,A 组的分数为 95,85,75,65,55,45;B 组的分数为 73,72,71,69,68,67。这两个组的平均分数都是 70,但这两个组的情况大不相同,甲组的成绩很不整齐,乙组的成绩彼此相差很小。为此,必须考虑反映分数的离散程度的量——标准差与方差。

一组数据中各数据与其平均数的差的平方的平均数叫作该组数据的方差,其计算公式为

$$S^2 = \frac{1}{n}\left[(x_1 - \bar{x})^2 + (x_2 - \bar{x})^2 + \cdots + (x_n - \bar{x})^2\right],$$

其中 S^2 表示方差,$x_i(i=1,2,\cdots,n)$ 为各数据值,$\bar{x}$ 表示这组数据的平均数。

方差的算术平方根叫作标准差。标准差 S 的计算公式为

$$S = \sqrt{\frac{1}{n}\left[(x_1 - \bar{x})^2 + (x_2 - \bar{x})^2 + \cdots + (x_n - \bar{x})^2\right]}.$$

不难算得,以上甲组成绩的标准差为 23.96,而乙组成绩的标准差仅为 3.16。这说明标准差越小就越稳定。

二、试题与试卷的难度和区分度

(一) 试题与试卷的难度及其计算

试题的难度,是反映试题难易程度的数量指标。数学试题按照记分方法的不同,可分为二分法记分的试题和非二分法记分的试题两种类型,即客观性试题与主观性试题。

1. 客观性试题的难度计算

客观性试题的记分只有"对"和"错"两种情况，以通过率来计算该试题的难度，其公式是

$$P = \frac{n}{N} \times 100\%,$$

式中 P 表示难度，N 为全体考生数，n 为答对或通过该试题的考生数。

例如，某班 50 名考生中，答对某一试题有 26 人，则该试题的难度为 0.52。

当考生人数很多时，用上述方法比较麻烦，可以将考生依照总分从高到低排列，然后将总分最高的 27% 和最低的 27% 的考生分别定为高分组和低分组，分别计算两组的通过率，然后用下式计算该试题的难度：

$$P = \frac{1}{2}(P_H + P_L),$$

式中 P_H 和 P_L 分别为高分组与低分组的通过率。

例如，在 100 名考生中，高分组与低分组各有 27 人，其中高分组有 20 人答对某一试题，低分组有 10 人答对该试题。高分组、低分组的通过率分别为

$$P_H = \frac{20}{27} = 0.74, \quad P_L = \frac{10}{27} = 0.37,$$

则该试题的难度为

$$P = \frac{1}{2}(0.74 + 0.37) = 0.56。$$

2. 主观性试题的难度计算

主观性试题的记分有多种可能，只要答对一部分就给予一定的分数，其难度的计算公式是

$$P = \frac{\bar{x}}{x} \times 100\%,$$

式中 P 表示难度，x 表示某一试题的满分值，$\bar{x}$ 表示所有的考生解答该试题所得的平均分。

例如，某一试题满分为 20 分，学生解答该试题所得的平均分为 12 分，则该试题的难度为 0.60。

当考生人数很多时，主观性试题可采用下式计算试题的难度：

$$P = \frac{X_H + X_L - 2NL}{2N(H-L)},$$

式中 X_H 为高分组（总分最高的 27% 考生）所得的总分，X_L 为低分组（总分最低的 27% 考生）所得的总分，H 和 L 分别为考生解答该试题时的最高得分和最低得分，N 为考生总人数的 27%。

例如，在 100 名考生中，对某一满分为 10 分的试题，高分组 27 人解答该试题共得 221 分，低分组 27 人解答该试题共得 135 分，该试题的最高得分和最低得分分别为 10 分和 3 分，则该试题的难度为

$$P = \frac{221 + 135 - 2 \times 27 \times 3}{2 \times 27 \times (10-3)} = 0.51。$$

3. 试卷难度的计算

试卷的难度是指一份试卷的总体难易程度。试卷的难度是由试卷中每道试题的难度决定的,用下式计算:

$$P = \frac{1}{W} \sum_{i=1}^{N} P_i W_i,$$

式中 W 是试卷的满分值,P_i 和 W_i 分别为第 i 道题的难度和满分值,N 是试卷题目的总数。

需要说明的是,上述难度 P 的值越大,表明试题越容易;P 的值越小,表明试题越难。这和通常意义的"难度"正好相反。因此,也有人主张用 $Q = 1 - P$ 表示难度,这样 Q 的值大,则难度高(试题难);Q 的值小,则难度低(试题易)。实际应用时,应注意难度 P 和 Q 的意义,以免混淆。

难度的选取应与考试的目的与性质相适应,一般考试的难度选取以 0.6~0.8 为宜。

(二) 试题与试卷的区分度及其计算

试题的区分度(鉴别度),是指试题对考生实际水平的区分程度的数量指标。区分度的取值范围介于 -1.00 和 $+1.00$ 之间,通常用 D 表示。D 的值越大,试题的区分能力越强。当 D 为正值时是积极区分,即高分组通过率高,低分组通过率低,当 D 为负值时是消极区分,表明高分组通过率低,低分组通过率高,当 D 为 0 时,说明该试题无区分度。

计算区分度的方法很多,其中主要有以下几种方法:

1. 相关系数法

当试题得分与测验总分都属连续变量时,可采用积差相关系数法计算该试题的区分度,其公式为

$$r = \frac{N \sum_{i=1}^{N} X_i Y_i - \sum_{i=1}^{N} X_i \sum_{i=1}^{N} Y_i}{\sqrt{N \sum_{i=1}^{N} X_i^2 - \left(\sum_{i=1}^{N} X_i\right)^2} \sqrt{N \sum_{i=1}^{N} Y_i^2 - \left(\sum_{i=1}^{N} Y_i\right)^2}},$$

式中 X_i 为第 i 个考生该题的得分,Y_i 为第 i 个考生的测验总分,N 为考生总数。

当试题得分采用二分法记分,即试题以答"对"或答"错"表示,而测验总分可看作连续变量时,该试题区分度的计算公式是

$$r_{pq} = \frac{\overline{X}_p - \overline{X}_q}{S} \sqrt{pq},$$

式中 r_{pq} 代表该试题的区分度,$\overline{X}_p$ 和 $\overline{X}_q$ 分别代表答对该题考生和答错该题考生的测验总分的平均分;S 为全体考生测验总分的标准差;p 与 q 分别代表答对和答错该题的人数与考生总数之比。

例　表 12-1 是 15 名学生解答某一试题的情况,求该试题的区分度。

表 12-1　15 名学生解答某一试题的情况

学生	A	B	C	D	E	F	G	H	I	J	K	L	M	N	O
测验总分	65	70	21	49	80	50	35	20	81	69	78	55	77	90	42
试题得分	错	对	错	对	对	错	对	错	错	对	对	错	对	对	错

解　由答对者 8 人,答错者 7 人,知

$$p = \frac{8}{15} = 0.5333, \quad q = 1 - 0.5333 = 0.4667,$$

$$\overline{X}_p = \frac{548}{8} = 68.50, \quad \overline{X}_q = \frac{334}{7} = 47.71,$$

$$\sum_{i=1}^{15} x_i = 882, \quad \sum_{i=1}^{15} x_i^2 = 58\,936,$$

$$S = \sqrt{\frac{1}{n}\sum_{i=1}^{15}(x_i - \overline{x})^2} = \sqrt{\frac{\sum_{i=1}^{15} x_i^2 - \frac{\left(\sum_{i=1}^{15} x_i\right)^2}{15}}{15}} = \sqrt{\frac{58\,936 - \frac{882^2}{15}}{15}} = 21.72,$$

$$r_{pq} = \frac{\overline{X}_p - \overline{X}_q}{S}\sqrt{pq} = \frac{68.50 - 47.71}{21.72} \times \sqrt{0.5333 \times 0.4667} = 0.478。$$

经查相关系数(r)显著性临界值表可知

$$r_{0.05}(13) = 0.514, \quad r_{pq} = 0.478 < r_{0.05}(13) = 0.514。$$

所以,该试题与总分相关不显著,区分度较差。

2. 极端分组法

当考生人数很多时,用上述方法计算区分度比较麻烦,可以将考生依照总分从高到低排列,然后将总分最高的 27% 和最低的 27% 的考生分别定为高分组和低分组,用极端分组法计算试题的区分度。

当试题是客观性试题时,试题的区分度计算公式为

$$D = P_H - P_L,$$

式中 P_H 和 P_L 分别为高分组与低分组的通过率。

当试题是主观性试题时,试题的区分度计算公式为

$$D = \frac{X_H - X_L}{N(H - L)},$$

式中 X_H 为高分组所得的总分,X_L 为低分组所得的总分,H 和 L 分别为考生解答该试题时的最高得分和最低得分,N 为考生总人数的 27%。

试卷的区分度是指试卷总体对学生水平的区分程度,计算公式为

$$D = \frac{1}{W} \sum_{i=1}^{N} D_i W_i,$$

式中 W 是试卷的满分值，D_i 和 W_i 分别为第 i 道题的区分度和满分值，N 是试卷题目的总数。对于以选拔和比较为目的的常模参照测验，区分度越大越好，便于选拔和比较。

总之，难度和区分度都是一种相对性的指标，它是针对一定群体而言的，没有绝对的难度和区分度。在测验中特别难的试题与特别容易的试题应较少，中等难度的试题应多一些，使所有题目的平均难度近似为 0.5。

三、考试成绩的整体分析

这里，我们先来介绍测验误差的概念。测验皆有误差，中学数学教育测验也不例外，其误差分为系统误差与非系统误差两种类型。系统误差又称条件误差，是比较稳定出现的，是由与测验目的无关的因素所引起的误差。例如，考生的阅读能力、理解能力等影响其成绩，由这种因素引起的误差就是系统误差。非系统误差（又称随机误差、偶然误差或测验误差）是由偶发因素所引起的误差。例如，考生注意力的转移，心情的变化和其他暂时性外因所引起的误差均是非系统误差。

由于误差的存在，每个考生在一次测验中所得实际分数 x 与有效分数 x_0，系统误差 x_C，非系统误差 x_E 之间具有下列关系：

$$x = x_0 + x_C + x_E。$$

在对考试分数进行整体分析时，还需要引进反映系统误差与非系统误差所占比例大小的数量指标，这就是所谓的信度和效度。

（一）信度

所谓信度，就是实测值与真实值相差的程度，它是一种反映测验的稳定性、可靠性的数量指标。它包含两层意思：

（1）当我们以同样的方式进行重复测验时，能否得到相同的结果，以保持测验的稳定性；

（2）减少非系统误差的影响，以保持测验结果的精确性。

在测验分数中，非系统误差所占的比例越小，越可以提高测验的信度。

（二）效度

所谓效度，就是一种反映测验能否达到所欲测验的特征值或功能程度的数量指标，它可以反映测验正确性的程度。效度也包括两层意思：

（1）效度具有特殊性，即任何一种测验只对某种特殊目的有效。例如，我们不能以语文或英语的测验来反映考生的数学水平，不能以代数知识的测验来反映考生的几何知识水平等。

（2）效度具有相对性，即任何一种测验仅是对所要测验的特性做间接的判断，只能达到某种程度的正确性。

在测验分数中，系统误差所占比例的大小，是衡量测验效度的重要标志。也就是说，与测验目标无关的因素越少，测验的有效性越高。

影响效度的因素也很多，其中试题是否恰当尤为重要。例如，试题超纲，试题是偏题、怪题或题意不明等，往往效度就会降低；反之，如能避免这些问题，效度会提高。

信度是效度的必要条件，一个测验如果无信度则必无效度，但若有信度，未必有效度。这就是说，若测验正确性高，则其可靠性必然高，但测验的可靠性高，其正确性未必高。

有关测验的信度和效度的计算方法可以参见本章的参考文献[5]。

四、标准分数

试卷经过评分所得的分数，叫作原始分数。原始分数往往不能科学地反映学生的学习情况，这就需要将原始分数转化为标准分数。

（一）Z 分数

标准分数通常也称为 Z 分数，它是通过公式

$$Z = \frac{x - \overline{x}}{S}$$

进行转换所得的分数，式中 x 为原始分数，$\overline{x}$ 为原始分数平均值，S 为标准差。当 Z 值为正时，说明该分数在平均成绩之上；当 Z 值为负时，说明该分数在平均成绩之下。

从正态分布表可以看出，$Z = -4$ 到 $Z = +4$ 之间几乎包括了全部的数据。因此，通常认为 -4 到 $+4$ 之间是标准分数的取值范围。

例如，初三年级某班两名学生在某次考试中语文和数学成绩以及该班的平均分、标准差如表 12-1 所示。

表 12-1　初三年级某班两名学生某次考试的语文和数学成绩

成绩/分 课程	甲	乙	平均分	标准差
语文	70	80	80	8
数学	60	50	50	5

甲、乙两学生的语文、数学总分均为 130 分，难以加以比较，但当将原始分数转化为标准分数时，可得出：

甲：语文成绩为 -1.255，数学成绩为 2，总分为 0.745。

乙：语文成绩为 0，数学成绩为 0，总分为 0。

显然，学生甲比学生乙的成绩要好。

(二) T 分数

T 分数是通过公式 $T=10Z+50$ 进行转换所得的分数。这是因为 Z 分数在 $[-4,4]$ 内取值,往往带有负数或小数,不便使用。

例如,某年级一次数学考试的平均分数为 60 分,标准差为 5 分,四名学生的原始分数转换为 Z 分数与 T 分数如表 12-2 所示。

表 12-2　某年级四名学生某次数学考试的成绩

分数类型＼学生成绩	甲	乙	丙	丁
原始分数/分	80	70	60	40
Z 分数	4	2	0	-4
T 分数	90	70	50	10

一般说来,原始分数(通常为百分制分数)可用来表示学生掌握知识和能力的数量及其质量水平,检查教学质量的测验宜使用这种分数。Z 分数和 T 分数可用来表示学生在考生中所处的地位,因此选拔性考试宜使用这种分数。

有了以上基本分析,获得有关数量指标后,我们就可以为测验做出较为科学、合理的评定,从而反馈于教学,为提高数学教学质量服务。

第三节　中学数学学习评价

一、中学数学学习评价概述

数学学习评价,是指有计划、有目的地收集有关学生在数学知识掌握、应用数学知识的能力和数学情感态度和价值观等方面的信息,并根据这些信息对数学学习状况或某个课程或教学计划做出结论的过程。这种评价能及时获取反馈信息,适时调节控制,以缩小学习过程与学习目标之间的差距;同时,通过评价,研究教学工作进程,总结经验教训,可以及时改进教学工作。

(一) 中学数学学习评价的目的

《标准1》指出:评价的主要目的是全面了解学生的数学学习历程,激励学生的数学学习和改进教师的教学。具体讲,数学学习评价针对学生表现为以下几个目的:诊断学生在学习中存在的困难,及时调整和改进学习方法;对学生在数学学习中取得的成就和进步进行评价,激励学生的数学学习;全面了解学生数学学习的历程,帮助学生认识自己在解题、策略、思维方式和学习习惯的长处与不足,提供改进的方向;使学生明确学习中欲达到的目标,便于学生形成正确的学习预期;促使学生对数学树立积极的态度情感和价值观,帮助学生认识自我,建立信心。数学学习评价针对教师表现为以下几个目的:及时获得学生学习信息的反馈,了解学生学习的进展和遇到的问题;及时了解教师自身在知识结构、教学设计和教学组织等方面的表现,随时调整和改进教学进度和教学方法,使教学更适合学生的学习,更有利于学生的发展。

(二) 中学数学学习评价的内容

对学生数学学习的评价应针对学习的不同方面,从而选择收集学生哪方面的有关信息也会不同。知识和技能方面的评价包括:对数与代数、空间与图形、统计与概率等中的有关数学"双基"掌握情况的评价。数学思考的评价包括:对形成有关的抽象思维能力、形象思维能力、统计观念和推理能力的历程评价。解决问题的评价包括:对提出问题和解决问题的能力、解决问题的策略、创新和实践能力、合作与交流能力以及评价与反思的意识的评价。情感态度的评价包括:对学生参与学习活动情况、学习的习惯与态度以及学习兴趣与自信心等方面的评价。

不同内容的评价,表现的特征也不一样,采用的评价方法也应有所不同。评价中还应针对不同学段学生的特点和具体内容的特征,选择恰当的方法。对于学生知识和技能掌握情况的评价,可采取定量评价和定性评价相结合的方法。数学思考和解决问题方面的评价,应更多地在学生学习过程和解决实际问题过程中进行考查,可采用形成性评价。而情感态度方面的评价主要通过教学过程中对学生的参与程度和投入精力等方面的考查,可采用定性的评价方法。不同的评价方法在评价过程中起着不同的作用,常常采用多种评价方法一起使用。

(三) 中学数学学习评价的结果

应如何对待评价的结果?对此,不同的学习目标和社会期望有着不同的回答。由于在教学过程中,评价具有相当强的导向作用,所以学习目标准确、社会期望合理定位显得十分重要。正确地利用评价结果,有助于教师对个别学生的数学学习状况或某一课程的教学计划做出合理的解释和评估,从而有助于改进相应的学习、教学、课程和社会期望,并影响下一阶段的评价,形成一个良性的循环过程。

二、中学数学学习评价的功能

数学学习评价的功能是全面考查学生的学习状况,激励学生的学习热情,促进学生的全面发展。教师通过形式多样的全面评价获得多源反馈信息,来积极改进教学,促进师生共同发展。具体讲,数学学习评价的功能包括以下几个方面:

(1) 提供反馈信息,完善教师的教和学生的学。评价为每个学生提供反馈信息,帮助他们了解自己在知识与技能、数学思考、解决问题和情感态度各方面的真实情况,而不仅仅限于掌握一些单纯的数学知识和解题技巧,从而让学生明白自己哪些地方掌握了,哪些地方还要努力。造成自己没有掌握的原因是什么,采取何种形式去弥补,都要做一一分析,做到心中有数,这样会起到事半功倍的效果。

教师的日常工作,就是为了帮助学生很好地学习数学,而做好这一工作的前提是教师自己必须清楚地了解目前学生已有的数学知识、观念以及思维活动如何。利用评价提供的反馈信息,就能及时帮助教师获得学生的学习情况,从而有助于教师为学生提供及时、必要和恰当的帮助。更重要的是,学习评价还有助于教师发现导致学生学习困难的实质原因,找到学生学习困惑的症结所在,在错误被学生当成一个事实,或发展成习惯之前及时地弥补和纠正。

(2) 对学生的成就和进步进行肯定评价,可激励学生的数学学习情感。我们可以把学生的学习状况看成一桶没有装满的水,是看装有水的那一部分,还是看没有水的那一部分,这是激励性评价和消极性评价的分水岭。《标准1》提倡多看装有水的那一部分,即多看学生的闪光点,看他们在原有的基础上有哪些进步,多进行纵向比较,少用横向比较。要从"你为啥考得这样差!"向"你真棒! 你真了不起! 继续努力吧! 相信你一定能学好!"转变,让学生在激励性评价中产生积极的情感体验,激励学生不断进步。

(3) 帮助学生认识自我、树立信心,使学生形成正确的学习目的。对学生数学学习结果的恰当评价能帮助学生认识自我、树立信心,从而使学生对学习数学产生强大的动力,努力克服学习中的困难,主动探索知识。《标准1》中提出,成功的评价体系要能做到,让大量从学校毕业后打算不再从事数学领域有关工作的学生,也能常常获得成功的体验,增强他们未来生活和工作的自信心。相反地,传统的学习评价过于注重甄别和选拔,让很多学生在抽象和繁难的数学试题面前受挫,这进一步又会导致他们在以后的其他工作中缺乏自信。

(4) 收集学生数学学习的全面信息,为修改课程和教学设计方案提供依据。通过各种评价方法收集起来的有关学生数学学习状况各方面的信息是判断某一课程和教学设计方案是否达到欲达到的目标的一个有用的评价依据。对这些方案的评价必须将该方案中学生的数学知识、对数学的理解、各种数学能力以及对数学的情感态度等各种因素考虑在内,这样的评价才会更全面客观,随后该方案的修改才会更具有建设性。

三、中学数学学习评价的要求

《标准1》指出,对学生数学学习的评价应从过分强调甄别的功能转向关注学生的发展。以往只是以一张试卷定终身的评价方式,必然会给学生的身体和心理带来沉重的负担,不利于学生全面和谐发展。对学生既要关注他们对知识与技能的理解和掌握,更要关注他们情感态度的形成和发展;既要关注学生数学学习的结果,更要关注他们在学习过程中的变化和发展。应强调评价的诊断功能和促进发展功能,注重学生发展进程的评价,强调学生学习变化的纵向比较。要注意发挥评价的教育功能,从单纯通过考试对学生一个阶段的学习情况做鉴定,转变为运用多种手段进行过程性评价,及时发现学习中的问题,及时反馈与矫正,让

学生真正体会到自己的进步。对于数学学习评价,《标准1》主要强调下面几个方面的要求:

(1) 恰当评价学生基础知识与基本技能的掌握。对基础知识与基本技能的评价,应遵循《标准1》的基本理念,以不同学段的知识与技能目标为基础,考查学生在该学段对基础知识与基本技能的理解和掌握程度。应特别指出的是,学段目标是指学段结束时学生应达到的目标,应允许一部分学生经过一段时间的努力,随着知识与技能的积累逐步达到目标的要求。

(2) 重视对学生发现问题和解决问题能力的评价。对学生发现问题和解决问题能力的评价,要注意考查学生能否在教师的指导下,从日常生活中发现并提出简单的数学问题;能否选择适当的方法解决问题;是否愿意与同伴合作解决问题;能否用语言表达解决问题的大致过程和结果;是否养成反思自己解决问题过程的习惯。

(3) 提倡评价主体多元化和评价方式多样化。评价主体多元化,是指在评价学生数学学习时,教师不是评价的唯一主体,应实行教师、学生、同伴、家长和社区共同组成的评价主体。提倡评价方式多样化。书面考试只是评价的一种方式,《标准1》要求评价将考试与其他评价方式有机结合,灵活运用。要注意将形成性评价、诊断性评价和终结性评价相结合。课堂观察、问卷、数学日记、访谈、成长记录袋等评价方式应成为实施新课程标准中需要提倡和探索的评价方式。这些评价方式将在本节"五、中学数学学习评价的方法"中详细介绍。

评价时要采用激励性语言,发挥评价的激励作用。评价要关注学生的个体差异,保护学生的自尊心和自信心。我们可通过表12-2来比较《标准1》中要求的数学学习评价与传统数学学习评价之间的具体变化。

表 12-2　《标准1》对数学学习评价的要求

提　　倡	避　　免
评价的诊断和激励功能	评价的甄别和选拔功能
评价是教学过程中一个有机组成部分	评价简化为单一的终结性评价
对学生知道什么,是怎样思考的评价	评价学生不知道什么
关注学生自身的发展	与他人的比较(分等排序)
学生在数学学习过程中的变化和发展	仅关注学生数学学习的结果
使用多样化的评价手段	仅用纸笔测验
评价的主体多元化	仅有教师对学生的评价
定性评价与定量评价相结合	只有定量评价
注重学生的交流和合作	简单地指出答案是否正确
从不同的评价方式收集反馈信息	仅依据考试这一种渠道收集信息
数学情感态度的形成和发展	仅关注数学知识和技能的理解和掌握

四、中学数学学习评价的类型

依照数学学习评价所采用的不同参照体系，可以从不同的角度对评价进行分类和描述。

（一）按照评价目的或时机分类

根据评价在何时进行或评价要达到何种目的，评价可分为：

（1）安置性评价。安置性评价与学生学习开始时的表现有关，目的是为了确定必需的准备技能，对学习目标的掌握程度和寻求最佳的学习模式。它关注的问题是：① 学生是否具备了进行下一步学习所需要的知识和技能？如学生在学习分数除法之前，教师想了解他们是否熟练掌握了整数除法和分数乘法的相关知识。② 对于下一步学习目标中的理解力和技能，学生已经发展到何种水平？以此来调整学习的进度。③ 学生的学习兴趣、学习习惯及个性特征是否表明一种学习模式比另一种模式更合适？如小组学习与个别学习相比。回答这些问题需要用多种手段，如以往成绩的记录，对学习目标的预测，观察技术，等等。

（2）形成性评价。形成性评价用以监测教学过程中学生的学习进展，其目的是为学生和教师提供关于学会与否的连续反馈。给学生的反馈可强化正确的学习方法，并可以发现具体的学习错误和需要改正的错误观念。教师得到反馈后，就可以及时调整教学，更好地指导小组和个人的学习。形成性评价极大地依赖于为每个教学部分（如单元、章节）特别准备的测验和评价。由于形成性评价是直接用于改善教学的，所以其结果通常不用打分。

（3）诊断性评价。诊断性评价的专门化程度很高，它与那些顽固不化或反复出现的学习困难有关。一般地，这些困难是形成性评价所不能解决的。例如，一名学生在调整了学习方法和教师的个别指导后，在学习上仍不断受挫，那就表明需要对这个学生进行更加仔细的诊断。用一个医学术语类比，可以说形成性评价为学习问题提供急救治疗，而诊断性评价则是为学习问题提供全面而细致的治疗，它不仅需使用特殊的诊断测验，查明问题是出于智力的、生理的、情感的还是环境的原因，还要运用多种治疗技术，为解决学习问题制订出一个恰当的方案。所以说，诊断性评价的目的就是查明那些持久的学习问题的成因，并且制订出矫正计划。

（4）终结性评价。终结性评价通常在教学过程或单元结束时进行，被用来确定学习目标达成的程度，主要用于给学生的表现打分，或证明学生对预期学习目标的掌握情况。这种评价的信息往往不主要是呈现给学生，而是呈现给家长、学校或上一级教育主管部门，带有评估的性质。但它也为判断课程目标是否恰当、学习是否有效提供了信息依据。

（二）按照评价解释结果的方法分类

（1）标准参照评价。标准参照评价是在评价对象群体之外，预定一个客观的或理想的标准，并用这个预定的标准去评价每个对象，主要用于评价既定学习目标达成的情况。它的主要目的是明确学习任务（如整数的加减法）的具体范围并对学生的表现进行描述。

（2）常模参照评价。常模参照评价描述的是学生在已知群体中的相对位置（如在班上排名第五），其基本特征在于比较，比较的标准源自由评价对象组成的已知群体，也只适用于该群体。由评价对象组成的群体整体状况决定着每个群体成员的水平。它的主要目的是让评价对象明确自己在群体中的位置，提高学习的动力。

五、中学数学学习评价的方法

评价的方法解决如何评价的问题。评价的方法与评价的目的、目标是互动的。根据评价的目的，需设置不同的评价对象与目标，进而运用不同的评价方法。《标准1》强调学生的数学学习评价应采用多样化的方式。比如，要评价学生的数学基础知识与基本技能的掌握情况，纸笔测验是最有效、最快捷的方法；而要评价学生的数学情感态度，则需要一些观察、面谈等描述性的方法。另一方面，一定的评价方法也会反过来影响评价的目的与目标。所以，选择恰当的评价方法能够更好地促进学生数学学习的进步。

（一）定量评价方法

定量评价，是指对数学学习欲评价的内容，通过教育测量、统计等方法与手段，收集数据信息，进行定量分析、处理，找到集中趋势的量化指标和离散程度，给出综合性定量描述与判断的评价方式。这也是传统学习评价主要采用的方法。这种方法的特点决定了其功能的有限性，主要适用于对学生数学"双基"掌握情况的评价，即只适用于可以转化为分数的学习表现的评价。那些无法简单地以数字加以衡量的学习目标，比如学生数学学习的情感态度，则难以用定量的方法加以评价。随着评价改革的发展，一些优质的评价方法正被广泛地用于数学学习评价。

（二）定性评价方法

所谓定性评价，就是对数学学习欲评价的内容，通过观察法、调查法等收集数学学习的信息，筛选出集中趋势的判断，舍弃非本质的离散现象，对事物本质进行决策性判定的评价方式。那些多因素的复杂系统，如果无描述性的定性评价，很难用其他方式表示得那样客观，那样确切。这种评价既能反映学生所获得的数学知识和能力，又能揭示其非认知行为，如数学学习的情感态度和合作精神等。下面主要介绍定性评价方法中的课堂观察法、访谈法、问卷法和数学日记法。

（1）课堂观察法。课堂观察评价主要是教师对学生课堂学习过程的评价。由于这种评价方式既不加重学生的负担，又便于教师及时了解学生的学习情况，因此它是一种很好的评价方式。在评价过程中，教师应不仅关注学生对数学知识、技能掌握的情况，而且关注学生在掌握数学知识、技能的过程中所表现出的对数学的情感态度，以及与同伴的合作和交流能力。为了保证观察能获得预期的目的，实施观察前必须进行周密的观察设计，包括确定观察评价的维度,每一维度又包括几个评价因素,每个因素又分几个水平。我们给出课堂观察检测表(表 12-3),以供大家参考。

表 12-3　课堂观察检测表

学生姓名:　　　　　　　　年级:　　　　　　　观察时间:

项目	因　　　素	A	B	C	说　　　明
情感态度	1. 举手发言				$A=$积极;$B=$一般;$C=$不积极
	2. 参与活动				
	3. 认真情况(做作业、讨论、思考)				$A=$认真;$B=$一般;$C=$不认真
	4. 对数学学习的好奇心与求知欲				$A=$强;$B=$一般;$C=$没有
	5. 克服困难的意志与自信心				$A=$能;$B=$较少;$C=$不能
	6. 对数学与人们生活联系的认识、感悟				$A=$较深;$B=$一般;$C=$没有
知识与技能	7. 描述知识特征,说明由来,阐述本对象与有关对象的区别				$A=$能 $B=$基本能 $C=$不能
	8. 在理解的基础上将所学的知识用于新情境中				
	9. 综合应用知识,灵活、合理选择解决有关数学问题的方法				
思维与方法	10. 思维的创造性(独立思考,从不同的角度提出问题,用不同的方法解决问题)				$A=$能 $B=$一般 $C=$不能
	11. 思维的条理性(表述清楚,做事有计划)				
	12. 解决问题的策略、方法				$A=$较好;$B=$一般;$C=$不好
交流与合作	13. 认真听取别人的意见并询问				$A=$能 $B=$一般 $C=$不能
	14. 积极表达自己的意见				
	15. 完成小组分配的任务				
总评					

检测表使用说明:

① 课堂上,教师要注意观察各个学生行为特征的程度,选择学生最突出的一两个方面在课堂观察检测表中用 A,B,C 三种不同的水平记录下来。记录时,在相关的栏目中打个"√";若无,则不作任何记号。

② 此评价表可做成卡片的形式使用,每堂课记录二三名学生的情况,一学期对每个学生进行三四次评价记录,最后根据几次的检测情况,综合得出学生一学期的整体课堂学习过程的评价。

③ 课堂检测评价并不只是进行检测记录,而应在检测记录的过程中,对学生及时地进行反馈、鼓励,发挥评价激励与调节的功能。

在具体使用课堂观察检测表时,要结合具体的学习内容,对各个评价要素做具体的使用

第十二章　中学数学教育测量与评价

说明,以便于具体操作。

(2) 访谈法。访谈法是评价者通过与学生进行交谈的方式来获得学生数学学习信息的一种评价方法。访谈法的优点是不仅可以对学生数学学习的结果进行了解,而且可以广泛、深入地了解学生数学学习的过程以及对待数学的情感态度,加强师生间的感情。采用访谈法前要事前设计。拟订谈话问题时要注意:明确谈话的目的;问题的形式如何呈现;表述清楚问题的内容;问题要适合学生现有的知识水平;避免诱导性的问题;等等。特别是低年级的学生,由于其认知水平相对较低,了解他们的数学学习情况用访谈法更合适。

例如,下面是对个别学生进行数学学习兴趣的访谈设计方案。

① 访谈目的:了解学生对数学学习的兴趣。

② 访谈内容:问题1:你喜欢上数学课吗? 上课时,你是喜欢数学教师呢,还是喜欢教师所讲的内容? 在学习过程中你感到高兴吗? 要是回答问题错了,受到批评后,你还是喜欢数学吗? 问题2:你喜欢数学教科书吗? 你喜欢书上的插图吗? 你喜欢做书上的数学题吗? 在课后业余时间,你看数学书吗? 是家长让你看的吗? 你还看其他书吗? 比较一下,你最喜欢看哪一类书? 问题3:你喜欢做数学作业吗? 你喜欢自己完成还是和同学一起完成呢? 自己完成时要别人帮助吗? 当你的作业有几次错误时,还是喜欢做数学作业吗?

③ 记录并整理对问题的回答。

④ 说明解释学生的数学学习兴趣。

(3) 问卷法。问卷法是通过设计一套统一、严格的问卷来获得学生数学学习信息的一种方法。它既可以进行认知领域方面信息的收集,也可获得情感领域方面信息的收集。问卷法的标准化程度较高,能快速、高效地获得大量学生的学习信息。因为问卷法不是直接面对评价者,所以获得的信息相对比较真实可靠。问卷法还是实现评价主体多元化的一种有效评价方式。比如,我们为了全面了解学生对数学学习的情感态度,除了可采用直接面谈方法外,还可以从家长和同学那里更全面、更真实地获得信息。

(4) 数学日记法。数学日记不仅可用于评价学生的数学知识,而且还可以用于评价学生的数学思维。这是因为通过写日记这个平台,学生可以对所学的数学内容进行总结,可以像和自己谈心一样写出自己在数学学习过程中的情感态度、困难之处或感兴趣之处,记录下自己数学学习过程中的成功与失败,反映出学生数学学习的历程。通过学生的数学日记,教师可以对学生数学学习的过程有一个全面的了解和评价。发展学生数学交流的能力是数学教育的目的之一,而写数学日记无疑给学生提供了一个用数学的语言或自己的语言表达数学思想、方法和情感的机会。因此,数学日记法是学生数学学习过程评价的一种有效方式。而且,数学日记还可以发展为一个自我报告,用以评价自己的能力或反思自己解决问题的策略。从这个意义上说,数学日记有助于数学教师培养和评价学生的反省认知能力。

数学日记有多种形式,刚开始时,可以给学生提供一个数学日记的格式,规定一些日记的内容。下面给出一个形式供参考(表 12-4)。

表 12-4　数学日记的格式

年级：　　　姓名：　　　日期：
今天数学课的课题：_____
所涉及的重要数学概念(法则、公式)：_____
理解最好的地方：_____
理解不透彻,还要进一步请教老师或同学的地方：_____
对所学内容感触最深的是：_____
所学的内容能否用在日常生活中,举例说明：_____

六、中学数学学业质量评价

(一) 学业质量内涵

学业质量是学生在完成本学科课程学习后的学业成就表现。学业质量标准是以本学科核心素养及其表现水平为主要维度(表 12-5),结合课程内容,对学生学业成就表现的总体刻画。依据不同水平学业成就表现的关键特征,学业质量标准明确将学业质量划分为不同水平,并描述了不同水平学习结果的具体表现。数学学科学业质量是应该达成的数学学科核心素养的目标,是数学学科核心素养水平与课程内容的有机结合。学业质量是学生自主学习与评价、教师教学活动与评价及教材编写的指导性要求,也是相应考试命题的依据。

(二) 学业质量水平

数学学业质量水平是六种数学学科核心素养水平的综合表现。每一种数学学科核心素养划分为三个水平(表 12-5),每一个水平是通过数学学科核心素养的具体要求和体现数学学科核心素养的四个方面进行表述的。数学学科核心素养的具体要求参见《标准 2》的"学科核心素养与课程目标"。数学学科核心素养体现在以下四个方面:

(1) 情境与问题。情境主要是指现实情境、数学情境、科学情境;问题是指在情境中提出的数学问题。

(2) 知识与技能。它主要是指能够帮助学生形成相应数学学科核心素养的知识与技能。

(3) 思维与表达。它主要是指数学活动过程中反映的思维品质、表述的严谨性和准确性。

(4) 交流与反思。它主要是指能够用数学语言直观地解释和交流数学的概念、结论、应

第十二章　中学数学教育测量与评价

用和思想方法,并能进行评价、总结与拓展。

表 12-5　数学学科核心素养的三个水平

水平	质量描述
水平一	(1) 能够在熟悉的情境中,直接抽象出数学概念和规则;能够用归纳或类比的方法,发现数量或图形的性质、数量关系或图形关系,形成简单的数学命题;能够抽象出实物的几何图形,建立简单图形与实物之间的联系,体会图形与图形、图形与数量的关系;了解随机现象及简单的概率或统计问题;了解熟悉的数学模型的实际背景及其数学描述,了解数学模型中的参数、结论的实际含义,能够在熟悉的数学情境中了解运算对象,提出运算问题
	(2) 能够在熟悉的数学情境中,解释数学概念和规则的含义,了解数学命题的条件与结论之间的逻辑关系,抽象出数学问题;能够通过熟悉的例子理解归纳推理、类比推理和演绎推理的基本形式,识别归纳推理、类比推理、演绎推理;掌握一些基本命题与定理的证明,并有条理地表述论证过程;能够借助图形的性质和变换(平移、对称、旋转)发现数学规律;能够推述简单图形的位置关系和度量关系及其特有性质;能够了解运算法则及其适用范围,正确进行运算;能够根据问题的特征形成合适的运算思路;能够对熟悉的概率问题,选择合适的概率模型;能够对熟悉的统计问题,选择合适的抽样方法收集数据,掌握描述、刻画、分析数据的基本统计方法;能够解决简单的数学应用问题,知道数学建模的过程包括:提出问题、建立模型、求解模型、检验结果、完善模型;能够在熟悉的实际情境中,模仿学过的数学建模过程解决问题
	(3) 能够了解用数学语言表达的推理和论证;能够在解决相似的问题中感悟数学的通性通法;能够用图形描述和表达熟悉的数学问题、启迪解决这些问题的思路,体会数形结合;能够体会运算法则的意义和作用,运用运算验证简单的数学结论;能够用概率和统计的语言表达简单的随机现象;能够结合熟悉的实例,体会概率的意义,感悟统计方法的作用;对于学过的数学模型,能够举例说明数学建模的意义,体会其蕴涵的数学思想
	(4) 能够在交流的过程中,结合实际情境解释相关的抽象概念;能够在日常生活中利用图形直观进行交流;能够用统计图表和简单概率模型解释熟悉的随机现象;能够用运算的结果、借助或引用已有数学建模的结果说明问题;能够明确所讨论问题的内涵,有条理地表达观点
水平二	(1) 能够在关联的情境中,抽象出一般的数学概念和规则,确定运算对象和随机现象,发现问题并提出或转化为数学问题;能够想象并构建相应的几何图形,发现图形与图形、图形与数量的关系,探索图形的运动规律;能够理解归纳、类比是发现和提出数学命题的重要途径;能够将已知数学命题推广到更一般的情形;能够在新的情境中选择和运用数学方法解决问题
	(2) 能够用恰当的例子解释抽象的数学概念和规则;能够理解数学命题的条件与结论,通过分析相关数学命题的条件与结论,探索论证的思路,选择合适的论证方法予以证明;能够理解和构建相关数学知识之间的联系;能够通过举反例说明某些数学结论不成立;能够掌握研究图形与图形、图形与数量之间关系的基本方法,借助图形性质探索数学规律,解决实际问题化成的数学问题;能够针对运算问题,合理选择运算方法、设计运算程序,运算求解;能够选择合适的数学模型表达所要解决的数学问题,理解模型中参数的意义,知道如何确定参数,建立模型,求解模型;能够根据问题的实际意义检验结果,完善模型,解决问题;能够针对具体问题,选择离散型随机变量或连续型随机变量刻画随机现象,理解抽样方法的统计意义,运用适当的概率或统计模型解决问题

续表

水平	质量描述
	（3）能够理解用数学语言表达的概念、规则、推理和论证，理解相关概念、命题、定理之间的逻辑关系，提炼出解决一类问题的数学方法，理解其中的数学思想，初步建立网状的知识结构；能够用图形探索解决问题的思路，形成数形结合的思想；能够理解运算是一种演绎推理，在综合运用运算方法解决问题的过程中，形成规范化思考问题的品质；能够在关联的情境中，经历数学建模的过程，运用数学语言，表述数学建模过程中的问题以及解决问题的过程和结果，形成研究报告，展示研究成果；能够在运用统计方法解决问题的过程中，解释统计结果，感悟归纳推理的作用，能够用概率或统计模型表达随机现象的统计规律
	（4）在交流的过程中，能够用一般的概念解释具体现象；能够利用直观想象、数学运算探讨数学问题；能够用数据呈现的规律解释随机现象；能够用模型的思想说明问题；能够在交流的过程中，围绕主题，观点明确，论述有理有据，并能用准确的数学语言表述论证过程
水平三	（1）能够在综合的情境中，发现其中蕴涵的数学关系，用数学的眼光找到合适的研究对象，用恰当的数学语言予以表达，并运用数学思维进行分析，提出数学问题；能够借助图形探索解决问题的思路；能够在得到的数学结论基础上形成新命题
	（2）能够通过数学对象、运算或关系理解数学的抽象结构；能够掌握不同的逻辑推理方法；能够对较复杂的数学问题，通过构建过渡性命题、探索论证的途径解决问题；能够对较复杂的运算问题，设计算法，构造运算程序，解决问题；能够综合利用图形与图形、图形与数量的关系，理解数学各分支之间的联系；能够借助直观想象建立数学与其他学科的联系，并形成理论体系的直观模型，感悟高度概括、有序多级的数学知识体系；能够在现实世界中发现问题，运用数学建模的一般方法和相关知识，创造性地建立数学模型，解决问题；能够针对不同的问题综合或创造性地运用概率统计知识，构造相应的概率或统计模型，解决问题
	（3）在实际情境中，能够把握研究对象的数学特征，感悟通性通法的数学原理和其中蕴涵的数学思想；能够运用数学语言，清晰、准确地表达数学论证和数学建模的过程和结果；能够理解建构数学体系的公理化思想；能够用程序思想理解与表达问题，理解程序思想与计算机解决问题的联系；能够通过想象对复杂的数学问题进行直观表达，抓住数学问题的本质，形成解决问题的思路；能够理解数据蕴涵的信息，可以通过对信息的加工得到数据所提供的知识和规律，理解数据分析在大数据时代的重要性
	（4）在交流的过程中，能够用数学原理解释自然现象和社会现象；能够利用直观想象探讨问题的本质及其与数学的联系；能够用程序思想理解和解释问题；能够辨析随机现象，并运用恰当的数学语言进行表述；能够通过数学建模的结论和思想阐释科学规律和社会现象；能够合理地运用数学语言和思维进行跨学科的表达与交流

（三）学业质量水平与考试评价的关系

数学学业质量水平一是高中毕业应当达到的要求，也是高中毕业的数学学业水平考试的命题依据；数学学业质量水平二是高考的要求，也是数学高考的命题依据；数学学业质量水平三是基于必修、选择性必修和选修课程的某些内容对数学学科核心素养的达成提出的要求，可以作为大学自主招生的参考。

关于教学与评价的具体要求可参照《标准2》中的"教学与评价建议",关于学业水平考试与高考命题的具体要求可参照《标准2》中的"学业水平考试与高考命题建议",关于教材编写的具体要求可参照《标准2》中的"教材编写建议"。

思考题十二

1. 简述中学数学考试命题的基本原则。
2. 试述效度、信度、难度和区分度的含义及其作用。
3. 中学数学学习评价方法有哪些？各自的优缺点是什么？
4. 编制一道解答题,说明考查哪些能力。
5. 数学学科核心素养体现在哪些方面？
6. 简述数学学科核心素养的质量描述。

本章参考文献

[1] 冯天祥.数学教师的基本功:数学试题的编制[J].课程·教材·教法,2006(12):46-48.

[2] 张奠宙,宋乃庆.数学教育概论[M].北京:高等教育出版社,2004.

[3] 张奠宙,李士锜,李俊.数学教育学导论[M].北京:高等教育出版社,2003.

[4] 刘兼,孙晓天.全日制义务教育数学课程标准解读[M].北京:北京师范大学出版社,2002.

[5] 刘新平,刘存侠.教育统计与测评导论[M].北京:科学出版社,2003.

[6] Linn R L, Gronlound N E.教学中的测验与评价[M].国家基础教育课程改革"促进教师发展与学生成长的评价研究"项目组,译.北京:中国轻工业出版社,2003.

[7] Popham W J.促进教学的课堂评价[M].国家基础教育课程改革"促进教师发展与学生成长的评价研究"项目组,译.北京:中国轻工业出版社,2003.

[8] Weber E.有效的学生评价[M].国家基础教育课程改革"促进教师发展与学生成长的评价研究"项目组,译.北京:中国轻工业出版社,2003.

[9] 张晓霞,李建萍.小学数学新课程学与教[M].成都:四川教育出版社,2004.

[10] 傅迪华.改进数学教学评价体系 促进学生全面发展[J].教学月刊(中学版),2006,4:5-6.

[11] 马云鹏,张春莉..数学教育评价[M].北京:高等教育出版社,2003.

[12] 中华人民共和国教育部.普通高中数学课程标准(2017年版)[M].北京:人民教育出版社,2018.